HERMANN FISCHER

STOFF-WECHSEL

AUF DEM WEG ZU EINER SOLAREN CHEMIE FÜR DAS 21. JAHRHUNDERT

Verlag Antje Kunstmann

Inhalt

Vorwort   9

1 In uns und um uns: ein Kosmos der Stoffe   13
Eine Frage auf Leben und Tod: die Chemie in uns   13
Unser chemischer Zugang zur Welt: die Sinne   16
Der Austausch, der uns lebendig hält   20
Stoffe und Stoffwechsel in der Natur   24
Chemieindustrie bricht die Patente der Natur   29
Eine neue Art Stoffwechsel durch industrielle Chemie   33
Aus Euphorie wird Ernüchterung: Chemie hat
   Nebenwirkungen   36
Die große Wende: Der Chemie gehen die Rohstoffe aus   41
Stoff-Wechsel *jetzt:* Die Zukunft der Chemie ist solar!   43

2 Harte Chemie – Auslaufmodell aus dem 19. Jahrhundert   47
Die Entstehungsbedingungen der harten Chemie im
   19. Jahrhundert   47
Chemie und Politik in unseliger Verkettung   55
Alles hängt vom Erdöl ab: Chemie wird zur Petrochemie   60
Der Einzug der Ultra-Gifte in die Chemie   68

3 Momentaufnahmen aus der Alltagschemie   73
Im Badezimmer   75
Beim Frühstück   79
Hausarbeit: Waschen, Reinigen , Pflegen, Einkaufen   84
Und auch für den Rest des Tages: Chemie ohne Ende   85
Konventionelle Chemie verstehen: Grundprozesse und
   Beispielprodukte   88

4 Magie und Vielfalt der Stoffe   101
   Substanzen sind magische Objekte   101
   Als die Magie der Stoffe verloren ging   115
   Wider die Entsinnlichung der Welt   117

5 Chemie ist, wenn Stoffe sich wandeln   123
   Der dynamische Aspekt der Chemie   123
   Bedingungen und Folgen chemischer Umwandlungen   128
   Der Preis der Umwandlung: chemische Abfall- und
      Nebenprodukte   132

6 Stoff-Wechsel auf die geniale Art: »Solare Chemie«   137
   Chemie mit Langzeit-Zertifikat   137
   Das Energie-Patent der solaren Chemie   138
   Wertschöpfung aus Licht, Luft und Wasser   141
   Solare Produktivität im Überfluss   145
   Die unerreichte Vielfalt solarer Grundstoffe   148
   Hightech-Stoffe aus der Kraft der Sonne   150
   Abfälle und Nebenprodukte der solaren Chemie   155
   Alles auf Anfang: perfekte Kreislaufbildung   158
   Pflanzenchemie mit eingebauter Monopolisierungsbremse   162
   Solarchemie und Flächenkonkurrenz   166

7 Auf dem Weg zu einem nachhaltigen Gebrauch
   der Stoffe   173
   Ideenkeime für eine neue Chemie   173
   Basis-Innovationen des 21. Jahrhunderts   191
   Von der Wurzel bis zur Blüte: Beispiele für wichtige
      solare Grundstoffe   198
   Aspekte zur Verarbeitung solarer Grundstoffe   215

8 Beispiele solarer Chemie, die Wege aufzeigen und
   Mut machen   225
   Baustoffe und Wohnprodukte   225
   Körperpflege, Waschen, Reinigen, Kleidung   235
   Kultur, Freizeit, Technik, Medizin   239
   Hightech-Produkte aus nachwachsenden Rohstoffen   245

9 Chemie aus dem vollen Leben: die Zukunft der
   solaren Chemie   257
   Solare Chemie am »Tipping Point«   257
   Skeptiker und Gegner der solaren Chemie   262
   Solares Netzwerk: Förderer und Nutznießer der
     solaren Chemie   265
   Der Zeithorizont der Konversion bis 2050   275
   Die Chemie kehrt zurück in die Mitte der Gesellschaft   280

   Anmerkungen   283

Vorwort

Nach dem Fukushima-Schock scheint in Deutschland – trotz heftigen Lobbywiderstands der Atomindustrie – die Energiewende unumkehrbar auf den Weg gebracht zu sein. Bei allem Streit um die Ausgestaltung herrscht offensichtlich in der Bevölkerung ein breiter Konsens, dass die Zukunft den erneuerbaren Energien gehört.

Wie aber steht es um die stoffliche Seite unseres Alltags? Die zahllosen chemischen Produkte, die wir verwenden, basieren ebenfalls weit überwiegend auf nicht erneuerbaren Rohstoffen. Bei den »systemrelevanten« organischen Chemikalien ist die Abhängigkeit von den zur Neige gehenden fossilen Rohstoffquellen (Erdöl, Erdgas) mit fast 90 Prozent noch viel höher als auf dem Energiesektor – und ihre Herstellung, ihr Gebrauch und ihre Rückstände belasten die Umwelt eher noch mehr.

Genauso dringend wie die Energiewende müssen wir also jetzt einen Wechsel bei unserem alltäglichen »Stoff«gebrauch gestalten. Wir brauchen nicht weniger als eine neue Grundlage für die Chemie der Zukunft – unter weitgehendem Verzicht auf Grundstoffe, die nicht erneuerbar sind. Unsere stoffliche Zukunft kann nur auf »solaren Grundstoffen« basieren, die prinzipiell unerschöpflich sind.

Viele Menschen trauen sich in Energiefragen ein Urteil zu. Sie glauben jedoch, nichts von »Stoffen« oder gar von »chemischen Prozessen« zu verstehen. Die Energiewende liegt ihnen gedanklich ungleich näher als eine Chemiewende. Dabei beruhen schon die wesentlichen Vorgänge in unserem Körper auf chemischen Verwandlungen – von Atmung und Verdauung bis hin zu Wahrnehmung, Gedanken und Emotionen.

Wir Menschen sind nämlich ganz und gar chemische Wesen, eingebunden in eine natürliche chemische Umwelt von Luft, Wasser,

Pflanzen, Tieren und Mineralien und in ständigem stofflichem Austausch mit diesen. Seit etlichen Jahrzehnten mischen sich auch noch fremdartige, künstliche Substanzen in diesen Austausch ein und beeinflussen unseren Alltag und unser Wohlbefinden in ungeahnter Weise.

Und da soll uns das Schicksal unserer stofflichen Umwelt, die Zukunft unserer Grundstoffe und Alltagsprodukte, deren Herkunft und Verbleib sowie deren konkrete Entstehungsbedingungen gleichgültig sein? Nur weil wir vielleicht aus der Schule einen negativen oder allenfalls gleichgültigen Eindruck von dieser Wissenschaft und Technologie mitgenommen haben?

Die Zukunft unserer Alltagschemie muss und wird neu gestaltet werden. Überlassen wir das allein den Chemiefachleuten, dann haben wir auch keinen Einfluss auf die Art und Weise, wie dieser »Stoff-Wechsel« gestaltet wird. Wird er nach den alten Prinzipien einer »harten« Chemie organisiert, dann werden die Folgen für die natürlichen Lebensgrundlagen verheerend sein.

Es genügt eben nicht, alle bislang aus Erdöl hergestellten Produkte nun künftig aus nachwachsenden Rohstoffen produzieren zu wollen. Das Beispiel des verharmlosend sogenannten »Biosprit« sollte uns eine Warnung sein – wir dürfen die »intelligenten« Pflanzenstoffe nicht einfach als »dumme« Energielieferanten missbrauchen.

Es gibt jedoch schon heute viele überzeugende Beispiele, wie Produkte unserer Alltagschemie – von Hautpflegemitteln über Textilien bis hin zu Baustoffen, Bioplastik und Hochleistungswerkstoffen – ohne fossile Rohstoffe, nach schonenden Verfahren, mit geringem Energieaufwand und ohne giftige Abfallstoffe produziert werden. Der »Stoff-Wechsel« ist in vollem Gange!

Doch die meisten Menschen wissen zu wenig davon, wie der Übergang in eine solare Chemie der Zukunft vonstattengeht, und sie können ihn daher auch nicht konstruktiv und kritisch genug begleiten. Dabei haben sie es als Verbraucherinnen und Verbraucher in der Hand, ob diese neue Art von Chemie wirklich allen Forderungen nach Menschenverträglichkeit, Umweltgerechtigkeit, Nachhaltigkeit und einer fairen globalen Verteilung von Chancen und Risiken genügt.

Dieses Buch – geschrieben von einem begeisterten Chemiker, der zugleich auch leidenschaftlicher Naturschützer und erfolgreicher Unternehmer ist – will einen Beitrag dazu leisten, dass mehr Menschen beim anstehenden Stoff-Wechsel mitreden können. Dabei ist es alles andere als ein Chemiebuch. Es erzählt vielmehr spannende und lehrreiche Geschichten aus dem Alltag und dem Schicksal der Stoffe und ihrer Verwandlungen, die jeder aufmerksame Mensch nachvollziehen kann.

Chemie ist eigentlich viel interessanter und leichter zu verstehen als Energie – und dabei noch viel wichtiger für unser aller Leben.

1 In uns und um uns: ein Kosmos der Stoffe

Eine Frage auf Leben und Tod: die Chemie in uns

Ein Buch über »Stoffe« und damit über »Chemie«? Hat nichts mit mir zu tun – zuklappen, weglegen, vergessen!

Doch halt! Schon der allererste Blick auf dieses Buch hat ja Hunderte von Stoffen in Aktion gesetzt – und zwar in *Ihrem* Inneren! Und das Nachdenken über die soeben gelesene Behauptung bringt noch zahlreiche weitere Moleküle in der zögernden Leserin zur Raserei.[1] Das schnelle Urteil: »Chemie hat nichts mit mir zu tun« ist daher eine wahrhaft paradoxe Fehleinschätzung, denn ohne die chemischen Vorgänge in unserem Gehirn und Nervensystem gäbe es gar kein Urteilsvermögen. Also: »Natur-Chemie« ist allgegenwärtig, sowohl in unserem Körper als auch in unserer Umwelt.

Die Allgegenwart der Stoffe und ihrer Verwandlungen besteht übrigens schon seit Millionen von Jahren – lange, bevor an so etwas wie eine »chemische Industrie« auch nur zu denken war. Diese Art von Chemie in Organismen wie Bakterien, Pflanzen, Tieren und Menschen, aber auch in der unbelebten Umwelt ist also zunächst einmal etwas völlig Natürliches, nicht Menschengemachtes und damit auch nichts vom Menschen »Verdorbenes«.

Und doch ist eine fast instinktive Abneigung und Abwehr gegenüber dem Thema »Chemie« allgegenwärtig – und auch nur zu verständlich. Schließlich haben Generationen von Chemielehrern, trotz bester Absichten, die bei Kindern noch weit geöffneten Tore zu einer neugierigen Erkundung der Stoffwelt[2] endgültig zugeschlagen. Und weitere Generationen von Chemikern haben zu wenig auf die Folgen ihres Handelns an und mit den Stoffen geachtet und durch diese lange währende, fahrlässige Unbekümmertheit dem ganzen Planeten und den Lebewesen auf unserem Globus massive Probleme bereitet – auch nicht gerade beste Voraussetzungen dafür, dass die Chemie in unserer Gesellschaft einen tadellosen Ruf hätte erlangen oder verteidigen können.

Doch zunächst noch einmal zurück zum Anfang, zu unserem ganz persönlichen, elementaren Zugang zur Welt der chemischen Substanzen. Erwachend schlagen wir am Morgen die Augen auf – und der betörende Reigen der Stoffe beginnt. Noch schlaftrunken erfahren wir die erste Begegnung mit dem uns umgebenden Kosmos der Substanzen. Alle Sinne vermitteln uns diese stoffliche Welt: Mit den Augen erfassen wir ihre Farbe und Form, mit der Haut ihre Textur und Wärme, mit dem Ohr ihre Lautäußerungen oder ihr Reflexionsvermögen, mit Nase und Zunge ihren Geruch und Geschmack.

Alle diese verschiedenartigen Wahrnehmungen finden ihren Weg von den äußersten Sensoren (Netzhaut, Innenohr, Riechzellen, tastempfindliche Unterhautzellen) in das intimste Innere unseres Gehirns mithilfe höchst komplexer, wundervoll ineinander verwobener physikalisch-chemischer Prozesse. Keiner dieser Prozesse ist menschengemacht, und keiner der beteiligten Stoffe bedarf zu seiner Entstehung einer chemischen Fabrik.

Und der Reigen der Stoffe geht mit der Wahrnehmung jeder Sinnesempfindung – selbst wenn sie unbewusst bleibt – sofort stürmisch weiter! Gehirn und Nervensystem reagieren nämlich augenblicklich auf jeden dieser Reize – und die Reaktion besteht vor allem darin, dass neue körpereigene chemische Stoffe gebildet oder ausgeschüttet werden und den Organismus in winzigen, aber hochwirksamen Mengen überfluten, um wiederum in unseren Organen, unseren Blutgefäßen, unseren Muskeln und an vielen anderen Stellen auf geheimnisvolle und uns selten bewusst werdende Weise Veränderungen hervorzurufen.

All dies geschieht, bevor wir auch nur diejenige eigene chemische Fabrik anwerfen, die uns noch am ehesten als etwas »Chemisches« bewusst ist: Nahrungsaufnahme und Verdauung. Wir wissen sehr wohl, dass wir einige Zeit auf diesen eher gröberen Teil unserer körpereigenen Chemie verzichten können, ohne die feine Chemie von Wahrnehmung,

Bewusstwerdung, Handlungsimpuls und Bewegung zu gefährden. Das kann ziemlich lange gut gehen, im Extremfall viele Tage oder sogar Wochen – aber dann ist Nachschub nötig, der für neue Stoffe und auch für neue Energielieferanten sorgt, die den ununterbrochenen Aufbau, Abbau, Transport, die Anlagerung und Abstoßung der Substanzen in unserem Leib aufrechterhalten.

Wir können ehrfurchtsvoll erschauern, wenn wir uns in einem stillen Moment bewusst zu machen versuchen, was für ein ungeheurer, wirbelnder und trotzdem lautloser Tanz der Stoffe gerade in uns tobt. Nehmen wir einmal an, all diese chemischen Prozesse in unserem Organismus und in der Umwelt wären mit einem Klang verbunden. Das ist keine ganz abseitige Idee, denn die Welt der Atome und Moleküle ist, wie wir heute wissen, eine Welt voller Schwingungen – nur eben in einem Frequenzbereich, den unsere Ohren nicht wahrnehmen können.

Stellen wir uns also einmal vor, wir könnten eine Art Frequenzwandler nutzen, der diese Schwingungen für uns Menschen hörbar macht (so wie es Geräte gibt, die den eigentlich unhörbaren Ultraschallruf der Fledermäuse in unser Hörspektrum transponieren). Wir wären dann in der Lage, alle Stoffwechselprozesse in uns und außer uns als eine überwältigend vielfältige, auf- und abschwellende Symphonie der Stoffe zu erfahren!

Nicht einen Sekundenbruchteil könnten wir weiterleben, wenn dieser Tanz der Stoffe plötzlich enden würde. Mehr noch: Bei unserem Sterben schleicht sich ein Tänzer nach dem anderen fort, und mit dem erlahmenden Wirbel der Stoffe auf dem weitverzweigten Tanzplatz unseres Organismus erlischt allmählich der Lebensfunke in uns.

Und dann? Dann beginnt ein ganz neuer, eigener Reigen – den wir nur aus unserer persönlichen Perspektive als etwas Tragisches erfahren. Dabei ist auch dieser neue Tanz, mit völlig anderen Akteuren, etwas ganz Natürliches, seit Jahrmillionen erprobt und in seiner Unerbittlichkeit untrennbar mit den Bedingungen des organischen Lebens verwoben. Allmählich nämlich, beginnend bereits vor dem letzten Atemzug, gewinnen diejenigen chemischen Prozesse die Oberhand, die nicht mehr aufbauen, sondern abbauen.

Der ganze Leib gerät unter die Gesetzmäßigkeiten einer biochemischen Erosion. Chemische Prozesse, oft befördert durch Enzyme aus Mikroorganismen, bauen die komplexen Strukturen der Gewebe ab, zerlegen Fasern, zerkleinern Organellen, spalten Eiweißstoffe, führen schließlich alle im Lauf des Lebens aufgebauten komplexen Strukturen wieder zurück auf die allereinfachsten mineralischen Moleküle, auf Kohlendioxid und Wasser, ein paar simple Verbindungen von Stickstoff, Phosphor und Schwefel, wenige Elemente in kleinen Spuren.

Auch dieser Stoffabbau nach unserem Tode ist ausschließlich eine Folge natürlicher biochemischer Prozesse. Furchtbar wäre es um unsere Welt bestellt, wenn es sie nicht gäbe! Ohne diese segensreiche Chemie des Abbaus wäre unsere Welt bedeckt von einer gigantischen Schicht unverweslicher Leichname – eine schreckliche Vorstellung. Jede Entwicklung der Welt, jede Evolution wäre unmöglich. Alles, wirklich alles hängt davon ab, dass es einen unaufhaltsamen, unermüdlichen Wechsel der chemischen Stoffe gibt. Der Stoffwechsel ist nichts anderes als die Basis des Lebens selbst.

Unser chemischer Zugang zur Welt: die Sinne

Unsere Leiblichkeit ist offensichtlich zeitlebens untrennbar mit den chemischen Prozessen verwoben, die pausenlos in ihr stattfinden. Der vielgestaltige und geheimnisvoll gelenkte Wirbel der Stoffe in uns bleibt uns in aller Regel unbewusst – und das ist gut so: Wir wären mit einer bewussten und willkürlichen Steuerung unserer Leibeschemie hoffnungslos überfordert. Unser Bewusstsein würde in der wunderbaren Symphonie der Stoffe, die uns am Leben erhält, sicher nur misstönendes Chaos anrichten.

Chemische Umwandlungen sind aber bereits am Werk, wenn wir über unsere Sinne die allerersten Eindrücke der uns umgebenden Welt empfangen. Im Grunde gönnen uns unsere Sinne keinerlei Pause – wir können das Eintreffen der Schallwellen, der Geruchsmoleküle, der Hautkontakte nicht wirklich abschalten, nicht einmal die Lichteindrücke auf unsere Augen, denn selbst hinter unseren geschlossenen Augenlidern wird es nicht völlig dunkel. Allenfalls die bewusste Wahrnehmung dieser »Ein-Drücke« dämpfen wir im Schlaf oder in der Konzentration auf andere Beschäftigungen mehr oder weniger herab.

Dabei ist uns kaum bewusst, dass am Beginn praktisch aller Sinneserlebnisse ein physikalisch-chemischer Vorgang steht. Besonders deutlich wird uns diese Tatsache natürlich bei den primär der Stoffwahrnehmung dienenden Sinnen von Geruch und Geschmack, die bekanntlich eng miteinander verwoben sind. Sie gehören zu den ältesten und in der Organismusentwicklung des Embryos am frühesten verfügbaren Sinnen.

Mit dem Auftreffen eines Moleküls auf die Riechschleimhaut in unserer Nase beginnt der Elementarvorgang des Riechens. Unser Atemrhythmus führt dabei zu einer Intensivierung dieser Begegnung von Geruchsmolekülen und Riechschleimhaut, denn das Aus- und Einatmen bringt die in der Atemluft enthaltenen Substanzen dicht und mehrfach an der aufnahmebereiten Schleimhaut vorbei. Durch »Schnüffeln« können wir diesen Vorgang noch weiter intensivieren.

Nach dem Auftreffen des Geruchsmoleküls auf die Riechschleimhaut und dem dortigen »Andocken« an einem der etwa 350 verschiedenen Riechrezeptoren[3] kommt es sofort zu einem ersten, folgenreichen »Stoffwechsel«, also einer chemischen Reaktion. Spezielle Substanzen (Rezeptormoleküle) auf der Oberfläche der Riechzellen reagieren mit dem Duftstoffmolekül. Durch diese chemische Bindung werden spezielle Proteine aktiviert. Dies wiederum führt zu einer regelrechten chemischen Kaskade, an deren Ende es zur Änderung des elektrischen Potenzials der Riechzelle kommt. Ein geradezu unglaublich komplexer chemischer Stoffwechselvorgang, durch nichts anderes ausgelöst als z. B. das einfache Riechen an einer Rose!

Die elektrische Potenzialänderung wiederum wird als »Erregungswelle« durch das Nervensystem weitergeleitet. Dieser Weiterleitungsvorgang einer durch den Sinnesreiz ausgelösten Erregung im Nervensystem ist übrigens kein rein physikalischer Vorgang, wie wir ihn etwa von der Fortleitung eines elektrischen Signals in einem leitfähigen Kabel kennen. Vielmehr basiert die Reizleitung in den Nerven auf einer komplexen Abfolge chemischer und physikalischer Vorgänge.

So werden etwa in den synaptischen Spalt zwischen zwei Nervenabschnitten winzige Mengen spezieller chemischer Substanzen (Neurotransmitter) entleert, wandern auf die gegenüberliegende Seite des Spalts, werden dort wieder angelagert, chemisch aufgespalten, und diese Spaltprodukte werden wieder zurückgeführt. Ein munterer chemischer Reigen, der allein für eine Nervenleitung in Bewegung gesetzt wird – und das auch noch tausendfach in jeder Sekunde.

Der Stoffwechsel kennt also auch in dieser Hinsicht keine Unterbrechungen – vom ersten Sinnesreiz bis zur Bewusstwerdung des Sinneseindrucks im Gehirn. Denn auch das Gehirn ist nicht etwa ein computerähnliches Organ, in dem es vor allem auf die elektrischen Leitungs- und Schaltvorgänge ankommt. Bei näherer Betrachtung erweist sich unser Gehirn vielmehr als ein ganz und gar »chemisches Organ«. Dies wird insbesondere dann sehr deutlich, wenn die innere Chemie des Gehirns (der tatsächlich sogenannte Gehirn-Stoffwechsel) gestört ist. Schon bei einem Mangel geringster Mengen bestimmter Substanzen können starke Ausfallerscheinungen auftreten, z.B. bei der Parkinsonschen Krankheit.

Selbst in der optischen Wahrnehmung unserer Umgebung durch das Auge ist nicht etwa ein physikalischer Prozess (Auftreffen der Lichtwelle auf die Fotosensoren in der Netzhaut) das Entscheidende. Vielmehr schaffen auch hier erst kaskadenartig aufgebaute chemische Vorgänge die Verbindung zwischen Außen und Innen. Das Licht trifft auf die Rezeptoren in der Netzhaut. Bereits ein einzelnes Lichtteilchen von genügend großer Energie reicht aus, um einen speziellen chemischen Stoff im Rezeptor (Sehpurpur, Rhodopsin) chemisch zu verändern. Dieser chemische Elementarvorgang wiederum löst eine Lawine von weiteren chemischen Vorgängen aus, die in der Folge wieder zu einem Nervenreiz und der erwähnten verwickelten physikalisch-chemischen Weiterleitung bis zum Gehirn und damit zur eigentlichen Wahrnehmung führen.

Beim Hören dagegen herrscht tatsächlich zunächst einmal die »reine Physik«: Die Schallwellen treffen im Ohr auf das Trommelfell, werden dort durch die Gehörknöchelchen mechanisch umgelenkt und in eine Schwingungsbewegung des ovalen Fensters umgewandelt, das die Schwingungen zu den Sinneszellen des Innenohrs weiterleitet. Aber spätestens dort setzt wieder ein chemischer Umwandlungsprozess ein. Durch die Bewegung der Sinneshärchen im Innenohr werden in ihnen chemische Substanzen freigesetzt, die wiederum feine elektrische Potenziale aufbauen und auf diese Weise endlich zu einer in Nervenbahnen fortleitbaren Erregung führen.

Auch bei der haptischen Wahrnehmung durch unseren Tastsinn oder bei der Wahrnehmung unserer Lage oder Bewegung im Raum durch den Gleichgewichtssinn wirken zwar mechanische Vorgänge als Auslöser; die Umsetzung dieser mechanischen Anfangsvorgänge in eine fortleitungsfähige Erregung der Nervenbahnen erfolgt jedoch wieder durch komplexe chemische Vorgänge.

Gerade im Zusammenleben mit Kleinkindern können wir durch aufmerksames Beobachten erfahren, wie sehr die Kinder der Außenwelterfahrung durch alle Sinne ganz hingegeben sind. Die Eindrücke der Umwelt fluten fast ungefiltert in den kindlichen Leib hinein. Erst später, im Verlauf des kindlichen und jugendlichen Wachstums, schaffen zunehmende Erfahrungen und Reflexionen sinnliche Wahrnehmungen, die durch das Bewusstsein mehr oder weniger rational verändert werden. Aber die elementaren physikalisch-chemischen Prozesse der Sinneseindrücke können wir nicht beeinflussen.

Im Kern sind es also chemische Stoffwechselprozesse, die uns Menschen überhaupt aus dem Zustand des völligen Eingeschlossenseins in unseren Leib befreien und uns die »sensationelle« (= sinnlich erfahrbare) Welt da draußen eröffnen. Chemische Prozesse sind für uns dementsprechend nicht nur eine Frage auf Leben und Tod, sondern auch der Schlüssel zu unserer Befreiung aus dem Gefängnis unseres Leibes mithilfe unserer Wahrnehmungsorgane.[4] Und schließlich führen uns die chemischen Prozesse in unserem Gehirn selbst aus dem dichten Nebel der bewusstlosen reinen Existenz und Wahrnehmung in die Klarheit des Bewusstseins, der bewussten Reflexion und Erinnerung.

Kann es für unser Menschsein Bedeutsameres geben? Und ist es nicht ausgesprochen seltsam, ja geradezu paradox, dass die allermeisten Menschen ausgerechnet für diese Vorgänge, die so elementar über ihr Sein und Bewusstsein bestimmen, kein Interesse und schon gar kein Verständnis aufbringen? Sollte es nicht vielmehr so sein, dass sich alle Menschen – und zwar zunächst nur um ihrer selbst willen – für chemische Grundprozesse interessieren? Auch wenn dies Interesse im Einzelfall nicht sehr tief reichen mag, sollte doch jeder Mensch zumindest zur Kenntnis nehmen, wie untrennbar die intime Chemie des eigenen Leibes mit den Bedingungen der menschlichen Existenz verknüpft ist.

Auch um diese Kenntnisnahme zu fördern und ein zumindest grundsätzliches Interesse an der Wunderwelt der Chemie zu wecken, wurde dieses Buch geschrieben.

Der Austausch, der uns lebendig hält

In unseren Sinneserlebnissen sind wir offensichtlich ganz »Nehmende«. Die Impulse, durch die unsere Sinnesorgane gereizt werden, kommen von außen und wirken von außen nach innen, nicht umgekehrt. Auge und Ohr, Zunge und Nase, Haut und Haar sind Empfänger, keine Sender. Unsere Sinne nehmen Gerüche, Geschmacksstoffe, Töne, Berührungserlebnisse, Licht- und Farbwirkungen von außen auf, stoßen dabei chemische Prozesse an, die dann weitere Wirkungen in unserem Inneren entfalten – eine Art kommunikativer Einbahnstraße.

Ganz anders sieht das mit unserem Stoffwechsel im eigentlichen Wortsinne aus. Durch ihn stehen wir in permanentem Austausch mit unserer Umwelt. Auch dieser Austausch geschieht, ohne dass er uns bewusst werden muss. Im Gegenteil: Oft bemerken wir ihn erst, wenn es dabei Probleme gibt. Störungen der Verdauung, der Atmung, des Blutkreislaufs sind Störungen des Austausches der Stoffe zwischen unserem Leib und der Umgebung und machen uns oft erst darauf aufmerksam, dass überhaupt ein Stoffwechsel stattfindet.

Der erste und wohl bedeutsamste Austausch von Stoffen mit unserer Umgebung geschieht bei der Atmung. Höchstens einige Dutzend Sekunden können wir diesen Luftaustausch ohne schwerwiegende Folgen für unsere Gesundheit einstellen. Apnoe-Taucher bringen es durch langes Training auf etliche Minuten, in denen keinerlei Einatmung stattfindet. Der »Regelbetrieb« hingegen sieht vor, dass wir alle paar Sekunden aus- und einatmen. Dieser rhythmische Vorgang füllt unsere Lungen immer wieder mit sauerstoffreicher Luft aus der Umgebung. Wäre unsere Lunge lediglich eine Art Blasebalg, der gefüllt und wieder entleert wird, würde – außer einer zusätzlichen Befeuchtung des ausgeatmeten Gasgemisches – nichts geschehen. Erst ein chemischer Vorgang in den Membranen bzw. Kapillaren unserer Lungenbläschen bewirkt den entscheidenden Effekt.

Dort gelangt nämlich der Sauerstoff aus der Atemluft in Kontakt mit dem arteriellen Blut des Blutkreislaufs und wird durch eine hochkomplizierte, vielatomige, eisenhaltige Substanz in den roten Blutkörperchen – das Hämoglobin – chemisch gebunden. Gäbe es diese chemische Bindung nicht, wäre ein Transport des Sauerstoffs in unserem Blutkreislauf nicht möglich. Eine rein physikalische Lösung des Sauerstoffs in unserer Blutflüssigkeit (etwa so, wie das Gas Kohlendioxid im Sprudel gelöst ist) würde viel zu wenig von diesem Stoff transportfähig machen – wir würden trotz ausreichendem Sauerstoffangebot glatt ersticken.

Dies wird dann besonders deutlich, wenn statt der üblichen und notwendigen chemischen Reaktion des Atemsauerstoffs mit dem Bluthämoglobin andere, unerwünschte Gase gebunden werden. Bei einer Vergiftung etwa mit Kohlenmonoxid (z.B. durch einen Ofen mit unvollständiger Verbrennung) ist die chemische Bindung des Kohlenmonoxids an das Hämoglobin noch viel fester als die entsprechende Bindung des Sauerstoffs. In der Konkurrenz zwischen Sauerstoffbindung und Kohlenmonoxidbindung gewinnt daher das giftige Gas die Oberhand und blockiert die lebensnotwendigen Transportmittel regelrecht. Dem Hämoglobin steht dann zwar Sauerstoff zur Verfügung, dieser kann jedoch nicht mehr chemisch gebunden werden. Auch hier kommt es zu einer Erstickung – und das bei vollkommen ausreichendem Angebot an Sauerstoff.

Im gesunden Normalfall wird also durch den Stoffwechsel zwischen Atemsauerstoff und Hämoglobin das lebensnotwendige Gas auf chemische Weise in eine transportfähige Form überführt. So kann der Sauerstoff durch die roten Blutkörperchen von den Lungenbläschen in das Körperinnere hineingeschleust werden. Aber auch dieser Vorgang wäre unnütz, wenn der auf diese Weise im Blutstrom transportierte Sauerstoff auf Dauer an das Hämoglobin gebunden bliebe. Irgendwann würde das »Sauerstofftaxi« durch den Blutkreislauf wieder an seinen Ausgangspunkt in den Lungenbläschen gelangen – und nichts wäre gewonnen.

Der Transport des Sauerstoffs im Blut nützt folglich nur etwas, wenn das Lebenselement an den richtigen Stellen auch wieder aus dem Taxi aussteigen kann. Auch dazu bedarf es wieder einer chemischen Reaktion, also eines Wechsels der Stoffe. Gelangt das sauerstoffbeladene Hämoglobin nämlich auf seinem Weg durch den Blutkreislauf an bestimmten Zellen vorbei, in denen energiereiche, kohlenstoffhaltige Inhaltsstoffe der Nahrung, wie z.B. Zucker, in einem reaktionsfähigen Zustand bereitgehalten werden, kommt es zu einem erneuten Austausch der Stoffe.

Hierbei geht der bislang an das Hämoglobin gebundene Sauerstoff auf die Zuckermoleküle über und wandelt diese in Oxidationsprodukte des Zuckers um. Durch eine solche chemische Oxidationsreaktion wird Energie frei, die der Körper zur Aufrechterhaltung seiner Lebensfunktionen, für den Wärmehaushalt, für die Bewegung der Muskeln, für den Betrieb des Gehirns benötigt. Auch für den Anstoß weitergehender chemischer Reaktionen, etwa zum Aufbau notwendiger Substanzen wie der Hormone, wird die Energie genutzt, die bei der Oxidation von Substanzen aus der Nahrung frei wird.

Zu einer Oxidationsreaktion gehören immer zwei Partner – einer, der oxidiert (in diesem Fall der Sauerstoff), und einer, der oxidiert wird (in diesem Fall der Zucker). Das Ergebnis jeder chemischen Umwandlung sind neue Stoffe (Produkte), die aus den eingesetzten Stoffen (Edukten) hervorgehen. Bei der Oxidation der Substanzen in unserer

Nahrung ist das Endprodukt jedenfalls stets Kohlendioxid – hier liegt der in der Nahrung enthaltene Kohlenstoff in seiner physiologisch maximal möglichen Oxidationsstufe vor. Die in den kohlenstoffbasierten Nahrungsstoffen enthaltene Energie wird diesen Stoffen in höchstmöglichem Umfang entzogen und dem Körper zur Verfügung gestellt – das ist unser perfekt arbeitendes biologisches »Kraftwerk«.

Summarisch ist dabei also Folgendes passiert: Energiereiche Kohlenstoffverbindungen haben mit Sauerstoff unter Energiefreisetzung reagiert und energiearmes Kohlendioxid hinterlassen. Die Menge an Kohlenstoff ist dabei unverändert geblieben, nur der Energiegehalt der Kohlenstoffverbindungen hat sich drastisch verringert. Kohlendioxid ist damit zum End- oder Abfallprodukt dieses lebensnotwendigen Stoffwechselvorgangs geworden.

Abfall, der nicht beseitigt wird, führt bekanntlich zu Problemen, weil er sich im Übermaß an seinem Ablageort anreichert. Glücklicherweise hat die Evolution unseres Organismus zu verhindern gewusst, dass wir zu »Kohlendioxid-Messies« werden und damit an diesem Stoffwechsel-Abfallprodukt ersticken. Vielmehr haben sich effektive Entsorgungsmaßnahmen entwickelt, die einen Kohlendioxidüberschuss in unserem venösen Blut verhindern. Das Raffinierte an dieser Entsorgungsstrategie ist nun, dass der Abfall unseren Leib genau an der Stelle verlässt, an welcher der primäre Stoffwechsel-Aktivist, der Sauerstoff, unseren Körper betreten hatte: In der Lunge, präziser gesagt: in den Lungenbläschen.

Genau dort nämlich, an der umgebungsseitigen Oberfläche der Lungenbläschen, wird die Kohlendioxidladung des (venösen) Blutes ins Freie befördert und durch den Atemstrom aus der Lunge und dann aus dem Körper herausgeführt. Goethe, der viel von der Chemie des Lebendigen wusste, hat in seinem *West-Östlichen Diwan* für diesen polaren Prozess wunderbare Worte gefunden: »Im Atemholen sind zweierlei Gnaden: Die Luft einziehen, sich ihrer entladen; Jenes bedrängt, dieses erfrischt; So wunderbar ist das Leben gemischt.« Oder chemisch ausgedrückt: Wir nehmen im Einatmen Sauerstoff auf und entledigen uns im Ausatmen des Kohlenstoffs. Unsere Lunge ist also nichts anderes als ein hochwirksam gestaltetes Organ für den Austausch der Stoffe.

Erst bei Erkrankungen des Stoffwechsels wird uns bewusst, welche Einschränkungen diese Störungen bedeuten. Bereits geringfügige Abweichungen von der perfekten Balance der Hormone, vom harmonischen Konzert der Botenstoffe, vom wohldosierten Austausch der Ionen führen zu schweren Störungen der Befindlichkeit sowie des körperlichen und mentalen Leistungsvermögens. Viele der typischen »Zivilisationskrankheiten« sind in ihrem materiellen Kern Stoffwechselerkrankungen.

Betrachten wir diese Prozesse des körpereigenen Stoffwechsels aufmerksam, dann kommen wir unweigerlich zu der Erkenntnis: Die Wege der Stoffe in unserem Leib und durch ihn hindurch sind offensichtlich auf perfekte, bewunderungswürdige Art miteinander verknüpft und verwoben. Sie bedingen und fördern sich gegenseitig auf höchst harmonische Weise. Können wir darin nicht eine Art Vorbild sehen, wie ein erfolgreicher und gleichzeitig verträglicher Stoffwechsel in einer zukünftigen Chemie auszusehen hat?

Stoffe und Stoffwechsel in der Natur

Unser Organismus ist in stofflicher Hinsicht ein unglaublich vielfältiger Komplex aus natürlichen chemischen Substanzen, die noch dazu in ständige Aufbau-, Abbau- und Umbauprozesse eingewoben sind. Damit ist der Mensch aber keine einzigartige Erscheinung, sondern nur ein kleiner Widerschein des riesigen, lebendigen chemischen Naturlaboratoriums, als das unsere belebte Umwelt betrachtet werden kann. Nach einem alten, wirkmächtigen Bild aus der Renaissance können wir den Menschen somit als wahren Mikrokosmos betrachten, als eine »kleine Welt«, als Abbild der »großen Welt« des Makrokosmos, den unsere gesamte Biosphäre bildet.

Die chemischen Vorgänge in der Tierwelt ähneln den chemischen Vorgängen in uns Menschen natürlich in vielerlei Hinsicht. Das ist angesichts einer über lange Strecken gemeinsamen Entwicklung dieser Prozesse im Verlauf der Jahrmillionen währenden Evolution kein Wunder. Manche Säugetiere, die uns physiologisch recht ähnlich sind, haben indes eigene Verfahren der Verdauung entwickelt, um sich bestimmte Nahrungsquellen zugänglich zu machen. Kühe beispielsweise besitzen ein raffiniertes System von mehreren Mägen mit unterschiedlicher chemischer und mikrobiologischer Ausstattung und können so das chemische Wunder vollbringen, aus scheinbar einfach strukturierten Substanzen wie Gras oder Heu ihren eigenen Leib aufzubauen und zusätzlich diese Ausgangsstoffe in Milch zu verwandeln.

Andere Tiere haben ganz andersartige Patente für ihren Stoffwechsel entwickelt. So dient bei den meisten Schnecken nicht der rote (eisenhaltige) Blutfarbstoff Hämoglobin als Transportmittel für den lebensnotwendigen Sauerstoff, sondern eine ganz anders aufgebaute Substanz namens Hämocyanin. Dieser Blutfarbstoff verdankt seine Funktionalität als komplexes organisches Molekül nicht dem Eisen, sondern dem Kupfer. Das führt unter anderem dazu, dass bei einer Weinbergschnecke das mit Sauerstoff gesättigte Blut nicht rot, sondern bläulich schimmert.

Einfachere Organismen wie manche Bakterien können aufgrund der chemischen Eigenschaften ihrer unmittelbaren Umgebung sogar ganz auf den Sauerstoff als wichtigstes Reaktionsmittel des Stoffwechsels verzichten und auch in sauerstofffreiem (anaerobem) Milieu überleben. Sie nutzen stattdessen z.B. die Schwefelverbindung Sulfat als Oxidationsmittel, um damit unter Umsetzung organischer Säuren die für ihren Stoffwechsel notwendige Energie zu erzeugen.

Im Regelfall haben sich jedoch die Tiere und Bakterien unserer Biosphäre auf den Sauerstoff als treibende Kraft ihres Stoffwechsels konzentriert. Trotz des enormen Spektrums an Größe, Gestalt und biologischer Funktion ist bei diesen Lebewesen die Oxidation von kohlenstoffhaltigem Material (»Nahrung«) mittels Sauerstoff zu Kohlendioxid – unter gleichzeitiger Erzeugung von Energie – das vorherrschende Grundprinzip.

Mit diesem Grundprinzip – für sich genommen – blieben in der Biosphäre jedoch drei wesentliche Probleme ungelöst. Erstens: Woher kommen die energiereichen, kohlenstoffhaltigen Nahrungsmittel für die Tiere und Bakterien (und für den Menschen)? Zweitens: Woher kommt der für ihre Oxidation nötige Sauerstoff? Drittens: Wo bleiben die durch ihren Stoffwechsel als End- und Abfallprodukt erzeugten großen Mengen an Kohlendioxid?

Die Evolution hat für alle drei Probleme eine geniale Kombinationslösung gefunden. In perfekter Kongruenz zu den Tieren und Bakterien hat sie eine Klasse von Lebewesen entstehen lassen, für die der Abfallstoff »Kohlendioxid« das wesentliche Nahrungsmittel darstellt – und die im Gegenzug in ihrem eigenen Stoffwechsel aus diesem Kohlendioxid (mithilfe von Wasser, wenigen Mineralstoffen und Spurenelementen) nicht nur kohlenstoffhaltige Produkte wie Zucker, Stärke, Fette, Eiweiß und Tausende andere Substanzen erzeugen, sondern auch noch Sauerstoff!

Erst durch diese quasi antagonistische »Erfindung« jener Lebewesen, die wir hauptsächlich als Pflanzen oder Algen kennen, ist in der Sphäre der belebten Welt überhaupt so etwas wie Wachstum, Entwicklung und (dynamisches) Gleichgewicht möglich geworden. Was die Tiere erzeugen, benötigen die Pflanzen. Was die Pflanzen erzeugen, benötigen die Tiere (und Menschen). Was auf der einen Seite aufgebaut wird (und bei ungehemmtem Wachstum zum stofflichen Problem»müll« werden könnte), wird auf der anderen Seite dekonstruiert und abgebaut – und umgekehrt. What a wonderful world!

Ein Problem musste in dieser scheinbar perfekten Welt des Lebendigen aber doch noch gelöst werden: das Problem der Energie. Die Tiere haben es vergleichsweise einfach: Ihre Nahrung aus Kohlehydraten, Fetten, Eiweißstoffen und anderen kohlenstoffhaltigen Substanzen ist aufgrund ihrer hohen chemischen Komplexität sehr energiereich. Es genügt daher, diese Nahrung im Verdauungsprozess »abzubauen« (wie geschildert, durch Oxidation mithilfe von Sauerstoff). Mit diesem oxidativen Abbau von komplexen Kohlenstoffverbindungen kann leicht Energie erzeugt werden – wie jedes in sauerstoffhaltiger Luft brennende Stück Holz beweist.

Den Pflanzen hingegen fehlt ein solcher stofflicher Energielieferant. Die beiden wesentlichen »Nahrungsmittel« der Pflanze, Kohlendioxid und Wasser, sind vergleichsweise energiearm, liegen beide praktisch schon auf dem energetisch minimalen Level, von dem aus es nicht »noch tiefer« geht. Woher nehmen nun also die Pflanzen den notwendigen energetischen Input, um aus den trägen, energiearmen Ausgangsstoffen Kohlendioxid und Wasser so energiereiche Substanzen wie Fette und Öle zu synthetisieren?

Der geheimnisvolle Antrieb dieser pflanzlichen Syntheseprozesse und damit das »primum movens« der ganzen Biosphäre ist – die Sonne. Sie überschüttet die Erdoberfläche freigiebig und praktisch unerschöpflich mit einem Strom von Energie in Form von Licht unterschiedlicher Wellenlänge – vom eher wärmenden, langwelligen, roten und infraroten Licht über das ganze Farbspektrum hinweg bis zum chemisch aktiveren, besonders energiereichen violetten und ultravioletten Licht. Sonnenlicht, solarer Energiestrom, struktur- und ordnungsbildende »Syntropie«[5] der Sonne sind das ganze Geheimnis!

Mit der »Erfindung« der Fotosynthese (nichts anderes ist die pflanzliche Umwandlung von Kohlendioxid und Wasser in komplexe Kohlenstoffverbindungen mithilfe der Energie des Sonnenlichts) hat die Biosphäre eine wahrhaft emanzipatorische Tat vollbracht und sich unabhängig von den erdgebundenen Energiequellen gemacht. Da die solare Energiequelle nicht auf der Erde selbst beheimatet ist, brauchen sich die Lebewesen in der Biosphäre auch nicht mit den gefährlichen Nebenwirkungen und Abfallprodukten herumschlagen, mit denen ansonsten jede Art von Energieerzeugung hier auf der Erde unvermeidlich verbunden ist. Also ein weiterer »genialer Schachzug« der Evolution: Die Biosphäre hat einen Sicherheitsabstand (ca. 150 Millionen Kilometer) zwischen der thermonuklearen Hölle ihres einzigen Energielieferanten und sich selbst genutzt – gerade groß genug, um nicht zu Schaden zu kommen, und doch dicht genug, um ein Optimum an Energie zu erhalten.

Wie sich im Reich der Tiere und Bakterien eine unüberschaubare Vielfalt von Arten entwickelt hat, die je für sich einen spezifischen Stoffwechsel besitzen, so hat sich im Reich der Pflanzen ein ebenso überwältigender Reichtum an Arten, Formen, Farben und Funktionen herausgebildet. Beide Reiche ergänzen sich perfekt – oder taten dies doch zumindest, bis der Mensch mit seinem Streben, sich die Erde untertan zu machen, diese immer wieder neu und mühsam ausbalancierten dynamischen Gleichgewichte ins Wanken brachte.

Glücklicherweise besitzt die Biosphäre ein ausgeprägtes Anpassungsvermögen. Diese biologische Elastizität hat dafür gesorgt, dass katastrophale Ereignisse (etwa gigantische Vulkanausbrüche, Meteoriteneinschläge, radikale Veränderungen der Atmosphärenzusammensetzung und starke Schwankungen der Meeresspiegel) über die Erdgeschichte hinweg keine vollständige Auslöschung des Lebens bewirken konnten. Der Mensch hat durch seine massiven Einwirkungen zwar einen beängstigenden Rückgang der Artenvielfalt bewirkt und ganze Lebensräume großflächig zerstört, aber er hat – bislang jedenfalls – der Biosphäre noch nicht die Fähigkeit zur Regeneration und Anpassung nehmen können.

Trotz aller Beeinträchtigungen und Eingriffe ist ein staunenswertes Reich des lebendigen Werdens, Wachsens und Vergehens erhalten geblieben, und das einstige Bild der perfekten stofflichen Harmonie und Balance ist dem aufmerksamen und liebevollen Sinn noch erkennbar. Damit werden die chemischen Prozesse, die in unserem Innern und in den anderen Organismen der Biosphäre ohne unser bewusstes Zutun ablaufen, auch zu einer Art Vorbild für wirklich lebensverträgliche Methoden, chemische Stoffe miteinander interagieren zu lassen. An diesem Vorbild wird sich eine künftige Chemie messen lassen müssen!

Der Stoffwechsel ist der Prozess, der den Menschen am grundlegendsten mit allen Lebewesen verbindet. Die Bedingungen für einen funktionierenden, unbeeinträchtigten Wechsel der Stoffe vereint den Menschen mit jedem anderen Lebewesen – bis hin zum Einzeller! – in einer allumfassenden biochemischen Schicksals- und Interessengemeinschaft. Der vielbeschworene »Erhalt der natürlichen Lebensgrundlagen« ist im Grunde nichts anderes als die Bewahrung der evolutionären Voraussetzungen für einen unbeeinträchtigten Stoffwechsel der Lebewesen. In dem genannten Sinne ist dieser ungestörte Wechsel der Stoffe also auch eine unverzichtbare Vorbedingung für die physische, seelische, geistige und soziale Freiheit des Menschen.

Chemieindustrie bricht die Patente der Natur

Die Natur selbst hat in den vergangenen Jahrmillionen die zuvor beschriebenen chemischen Prozesse und Stoffe »erfunden«, »getestet«, »verworfen« oder »für tauglich befunden«.[6] Im Zuge dieses äonenlangen Prozesses sind – im übertragenen Sinne – Millionen von »chemischen Patenten« entstanden. Diejenigen Verfahren und Stoffe, die sich für die Entwicklung der Organismen als förderlich erwiesen haben, fanden Eingang in eine riesige biochemische Schatzkiste.

Auf den reichen Inhalt dieser Schatzkiste können alle Organismen für ihren jeweils spezifischen chemisch-physiologischen Bedarf an Substanzen und Verfahren zurückgreifen. Das Wort von der Schatzkiste ist dabei mehr als eine Metapher. Schließlich handelt es sich bei den »Stoffwechselpatenten« der Biosphäre um den wohl mit weitem Abstand größten – aber auch bedrohtesten – Reichtum, über den unser Blauer Planet verfügt.

Der ökonomische Gegenwert dieser »Patentsammlung« der Biosphäre übersteigt das ökonomische Volumen aller globalen menschengemachten Industrie wohl um ein Vielfaches.[7] Seit Urzeiten hatte die Natur ein Monopol auf die Anwendung chemischer Vorgänge und Substanzen. Wer hätte ihr in den Äonen denn auch Konkurrenz machen sollen bei der immerwährenden Synthese, biologischen Nutzung und Dekonstruktion der notwendigen Stoffe?

Aber seit etwa 150 Jahren hat sich diese Situation grundlegend gewandelt. Mehr und mehr trat ein neuer Global Player im Reich der Stoffe und ihrer Umwandlungen auf den Plan und machte der Biosphärenchemie zunehmend Konkurrenz. Eine vom Start weg erfolgreiche neue Wissenschaft und die aus ihr entwickelte machtvolle Technologie prägten seit Mitte des 19. Jahrhunderts das Weltgeschehen. An ihrer Wiege stand eher der Zufall, aber sehr rasch wuchs die neue Industrie zu einem der bedeutendsten, renditestärksten und kapitalkräftigsten Wirtschaftszweige heran.

Diese starke und sehr einflussreiche Position hat die chemische Industrie bis heute unvermindert aufrechterhalten können. Eine tolle Erfolgsgeschichte, wenn auch mit vielen Schattenseiten und enormen Kollateralschäden für Mensch und Umwelt. Doch die chemische Industrie muss sich in der unmittelbaren Zukunft ganz neu erfinden, um diese Erfolgsgeschichte fortsetzen zu können. Die Voraussetzungen, die über eineinhalb Jahrhunderte tragfähig waren, haben sich nämlich inzwischen radikal geändert. Von diesem spannenden Transformationsprozess, seinen Chancen, aber auch den bereits erkennbaren Abwegen, handelt das vorliegende Buch.[8] Und buchstäblich jeder Mensch auf der Erde wird von dem bevorstehenden Stoff-Wechsel betroffen sein, ob er es will oder nicht.

Der Ausgangspunkt dieser unvergleichlichen und auch wirtschaftshistorisch höchst interessanten Entwicklung war eigentlich ein lästiges Problem, ein unangenehmes Abfallprodukt: Steinkohlenteer. Dieser Teer entstand unvermeidlich und in großen Mengen bei der Herstellung von Leuchtgas und Koks aus Steinkohle – zwei Schlüsselprodukten der frühen Industrialisierung. Der Koks wurde als Reduktionsmittel für die Herstellung von Gusseisen und Stahl aus Eisenerz benötigt, das Leuchtgas brachte in den größeren Städten durch die zunehmend helle Beleuchtung der Fabriken, Straßen und später auch Haushalte erhebliche Veränderungen des Tagesablaufs mit sich.

Nun entstand aber bei der Verkokung von Steinkohle neben diesen beiden erwünschten Produkten auch, als zunächst höchst unerwünschtes Nebenprodukt, Steinkohlenteer: eine übelriechende, zähflüssigklebrige und noch dazu giftige Masse, für die – außer als Pilz- und Insektengift bei der Tränkung von Eisenbahnschwellen und anderen Holzbauteilen mit Erdkontakt – kaum eine sinnvolle Verwendung erkennbar war.

1834 entdeckte der Chemiker und Technologe Friedlieb Ferdinand Runge jedoch, dass man aus dem im Steinkohlenteer enthaltenen Anilin (eine stickstoffhaltige Kohlenstoffverbindung mit ringförmigem

Molekülaufbau) durch Einwirkung weiterer Chemikalien Farbstoffe herstellen konnte, die aufgrund ihrer stofflichen Basis anfangs Anilin-farben, später Teerfarben genannt wurden.

Nachdem Runges Entdeckung zunächst ohne wirtschaftlichen Nut-zen schien, änderte sich die Situation schlagartig, als 1856 der englische Chemiker William Henry Perkin aus Bestandteilen des Steinkohlen-teers einen faszinierend brillanten, malvenfarbenen Farbstoff (Mau-vein, Anilinpurpur) erzeugte und diesen sowie weitere synthetische Farbstoffe ab 1857 in kleinindustriellem Maßstab herzustellen begann.

Die neuen, leuchtenden Teerfarben veränderten in kürzester Zeit die Mode (auf der Weltausstellung 1862 in London waren mit Mauvein gefärbte Kleider eine Sensation) wie auch die gesamte Industrieland-schaft. Innerhalb weniger Jahre wurden – vor allem in Deutschland, der Schweiz, England und den USA – zahlreiche Chemiefabriken neu ge-gründet (Agfa, DuPont, CIBA, Geigy, Farbwerke Hoechst, Bayer, San-doz, Cassella und viele andere), die trotz zwischenzeitlicher Namens-änderung, Eigentümerwechsel und Umstrukturierungen teilweise bis heute existieren.

Die Umwandlung eines praktisch kostenlosen Rohstoffs in gefragte und wertvolle Farbstoffe spülte diesen frühen Chemiefabriken mär-chenhafte Gewinne in die Kassen, auch wenn manche Neugründungen im Zuge des immer aggressiveren Wettbewerbs bald wieder verschwan-den. Diejenigen Unternehmen, die sich durchsetzen konnten, wuchsen hingegen sehr bald zu den größten, reichsten, mächtigsten und auch po-litisch einflussreichsten Unternehmen des ausgehenden 19. und frühen 20. Jahrhunderts heran.

Weiter beflügelt wurde dieser wirtschaftliche Boom, als in den 1880er-Jahren – wieder eher zufällig – eine ganz neue Verwendungs-möglichkeit der synthetischen Farbstoffe entdeckt wurde: Man fand heraus, dass manche dieser Anilinfarben in der Lage waren, Bakterien und andere Mikroorganismen abzutöten. Damit konnten sie auch als Arzneimittel bei der Bekämpfung von Infektionskrankheiten wie Ma-laria genutzt werden.

Als dann durch intensive Forschungsanstrengungen in den frühen chemischen Unternehmen auch noch Wege zum Ersatz natürlicher Harze durch synthetische Polymere (»Kunststoffe«) und natürlicher Aromen durch synthetische Duftstoffe gefunden wurden, erreichte die Branche eine bis dahin unbekannte gesellschaftliche Relevanz und Machtfülle.

Die Basisinnovation hinter all diesen Erfolgen der frühen chemischen Industrie war nun stets das Durchbrechen eines der genannten »Stofferzeugungspatente« der Natur. Vordem waren nur Pflanzen wie die Indigopflanze und Tiere wie die Purpurschnecke in der Lage gewesen, aus einfachen Bausteinen komplexe und wertvolle Farbstoffe zu synthetisieren. Polymere zu synthetisieren war ein Privileg harzabsondernder Bäume, medizinisch wirksame Substanzen wurden bis dahin nur aus Heilpflanzen gewonnen, das Reich der Duftstoffe und Aromen beherrschten ätherische Öle aus Blüten und anderen Naturprodukten.

Wie selten zuvor stand die Menschheit durch das Auftreten und den gigantischen Erfolg dieser frühen chemischen Industrie vor einem radikalen Wandel ihrer Alltagswelt. Neue Materialien, neue Gerüche (nicht immer angenehme), neue Farbnuancen, aber auch ganz neue Kampfmittel gegen tödliche Krankheiten (und leider auch Kampfmittel, die zunehmend in Kriegen eingesetzt wurden) veränderten das Leben der Menschen grundlegend. Bis hinein in den eigenen Stoffwechsel reichten die Veränderungen durch diesen Wechsel der Alltagsstoffe, denn der menschliche Organismus wurde mit ihm zuvor ganz fremden Substanzen konfrontiert.

Wie jede Revolution hatte auch dieser einschneidende Wandel unserer stofflichen Umgebung ab Mitte des 19. Jahrhunderts sehr viele Licht-, aber auch bittere Schattenseiten. Auch von den Schattenseiten muss berichtet werden – und das nicht nur um der historischen Wahrheit willen, sondern auch als Mahnung zur Wachsamkeit, was den jetzt vor uns liegenden erneuten Wechsel der Stoffe betrifft.

Eine neue Art Stoffwechsel durch industrielle Chemie

Bis vor wenigen Jahrhunderten war es fast ausschließlich die biologische Aktivität der unterschiedlichen Lebewesen, durch die es zu einer Aufnahme von Stoffen aus der Biosphäre und zur Abgabe anderer Stoffe an die Biosphäre kam.[9] Wir haben gesehen, wie wunderbar weisheitsvoll die Stoffwechselvorgänge von Pflanzen, Tieren und Menschen miteinander verzahnt und ineinander verwoben sind, zu wechselseitigem Vorteil. Der externe Stoffwechsel zwischen den Organismen und der Umwelt war über Jahrmillionen intakt und ermöglichte die nachhaltige Entwicklung aller Beteiligten. Die erfolgreiche Evolution der Lebewesen zu einer unglaublichen Vielfalt von Arten ist der unwiderlegbare Beweis für die Bioverträglichkeit dieser ursprünglichen Stoffwechselvorgänge zwischen Organismen und Umwelt.

Mit dem Auftreten der chemischen Industrie, die – weltgeschichtlich gesehen – erst einen Wimpernschlag lang existiert, hat sich dieses Bild nach und nach völlig geändert. Hier ist ein neues, menschengemachtes »Lebewesen« auf den Plan getreten, das eine ganz andere Art von Stoffwechsel mit der Welt aufgenommen hat. Wie ein neuartiger, riesiger (technischer) Organismus benötigen die Chemiefabriken »Nahrung« in Form von Rohstoffen, »verdauen« diese durch Zugabe von verschiedenen Reagenzien (meist unter Energiezufuhr) und liefern am Ende sowohl die gewünschten chemischen Produkte als auch nicht nutzbare Abfälle als »Ausscheidungsprodukte«.

Ungeachtet dieser groben formalen Ähnlichkeit mit dem Stoffwechsel eines lebenden Organismus ist die Art, wie eine Chemiefabrik ihren Stoffwechsel mit der Umwelt organisiert und durchführt, in jeder Hinsicht radikal anders als bei den Lebewesen.

Das beginnt schon bei der »Nahrung«: Über 150 Jahre haben die Chemiefabriken weltweit hauptsächlich fossile Rohstoffe wie Steinkohlenteer, später Erdöl und Erdgas und in kleinem Umfang Steinkohle als Rohstoffbasis für ihre »organischen«, d.h. kohlenstoffbasierten Produkte genutzt.[10] All diese Ausgangsstoffe wären als Nahrungsgrundlage

33

für lebende Organismen – von wenigen exotischen Mikroorganismen abgesehen – absolut ungeeignet. Das gilt gerade für den Rohstoff Erdöl, der mit seinen physikalischen und toxikologischen Eigenschaften geradezu das Gegenbild eines bekömmlichen Nahrungsmittels darstellen würde.

Kein Stoffwechsel ist ohne energetischen Antrieb möglich – das gilt für den Stoffwechsel der lebenden Organismen ebenso wie für die stofflichen Umwandlungen in der chemischen Industrie oder im Labor. Für die Erzeugung der Energie, die wir Menschen für die Aufrechterhaltung unserer Lebensvorgänge benötigen, zweigen wir einfach einen Teil des Energieinhalts unserer Nahrung ab. Tiere und viele Mikroorganismen machen es ähnlich, wenn auch im chemischen Detail auf sehr unterschiedliche Weise. Und die Pflanzen nutzen bekanntlich die ihnen unentgeltlich zuströmende Energie des Sonnenlichts, um ihren ganz besonderen Stoffwechsel anzutreiben.

Während der menschliche, tierische und pflanzliche Stoffwechsel also über eine intrinsisch-autarke Energieversorgung verfügt, hat es eine chemische Fabrik nicht so einfach. Sie ist nicht nur auf Energiezufuhr von außen angewiesen, sondern muss auch noch dafür Sorge tragen, dass die zugeführte Energie die gewünschten chemischen Reaktionen einleitet. »Von allein« wandeln sich die Rohstoffe der Chemie nur selten in die gewünschten Endprodukte um.

Fatalerweise sind ausgerechnet die primären Rohstoffe der organisch-chemischen Industrie (Erdöl, Erdgas, Kohle) ziemlich reaktionsträge und neigen von sich aus praktisch nicht zu spontanen chemischen Umwandlungen[11] – abgesehen davon, dass sie mit Sauerstoff leicht verbrannt werden können, was sie zur Energieerzeugung geeignet macht: außerhalb der Verwendung als Ausgangsbasis für chemische Produkte auch ihre Hauptanwendung. Die bei der Verbrennung entstehenden Reaktionsprodukte Kohlendioxid und Wasser zählen aber wohl kaum zu den gut vermarktbaren Wunschprodukten der Chemiker.

Der Energieeinsatz bei der Stoffumwandlung in lebenden Organismen ist im Laufe einer langen Evolution hingegen perfekt optimiert worden. Mit einem Minimum an Energieverbrauch wird ein Optimum an gewünschten Stoffwechselprodukten gebildet – ohne dass Abfallprodukte entstünden, die das lebendige System gefährden.

Im Unterschied zur belebten Welt setzt die Chemie in Labor und Industrie die für die chemischen Reaktionen nötige Energie eher »grobschlächtig« ein. Die trägen Ausgangsstoffe werden einem großen Energieüberschuss ausgesetzt, um sie überhaupt dazu zu bewegen, sich in andere chemische Stoffe umzuwandeln. Dieser Energieüberschuss kann auf verschiedenste Weise in das System eingeführt werden. Entweder man verwendet Reagenzien, die von sich aus (durch vorausgegangene Verfahren) auf ein sehr hohes Energieniveau »gepumpt« wurden – beispielsweise Chlorgas oder Ozon. Oder das Reaktionsgemisch wird von außen hohen Temperaturen ausgesetzt, durch welche die enthaltenen Chemikalien energetisch ausreichend »aktiviert« werden. Eine weitere, oft genutzte Möglichkeit besteht darin, das Reaktionsgemisch in Kontakt mit reaktionsbeschleunigenden Stoffen (Katalysatoren) zu bringen, um auf diese Weise die energetischen Barrieren, die bei der gewünschten Reaktion zu übersteigen sind, abzusenken. Häufig werden in der Praxis Kombinationen mehrerer der genannten Verfahren gleichzeitig eingesetzt.

Eine wichtige Konsequenz dieses im Vergleich mit der belebten Welt eher grobschlächtigen Einsatzes von Energie in der industriellen Chemie ist das Entstehen zahlreicher unerwünschter Nebenprodukte. Der energetische Überschuss und sein oft eher unspezifisches Einwirken auf die betroffenen Moleküle der Ausgangsstoffe (Edukte) eröffnen diesen Edukten nämlich nicht nur den Weg zu den gewünschten chemischen Produkten. Vielmehr führen die durch die Energiezufuhr eröffneten Reaktionswege sehr oft auch zu einer Vielzahl anderer, unerwünschter Produkte, die unvermeidlich anfallen und die Effektivität des chemischen Prozesses stark herabsetzen.

Dank der Fachkenntnis und Kreativität der Chemiker und Verfahrensingenieure können manche dieser Nebenprodukte zu anderen, ebenfalls nutzbaren Produkten weiterverarbeitet werden (»Koppelproduktion«). Aber verglichen mit der Eleganz, Sparsamkeit, Zielgerichtetheit, Effektivität und Abfallarmut bei der chemischen Biosynthese z. B.

in einem simplen Kräuterblatt mutet das durch die chemisch-technische Entwicklung der letzten 100 Jahre erreichte Niveau der menschengemachten Chemie doch immer noch recht bescheiden an.

Mit Blick auf eine nachhaltige Entwicklung der Biosphäre gibt es jedoch einen noch viel einschneidenderen und – im Wortsinne – fatalen Aspekt des Umwelt-Stoffwechsels der (organischen) Chemie. Der Stoffstrom der benutzten fossilen Rohstoffe kennt nämlich nur eine einzige Richtung: aus der Erde heraus, in die Umwelt der Biosphäre hinein – es gibt kein Zurück. Die hohe Eleganz und gleichzeitig Umweltverträglichkeit der Kreislaufführung beim biologischen Stoffwechsel der lebenden Organismen fehlt diesem Stoffstrom völlig. Statt eines Kreislaufs der Stoffe finden wir im Reich der industriell-organischen Chemie eine Einbahnstraße.

Dramatisch wird dieser fehlende stoffliche Kreisschluss allerdings erst angesichts der gigantischen Mengen an fossilen Rohstoffen, welche durch diese Einbahnstraße fließen. Was sich in Jahrmillionen als Kohlenstoffdeponie in den Erdöllagerstätten abgelagert, wurde und wird nun innerhalb weniger Jahrzehnte durch den Menschen ans Tageslicht befördert, zu Chemieprodukten (und natürlich vor allem zu Energieträgern) verarbeitet – und findet keinen Weg zurück. Wir verbrauchen innerhalb nur eines Jahres die Menge an Erdöl, die in mehr als einer Million Jahren entstanden ist. Nach diesem Zeitmaßstab wird das Kohlenstoffdepot unter der Erde geradezu explosionsartig freigesetzt. Kein Wunder, dass dieses extreme Ungleichgewicht zu massiven Beeinträchtigungen innerhalb der Biosphäre führt.

Aus Euphorie wird Ernüchterung: Chemie hat Nebenwirkungen

Die Gründung der ersten Fabriken, in denen fossile Ausgangsstoffe wie Steinkohlenteer (und später Erdöl) zu chemisch-technischen Alltagsprodukten wie Farben, Kunststoffen, Kunstfasern, Medikamenten usw. verwandelt wurden, empfanden viele Menschen des späten 19. Jahrhunderts als eine sensationelle Befreiung von den Bindungen und Beschränkungen des »alten«, natürlichen Stoffkreislaufs.[12] Durch den Fortschritt dieser neuen Art von Chemie schien alles möglich – und vieles wurde ja auch tatsächlich durch sie möglich gemacht: neuartige, hochwirksame Medikamente, Fasern mit vorher ungekannten Eigenschaften, Kunststoffe mit schier unbeschränkter Formbarkeit, schließlich sogar die Befreiung von den Grenzen des natürlichen Stickstoffkreislaufs durch die Entwicklung der ersten Kunstdünger.

Obwohl die erste Teerfarbenfabrik durch William Henry Perkin 1857 in England gegründet worden war, kam es sehr bald zu einer dominierenden Stellung solcher Fabriken in Deutschland. Treibende Kräfte dieser frühen Gründungswelle der modernen Chemieindustrie waren neben der wissenschaftlich-technischen (und durchaus nachvollziehbaren) Euphorie vor allem auch die enormen Renditechancen, die sich bei der Herstellung modisch akzeptierter, neuartiger Massenartikel aus praktisch kostenlosen Rohmaterialien wie Steinkohlenteer beinahe zwangsläufig einstellten. Die beispiellose wirtschaftliche und – auf dem Wege über massive Lobby- und PR-Arbeit – auch politische Macht der chemischen Industrie in der Gegenwart hat ihre Wurzeln bereits in den hohen Wachstumsraten und Gewinnen der ersten Jahrzehnte ihrer Existenz.

Aber schon in den frühen Jahren der Teerchemie dräute unter der Oberfläche der Euphorie und des enormen wirtschaftlichen Erfolges auch Unheilvolles. In den Teerfarbenfabriken häuften sich bestimmte Erkrankungen der Arbeiter (z.B. Blasenkrebs), und es kam zu ersten massiven Verseuchungen der Umwelt in der Umgebung der Fabriken, insbesondere durch hochgiftige gas- und staubförmige Emissionen sowie durch die Einleitung toxischer Nebenprodukte und Abwässer in Flüsse und Bäche. Zu diesen – damals zumeist als normal und hinnehmbar betrachteten – Emissionen kamen auch immer wieder größere Störfälle und Havarien mit zahlreichen Verletzten und sogar Todesopfern.

Mit der wachsenden wirtschaftlichen und gesellschaftlichen Machtstellung der Chemieindustrie in den folgenden Jahrzehnten gingen stets gesundheitliche und ökologische Probleme einher. Geändert hat sich allerdings die Wahrnehmung und Bewertung dieser »Kollateralschäden«, die anfangs als unvermeidliche Begleiterscheinung von Wachstum und Prosperität betrachtet wurden.

In ihrem Buch *Silent Spring* (*Stummer Frühling*) hatte die amerikanische Biologin Rachel Carson bereits 1962 auf solche gravierenden Schadwirkungen von chemischen Produkten in der Umwelt hingewiesen. Sie war Ende der 1950er-Jahre Hinweisen einer Journalistin nachgegangen, die ihr von den verheerenden Auswirkungen der großflächigen Verteilung von Pestiziden mittels Sprühflugzeugen in einem Vogelschutzgebiet berichtet hatte.

Rachel Carson, zu diesem Zeitpunkt bereits eine bekannte und erfolgreiche Sachbuchautorin, erzielte mit ihrem Buch hohe öffentliche Aufmerksamkeit. Sie geriet allerdings auch in den Fokus der chemischen Industrie, die um ihre Umsatz- und Renditeinteressen fürchtete. Carson musste sich der Androhung immenser Schadenersatzforderungen erwehren und wurde als »ausländische Agentin« und »Kommunistin« verleumdet – eine in der Hoch-Zeit des Kalten Krieges nicht ungefährliche Unterstellung. Letztlich gab ihr Buch jedoch den Anstoß zu einer restriktiveren Gesetzgebung für den Pestizideinsatz in den USA und schließlich zum Verbot des Einsatzes von DDT.[13]

Spätestens mit den großen Chemiekatastrophen von Seveso (Fa. Icmesa, 1976), Bhopal (Fa. Union Carbide, 1984) und Basel (Fa. Sandoz, 1986) wurde einer breiten Öffentlichkeit auch in Europa bewusst, dass die industriell betriebene, moderne (vor allem organische) Chemie nicht nur willkommene Produkte für Haushalt, Gewerbe und Industrie liefert, sondern mit ihren Rohstoffen, Verfahrenstechniken und Nebenprodukten auch enorme Risiken birgt. Den Medien, die sich in dieser Zeit erstmals in größerem Umfang solchen Themen widmeten, sowie einigen fachkundigen Buchautoren kommt das Verdienst zu, auf diese Risiken aufmerksam gemacht und damit Änderungen angestoßen zu haben.[14]

Dass allerdings nicht nur Störfälle und Emissionen ein Risiko darstellen können, sondern auch die ganz normalen, frei verkauften chemischen Alltagsprodukte, wurde in Mitteleuropa spätestens mit den großen Holzschutzmittelskandalen Ende der 1970er-Jahre deutlich. Hunderttausende von arg- und ahnungslosen Verbrauchern hatten Gesundheitsschäden durch die insektiziden und fungiziden Wirkstoffe von massenhaft verkauften und angewendeten Holzschutzmitteln wie Xyladecor erlitten – und das auch noch infolge ihrer besten Absicht, die schönen Holzflächen in ihren trauten Heimen vor den – so stellten es die Hersteller dieser Produkte zumindest dar – aggressiven holzzerstörenden Insekten und Pilzen zu schützen.

Nachdem erste Zeitungen, Fernsehsendungen und Zeitschriften diese Auswirkungen von Holzschutzmitteln ab 1977 in einer zunehmenden Zahl von Veröffentlichungen immer ausführlicher dargestellt hatten, wurde auch den Verbrauchern bewusst, dass die verharmlosenden Produktversprechen der chemischen Industrie bestenfalls nur die halbe Wahrheit darstellten.

Die in den 1970er-Jahren anschwellende öffentliche Kritik an ihren Rohstoffen, Verfahren und Produkten wurde von großen Teilen der chemischen Industrie zunächst als Generalangriff auf ihre Geschäftsgrundlage angesehen und deshalb publizistisch, durch von ihnen abhängige Gutachter und mit den bewährten Methoden der Lobbyarbeit mit hohem Aufwand und zum Teil großer Verbissenheit bekämpft. Dabei schreckten einige besonders aggressive Industrievertreter auch nicht davor zurück, ihre Kritiker zu verhöhnen, zu verunglimpfen, lächerlich zu machen und auch mit juristischen Manövern zum Schweigen zu bringen – zumindest versuchten sie dies mit allen erdenklichen Mitteln.[15]

Aus der Distanz von einigen Jahrzehnten betrachtet, zeigt die nüchterne Rückschau auf diese wildbewegten Zeiten der beginnenden Chemiekritik: Es waren schließlich vor allem die öffentlichen Reaktionen auf die zahlreichen Skandale und Störfälle, die zu einem allmählichen Umdenken und zu einem neuen Risikobewusstsein auch innerhalb der chemischen Industrie führten. Letztlich leisteten also die kritische Öffentlichkeit und vor allem die kleine Schar der chemiekritischen Wissenschaftler und Publizisten einen entscheidenden Beitrag dazu, dass sich die chemische Industrie ab den 1990er-Jahren allmählich auf einen zukunftsträchtigeren Weg begeben hat.

Begleitet und gefördert wurde dieser Prozess durch verschärfte Gesetze und Verordnungen, die dem Umwelt- und Gesundheitsschutz einen höheren Stellenwert einräumten. Allen Unkenrufen zum Trotz hat die Rendite der chemischen Industrie durch diesen Wandel offenkundig keineswegs gelitten. Allerdings verstand sie es auch, durch offensive Einflussnahme auf Gesetzgebung und Verordnungsgestaltung sowie auf die Entwicklung der technischen Richtlinien und Normen die Veränderungen ihrer Produktionsgrundlagen (Nutzung von fossilen Rohstoffen, Verarbeitung mit den klassischen Methoden der harten Chemie) zunächst gering zu halten.

Investiert wurde vielmehr hauptsächlich in die Sicherung der Produktionsanlagen gegen Störfälle sowie die Begrenzung der möglichen Folgen solcher Störfälle und in die Minimierung von produktionsabhängigen Emissionen – was durchaus anerkennenswert ist. Nicht zuletzt wurde jedoch in aufwendige Marketing- und PR-Kampagnen investiert, die der Chemie in der Öffentlichkeit und bei den Verbrauchern ein besseres, »grüneres« Image verschaffen sollten. Allerdings wurden etliche besonders umweltschädigende und potenziell verbrauchergefährdende Produkte tatsächlich vom Markt genommen oder durch harmlosere oder weniger bedenkliche Alternativen ersetzt.

Andererseits sind inzwischen neue Probleme zutage getreten, die nicht Rohstoffe und Verfahrensweisen, sondern die ganz normalen, alltäglich verwendeten Produkte der chemischen Industrie betreffen. An dieser Stelle seien nur zwei angedeutet. So schwimmen nach neuen Erkenntnissen etwa 100 Millionen Tonnen Plastikabfälle in den Weltmeeren und sind zu einer ernsten Bedrohung für viele Meereslebewesen und damit auch für den Menschen geworden. Die Sorg- und Gedankenlosigkeit bei der Benutzung und »Entsorgung« von Plastikprodukten sowie die mangelhafte Abbaubarkeit vieler konventioneller Kunststoffe schaffen also ein massives globales ökologisches Problem, dessen Ausmaß und Folgen erst allmählich sichtbar werden.

Ein zweites Problem, das sich aus der massenhaften Verbreitung von synthetisch-chemischen Produkten ergibt und dessen Konturen in den vergangenen Jahren erst nach und nach deutlich geworden ist, besteht in der zunehmenden Belastung von Boden, Luft und Wasser mit winzigen Mengen von Substanzen, die aufgrund ihrer chemischen Ähnlichkeit mit körpereigenen Botenstoffen zu einer Störung des hochempfindlichen Austauschs von chemischen Signalen innerhalb von lebenden Organismen oder zwischen verschiedenen Individuen führen können. Diese internen oder externen Botenstoffe werden – im Sinne einer im Lauf der Evolution herausgebildeten höchstmöglichen Ökonomie – in den Organismen in extrem geringen Mengen gebildet, ausgetauscht, verarbeitet und abgebaut. Jede fremde Substanz, die von außen in diesen feinen physiologischen Stoffwechsel eingreift, kann die penibel ausbalancierten stofflichen Regelkreise stören oder zum Entgleisen bringen.

Dennoch setzt ein grundsätzliches Umdenken hinsichtlich der angewandten Verfahren und Rohstoffe in Teilen der chemischen Industrie nur sehr zögerlich ein – während andere den anstehenden Wandel bereits als neue Chance begreifen und dabei sind, die chemische Industrie quasi von ihren Grundlagen her neu zu erfinden. Diese auf neue Perspektiven für die Chemie orientierten Teile der chemischen Industrie haben sich in ihrer Dynamik auch nicht durch das nachlassende Interesse der Öffentlichkeit an chemischen Fragen aufhalten lassen und arbeiten bereits erfolgreich an neuartigen Stoffen für die postfossile Ära. Sie verschaffen sich damit für die Zukunft einen wichtigen Wettbewerbsvorteil.

Die große Wende: Der Chemie gehen die Rohstoffe aus

Am Ende unseres Jahrhunderts werden viele wohl nur mit fassungslosem Kopfschütteln auf das 20. und 21. Jahrhundert zurückblicken. Sie fragen sich dann vermutlich: Wie konnten unsere Vorfahren fast zwei Jahrhunderte lang so tun, als stünde das von ihnen als Schlüsselrohstoff eingesetzte Erdöl unbegrenzt zur Verfügung? Historiker der Zukunft werden Mühe haben, unsere Motivation und die unserer Vorväter nachzuvollziehen. Sie werden vielleicht von einem »kollektiven Vernunftversagen« sprechen (und wenn sie noch die Kraft zur Ironie besitzen sollten, von einer »dementia fossilis«). Denn schon schlichte Logik führt zu der Erkenntnis, dass selbst riesige Vorräte sich schnell erschöpfen, wenn ein Stoff Millionen mal rascher verbraucht wird, als er neu entstehen kann.

Wir sind drauf und dran, einen über Jahrmillionen aufgebauten geologischen Schatz innerhalb weniger Jahrzehnte vollständig auszuplündern. Übertragen auf ein großes Geldvermögen würde das bedeuten, ein über ein ganzes Jahrhundert aufgebautes Erbe innerhalb weniger Minuten zu verprassen. Jeder Beobachter würde in so einem Fall doch nicht nur nach dem Staatsanwalt, sondern auch nach dem Psychiater rufen. Dennoch wurde das ungehemmte Verprassen unserer fossilen Kohlenstoffvorräte über viele Jahrzehnte als etwas völlig Normales betrachtet.

Diese Sorglosigkeit beim Umgang mit begrenzten Ressourcen kommt glücklicherweise allmählich zu einem Ende. Immer mehr Menschen wird bewusst, dass uns bei unvermindertem Verbrauch nur noch wenige Jahrzehnte bis zur völligen Erschöpfung der Erdöllagerstätten bleiben. Dabei kommt es nicht darauf an, ob wir den Höhepunkt der Erdölgewinnung (»Peak Oil«) bereits überschritten haben oder ob dieser Zeitpunkt noch kurz bevorsteht. Ebenso irrelevant ist die Frage, ob der berechnete Zeitpunkt der Erschöpfung durch neue Explorations- und Gewinnungsmethoden noch einige Jahre oder gar Jahrzehnte in die Zukunft verschoben werden kann.[16]

Im Falle unserer Energieversorgung haben wir begonnen, aus diesen Erkenntnissen Konsequenzen zu ziehen. Fossile Energieträger werden mehr und mehr als knappes und wertvolles Gut betrachtet, das möglichst effizient und sparsam genutzt werden sollte. Und da unsere bisher wichtigsten Energieträger immer knapper und damit auch teurer werden, ist die Umstellung auf alternative, erneuerbare Energieträger in vollem Gang. Die Erkenntnis, dass nicht nur die abnehmende Verfügbarkeit für diesen Energiewechsel spricht, sondern auch die offenkundige Überlastung unserer Erdatmosphäre mit den Abfallprodukten fossil basierter Energieerzeugung, verstärkt die Bereitschaft zum Wandel.

Eine gesellschaftliche Debatte um die Konsequenzen der Endlichkeit fossiler Ressourcen für die Alltagschemie hat dagegen noch kaum begonnen. Dabei ist die Abhängigkeit von fossilen Rohstoffen in der Chemie noch größer als im Bereich der Energie. Haben wir in Deutschland derzeit einen Anteil von Erdöl, Erdgas und Kohle am Primär*energie*verbrauch von etwa 78 Prozent (eine ohnehin schon sehr hohe Abhängigkeit), so beträgt der Anteil fossiler Rohstoffe am Primär*stoff*verbrauch der organisch-chemischen Industrie fast 87 Prozent – die Abhängigkeit der Chemie von nicht erneuerbaren Kohlenstoffquellen ist also noch wesentlich größer als im Bereich der Energieversorgung. Merkwürdigerweise werden diese enorme Abhängigkeit und die damit verbundenen Risiken für die Chemie ungleich weniger öffentlich problematisiert.

Dabei könnte eine öffentliche Diskussion eine wichtige Unterstützung für die fortschrittlicheren Kräfte in der Chemie, die sich schon auf eine Zeit nach der Ära des Erdöls eingestellt haben, darstellen und für ein gesellschaftliches und politisches Klima sorgen, in dem die erneuerbaren Chemieressourcen eine ähnlich wirksame Förderung erfahren könnten, wie es bei den erneuerbaren Energien bereits der Fall ist. Die Chemiewende könnte auf diese Weise noch einmal wesentlich beschleunigt werden.

Stoff-Wechsel *jetzt*: Die Zukunft der Chemie ist solar!

Mit dem bis hier Beschriebenen sind nun auf der großen Klaviatur des Stoff-Wechsels alle wichtigen Tasten und Akkorde einmal angeschlagen worden:

– Chemische Stoffe und Vorgänge sind essenzielle Bestandteile unseres Körpers und seiner lebenswichtigen Funktionen – vom Wachstum über Bewegung, Ernährung, Wahrnehmung, Fortpflanzung bis hin zu Bewusstsein und Erinnerung. Grund genug, Chemie ernst zu nehmen.

- Chemie ist in unserer natürlichen Umgebung allgegenwärtig und bestimmt ganz wesentlich über die Dynamik und Entwicklung unserer Biosphäre und damit unserer Lebensgrundlage.
- Die Beeinträchtigung der über Jahrmillionen wohlabgestimmten und optimal ausbalancierten chemischen Umweltprozesse durch den Menschen stellt eine Bedrohung unserer Zukunft dar und muss daher auf ein Minimum begrenzt werden.
- Chemie ist eine wunderbare Wissenschaft, in der Forscher und Ingenieure Höchstleistungen an Kreativität erbracht haben. Sie hat uns mit Tausenden von neuartigen Produkten versorgt, die unseren Alltag radikal verändert und dabei oft erleichtert und bequemer gestaltet haben. Diese Kreativität muss nun verstärkt darauf ausgerichtet werden, eingespielte, aber problematische Rohstoffe, Verfahren und Produkte durch solche zu ersetzen, mit denen die chemische Industrie in den nächsten Jahrzehnten auf eine neue, umwelt- und lebensverträgliche Grundlage gestellt werden kann.
- Die Zukunft der Chemie muss ebenso notwendig auf vollständige Erneuerbarkeit ausgerichtet sein wie die Zukunft der Energie. Nur erneuerbare, nachwachsende Rohstoffe stehen der Chemie als Grundstoffe[17] auf Dauer zur Verfügung.
- Der Einsatz erneuerbarer Grundstoffe als Basis einer künftigen »solaren Chemie« verursacht prinzipiell keine Einschränkung unserer Lebensqualität und keinen Verzicht auf Funktionalität und Komfort – im Gegenteil. Zahlreiche bereits praktisch erprobte Beispiele belegen einen qualitativen Zugewinn bei gleichzeitiger Einsparung an endlichen Ressourcen.
- Solare Grundstoffe entstehen in einer Menge, welche die in Chemiefabriken erzeugten chemischen Substanzen um ein Tausendfaches übersteigt. Verknappungsrisiken gibt es auf Dauer nur bei fossilen Rohstoffen.
- Biogene[18] Grundstoffe entstehen in einer unüberschaubaren Vielfalt,

die es zu nutzen gilt. Sie bietet einen wirksamen Schutz gegen Mono-
polbildungen und Einseitigkeiten, wie sie mit der Petrochemie auf-
getreten sind.

- Die Biosphäre selbst hat in Jahrmillionen bewiesen, dass solare
  Grundstoffe keine chemischen Störfälle, keine giftigen Nebenprodukte und keine anwachsenden Abfallberge kennen.
- Erneuerbare Grundstoffe befreien die chemische Industrie von zahlreichen ökologischen Problemen. Der hohe Strukturierungsgrad
  dieser Stoffe verringert den Einsatz von Primärenergie in der Chemie enorm.
- Die Endprodukte der solaren Chemie lassen sich ungleich leichter in
  die globalen Stoffkreisläufe zurückführen als viele der heutigen chemischen Alltagsprodukte.
- Ein echtes Recycling der Stoffe ohne Qualitätsminderung gelingt
  nur in den großen Zyklen der Biosphäre. Hier ist die Substanz nach
  jedem Durchlauf qualitativ gleichwertig. Zudem wird die Zyklisie-
  rung allein durch Sonnenenergie angetrieben.

2 Harte Chemie – Auslaufmodell aus dem 19. Jahrhundert

Die Entstehungsbedingungen der harten Chemie im 19. Jahrhundert

Das neue Allmachtsgefühl der Chemiker

Die heutige Chemie bedient sich auf weiten Strecken noch immer der in ihrer industriellen Frühphase ab etwa 1850 entwickelten Techniken, auch wenn sie die gröbsten ökologischen und gesundheitlichen Kollateralschäden in den vergangenen Jahrzehnten gemildert hat. Für die zielgerichtete Entwicklung einer ganz andersartigen Chemie der Zukunft ist es daher unumgänglich, sich auch mit dem historischen Werdegang des Fachs und dessen industriellen Wurzeln etwas näher zu beschäftigen. Ohne einen Blick auf die Gründerphase der chemischen Industrie vor etwa 150 Jahren wird auch kaum nachvollziehbar sein, welche Euphorie, welcher Machbarkeitswahn, aber auch welches unglaubliche ökonomische Potenzial, welche enormen Gewinnspannen diese Industrie und seine Träger seitdem angetrieben haben.

Die Geschichte der Menschheit ist untrennbar verbunden mit der Geschichte des Gebrauchs und der Zurichtung von Stoffen. Jahrtausendelang benutzten die Menschen die Stoffe aus der Natur im Wesentlichen so, dass allenfalls eine mechanische Auf- und Zubereitung stattfand; chemische Veränderungen betrafen hauptsächlich anorganische Rohstoffe (Erze, Farberden) und blieben, gemessen am gesamten Materialverbrauch, die seltene Ausnahme. Wo organische Stoffe chemisch verändert wurden, blieb der Eingriff in die molekularen Strukturen eher oberflächlich (Kochen, Backen) oder folgte den natürlichen biologischen Abbauprozessen (Fermentation, Vergärung).

Nun führt auch die Stoffumwandlung im natürlichen, evolutionär angepassten Kontext zu gravierenden Änderungen der molekularen Strukturen: Die Verwandlung von Gras zu Milch in der Kuh ist und bleibt ein transmutatorisches Wunder, und die fotosynthetische Assimilation im Pflanzenorganismus lässt Produkte entstehen, die vom schlichten molekularen Charakter des Kohlendioxid kaum entfernter sein könnten. Es geht hier eben um den Unterschied zwischen dem Ergebnis eines langen Optimierungsprozesses einerseits und den erst jüngst entdeckten und nicht langfristig erprobten menschlichen Manipulationen an den Stoffstrukturen andererseits.

Mit der chemischen Revolution an der Wende vom 18. zum 19. Jahrhundert änderte sich die Situation radikal. Die Einsicht in die chemische Zusammensetzung der Stoffe sowie die quantitative Beschreibung dieser Zusammensetzung führte bald zu einer Art Allmachtsgefühl. Die Chemiker, die sich in dieser Zeit allmählich zu einer geschlosseneren Wissenschaftlergemeinschaft gruppierten, entwickelten ein ganz neues Selbstbewusstsein. Frühere Skrupel und Gebundenheiten wurden abgestreift wie lästige Schlangenhäute, alles drängte zur Aktivität auf bislang scheu gemiedenen, weil für undenkbar gehaltenen Handlungsfeldern.

In mancher Hinsicht ist jenes neue Selbstgefühl der Chemiker um 1830 mit dem der heutigen Gentechnik-Pioniere vergleichbar: Nichts ist mehr tabu, alles erscheint möglich; die Neuerschaffung von Organismen, gar des Menschen selbst ist scheinbar nur eine Frage der Zeit, des Kapitals, der Überwindung öffentlicher Widerstände. Die Prophezeiungen und Versprechungen, jetzt endgültig alle Erzübel der Welt zu beseitigen – Altern, Krankheit, Hunger, ja sogar den Tod –, häufen und steigern sich, Mahner und Zögerer stehen rasch in der Ecke der ewig Gestrigen, der Fortschrittsfeinde, der Glücksgegner, der chronischen Verlierer.

Die Durchbrechung des Naturpatents auf Stofferzeugung

Eine fast zwangsläufige Konsequenz des neuen Selbstbewusstseins der Chemiker am Beginn des 19. Jahrhunderts war der Versuch, die in der Natur aufgefundenen organischen (d.h. aus Lebensprozessen stammenden) Substanzen auch künstlich aus ihren atomaren Bausteinen aufzubauen. Anfangs waren allerdings sogar die führenden Vertreter der chemischen Revolution unsicher, ob die ersten Erfolge bei der Durchbrechung des seit Jahrmillionen bestehenden Patents der Natur auf die Erzeugung »organischer« Substanz tatsächlich schon die volle biochemische Emanzipation des Menschen darstellte oder ob doch noch die Mitwirkung einer transzendenten »Lebenskraft« (vis vitalis) erforderlich war.

So hatte Friedrich Wöhler zwar 1824 aus den beiden einfachen anorganischen Verbindungen Zyanwasserstoffsäure und Ammoniak die organische Verbindung Harnstoff hergestellt, die man bisher nur als Produkt des Stoffwechsels lebender Organismen gekannt hatte. Aber er wollte anfangs selbst nicht ausschließen, dass in der neu gebildeten Substanz doch noch ein »vitalistischer« Nachklang des ursprünglichen organischen Bildungsprinzips anwesend sei, der allein die Bildung der neuen organischen Substanz Harnstoff ermöglicht habe.[1]

Diese zurückhaltende Sichtweise macht deutlich, dass selbst die führenden Chemiker der damaligen Zeit zunächst noch davor zurückschreckten, den entscheidenden Durchbruch dieser Emanzipation vom Lebensprozess zu wagen. Aber dieser Zustand des Zögerns konnte nicht lange anhalten. Der stürmisch wachsende Erkenntnisfortschritt und die zunehmende Mechanisierung der Vorstellungen vom Ablauf und den Ursachen chemischer Prozesse auch im Bereich des Organischen beflügelten das emanzipatorische Selbstbewusstsein der Chemiker. Zu deutlich zeichneten sich zudem die enormen wirtschaftlichen Möglichkeiten ab, die sich aus der Synthese organischer Substanzen aus anorganischen Ausgangsstoffen ergeben würden.

Bereits im Jahr 1838 war der Damm gebrochen, und Friedrich Wöhler und Justus Liebig schrieben über die gelungene Harnstoffsynthese:

Die Philosophie der Chemie wird aus dieser Arbeit den Schluß ziehen, daß die Erzeugung aller organischen Materien, in so weit sie nicht mehr dem Organismus angehören, in unseren Laboratorien nicht allein wahrscheinlich, sondern als gewiß betrachtet werden muß. Zucker, Salicin, Morphin werden künstlich hervorgebracht

werden. Wir kennen freilich die Wege nicht, auf denen dieses End-
resultat zu erreichen ist, weil uns die Vorderglieder unbekannt sind,
aus denen diese Materien sich entwickeln, allein wir werden sie ken-
nenlernen.[2]

Blieben selbst diese programmatischen Äußerungen der beiden führenden Repräsentanten der Chemie in Deutschland zunächst noch
ohne großes Echo, so wurden sie – zusammen mit der Hervorhebung
des »Wöhlerschen Durchbruchs« von 1824 – von der aufblühenden organisch-synthetischen Chemie der zweiten Hälfte des 19. Jahrhunderts
bald zu einem paradigmatischen Wendepunkt stilisiert und geschickt in
das frühe Marketing der neuartigen Chemieprodukte eingebaut.

Damit war das Programm der Chemie für die folgenden Jahrzehnte
unmissverständlich definiert. Die damals in der Gemeinschaft der Chemiker noch verbreitete Vorstellung, organische Substanz könne nur
dann aus einfacheren Bausteinen aufgebaut werden, wenn eine okkulte
»Lebenskraft« in einem lebendigen Organismus wirksam wäre, schien
nun endgültig obsolet. Das Monopol der Natur auf die Erzeugung komplexer Moleküle aus miteinander verbundenen Kohlenstoffatomen war
durchbrochen. Aus der Fähigkeit zur Kreation neuartiger Stoffe, unabhängig von den Vorgaben der lebendigen Natur, bezogen und beziehen
Chemiker seitdem einen folgenschweren Anspruch: die Menschheit aus
der Gebundenheit an das Sosein ihrer natürlichen materiellen Umwelt
zu erlösen.

Die bedeutenden Persönlichkeiten der Chemie dieser Zeit waren
entsprechend von fast messianischem Eifer und bedingungslosem Fort-
schrittsglauben beseelt – die entscheidende mentale Triebkraft, die ihnen den Aufbau von Weltkonzernen ermöglichte. Auf tragische, aber
meist völlig unbewusste Weise haben sie allerdings nach und nach diesen ursprünglich emanzipatorischen Akt in sein Gegenteil verkehrt:
Aus der Befreiung des Menschen aus den Grenzen der natürlichen Ressourcen wurde mehr und mehr unsere heutige Abhängigkeit von den
Zu-, Un- und Abfällen der modernen harten Chemie.

Zugleich ist das Bewusstsein, zum schrankenlosen Eingriff in die

Materie befähigt zu sein, die Basis des merkwürdigen und im Kanon der Wissenschaften und Techniken nahezu singulären Gruppenbewusstseins vieler Chemiker. Es zeigt sich besonders dann, wenn die real existierenden Methoden sowie die ökologischen, gesundheitlichen und gesellschaftlichen Folgen der Chemie »von außen« (von Journalisten, Verbraucherschützern, Toxikologen, Umweltaktivisten) kritisch infrage gestellt werden. Fast reflexhaft reagieren viele Chemiker (und vor allem die Verbandsvertreter) darauf mit dem Hinweis auf den besonderen Charakter ihrer Arbeit, die letztlich nur »Eingeweihten« zugänglich und damit von Außenstehenden auch nicht kritisierbar sei.

Mit dem bei der Harnstoffsynthese gelungenen konzeptionellen Durchbruch und den immer klareren Vorstellungen von der Zusammensetzung organischer Stoffe begann, zunächst noch unsystematisch und ohne festes Syntheseziel, ein Run auf die künstliche Herstellung von Kohlenstoffverbindungen. Anfangs entsprach diese organisch-synthetische Chemie eher einem akademisch-wissenschaftlichen Interesse, waren doch die synthetisierten Stoffe wie Harnstoff oder Essigsäure aus den natürlichen Prozessen viel leichter und mit geringerem Aufwand zugänglich. Eine wirtschaftliche Bedeutung der neuen Synthesemöglichkeiten war zunächst nicht absehbar.

Dies änderte sich schlagartig, als kurz nach der Jahrhundertmitte durch solche »organischen« Synthesen aus dem damals als Abfallstoff der Koksherstellung reichlich vorhandenen Steinkohlenteer Produkte entstanden, für die es tatsächlich einen Markt gab: synthetische Farbstoffe. Die chemische Analyse von Naturfarbstoffen wie Indigo, aber auch von anderen, wirtschaftlich bedeutenden Pflanzenstoffen wie Chinin hatte nahegelegt, dass ein künstlicher Aufbau aus den chemischen Bestandteilen von Steinkohlenteer – vor allem den Abkömmlingen des Benzols – möglich sein sollte. Der erste so hergestellte Farbstoff war das Mauvein (»Malvenfarbe«), dessen Produktion dem englischen Chemiker und Liebig-Schüler William Henry Perkin 1856 gelang.

In den folgenden Jahren setzte ein wahrer Run auf neue synthetische Farbstoffe ein, die hauptsächlich aus Anilin hergestellt wurden. Anilin war aus den Bestandteilen des Steinkohlenteers leicht, wenn auch unter drastischen chemischen Bedingungen (Nitrierung mit konzentrierter Salpetersäure und anschließende Reduktion mit Eisenspänen) herstellbar. Zahlreiche Patente wurden auf die Herstellung leuchtender, neuartiger Farbstoffe wie Fuchsin erteilt, die ersten Firmen gegründet, die – zunächst in sehr primitiven Anlagen – eine Fülle neuer Farbstoffe herstellen konnten.

Die Geburt der chemischen Industrie aus dem Geist des Anilin

Dies war die Geburtsstunde der internationalen chemischen Industrie. Die meisten heute marktbeherrschenden Chemiegiganten, vor allem in Deutschland, sind in jenen Jahren als Fabriken zur Herstellung von Anilinfarben gegründet worden: Hoechst, Agfa, BASF, Bayer etc. Manche der Namen lassen heute noch den Ursprung im Bereich der Anilinfarben erkennen: Agfa heißt: Actiengesellschaft für Anilinfarben; BASF heißt: Badische Anilin- und Sodafabrik. Traditionell werden die Aktien der großen Chemiefabriken an der Börse auch heute noch als »Farbentitel« bezeichnet.

Mit der Entdeckung der synthetischen Anilinfarben kam für die Chemie der Durchbruch. Endlich war ein Betätigungsfeld gefunden, auf dem die neuen chemischen Erkenntnisse und Methoden aus der Liebigschen Schule in Produkte umgesetzt werden konnten, für die es ganz offensichtlich einen riesigen Markt gab. Die neuen Farbstoffe hatten sensationellen Erfolg. Geschickt wurden sie als Modefarben für die Damenbekleidung lanciert. Die Kombination aus substanzieller und farblicher Neuartigkeit einerseits und der Perspektive unbegrenzter Machbarkeit und Wandelbarkeit des verwendeten Syntheseprinzips andererseits war genial – der Erfolg konnte nicht ausbleiben.

Auch die wirtschaftlichen Voraussetzungen waren mehr als günstig. Als Ausgangsstoff diente der in riesigen Mengen als Abfall der Koksherstellung anfallende Steinkohlenteer, dessen Halden sich zu einem ernsten ökologischen und ästhetischen Problem ausgewachsen hatten. Steinkohlenteer verursachte also fast keine Rohstoffkosten – man sparte quasi noch Entsorgungskosten ein. Die Anlagen zur Herstellung der Farbstoffe waren zudem billige Standardapparaturen: Reaktionskessel,

über offenem Feuer beheizt; mit der Hand, später mit Dampfkraft betriebene Rührvorrichtungen; einfache Filterpressen.

Der Schutz der Arbeiter vor den giftigen Dämpfen und Stoffen spielte keine Rolle, die Lage der ersten Fabriken an großen Flüssen (vor allem an Rhein und Main) legte die billigste Entsorgung der Reststoffe –
direkte Einleitung in den Fluss – nahe, die unbekümmert praktiziert
wurde. Mit einem Minimum an Kostenaufwand, einem anfangs quasi
monopolartigen Produktangebot und einem begierig aufnahmebereiten Markt waren alle Voraussetzungen für das Wirtschaftswunder der
aufblühenden chemischen Industrie geschaffen.

Hinzu kam die Führung der Unternehmen durch höchst engagierte,
rücksichtslos durchsetzungswillige und -fähige Führungspersönlichkei-
ten wie Heinrich von Brunck, Carl Duisberg, Carl Bosch und andere.
Mit der enormen Machtfülle, die ihnen die riesigen Gewinne aus Herstellung und Verkauf der Anilinfarben verschafften, eroberten sie in wenigen Jahrzehnten die Spitze der deutschen Industrie. Auch wenn die
Herkunft dieser Macht heute kritischer gesehen wird, kann man feststellen, dass gegen die Interessen der deutschen chemischen Großindustrie in Wirtschaft und Politik bis in die Gegenwart kaum etwas läuft.

Wohl niemand, der den beispiellosen Aufstieg der Chemieindustrie
zu einer wirtschaftlichen und politischen Großmacht im Detail studiert,
kann sich der morbiden Faszination entziehen, die von dieser Entwicklung
ausgeht. Es scheint, als ob alle Träume der Scharlatane unter den frühneuzeitlichen Alchemisten in Erfüllung gegangen wären: Buchstäblich
aus Dreck (den stinkenden, lästigen Steinkohlenteerhalden der Hoch-
ofenkoksherstellung) wurde Gold gemacht – oder Stoffe, die mit Gold
aufgewogen wurden, da eine durch geschickte Propaganda angeregte Kon-
sumentenwelt nach den glänzenden, farbigen Produkten lechzte.

Eine ungeheure Euphorie machte sich breit; mit den Methoden der
Chemie schien alles Erstrebenswerte plötzlich machbar, der Sieg über
Hunger, Krankheit und Armut schien nahe und wurde von nicht weni-
gen der Handelnden ständig als unmittelbar bevorstehend verkündet.

Dieser Rausch ließ keinen Raum für Rücksichten und Nachdenk-
lichkeiten. Innerhalb weniger Jahre lag eine ganze Branche, die Natur-

farbstoffe angebaut und verarbeitet hatte, am Boden. Kein Blick fiel auf die giftige Brühe, die sich aus den Abwasserkanälen der Farbenfabriken in die Flüsse ergoss. Kein Gedanke wurde daran verschwendet, dass ein Großteil der verwendeten Chemikalien hochgiftig war und viele der ungeschützt mit ihnen hantierenden Arbeiter dem Krebstod geweiht. Der Blick war auf anderes gerichtet: auf Erringung, Erhalt und Ausbau der wirtschaftlichen Macht.

Die Grenzen zwischen den staatlichen Institutionen, der chemischen Forschung und den Wirtschaftsunternehmen verwischten sich immer mehr. Chemieindustrie war Imperialismus in Reinkultur. »Chemie erobert die Welt!« verkündete ein populärwissenschaftliches Buch auf dem Höhepunkt dieser Entwicklung in der Zeit des Nationalsozialismus stolz[3], und das war eine zutreffende Beschreibung. Der Feldzug dieser Eroberung der Natur und der Verbraucher hatte militärischen Charakter, die Agierenden den Gestus und die Rücksichtslosigkeit skrupelloser Generäle.

Innerhalb weniger Jahrzehnte schuf die rasch wachsende Disziplin der »organischen Chemie« – die sich »organische Chemie« nur noch nannte, obwohl weder Rohstoffe noch Reaktionsmethoden organischen Ursprungs waren – eine unabsehbare Flut neuer synthetischer Stoffe, die sich gewinnbringend verkaufen ließen: von den Farben, mit denen alles begann, über synthetische Medikamente bis hin zu den Kunststoffen. Mit den neu entdeckten Synthesemethoden ließen sich die Elemente Kohlenstoff, Wasserstoff, Sauerstoff, Stickstoff durcheinanderwirbeln und zu immer neuen Konstrukten zusammenfügen.

Mit der Eroberung der Schlüsseltechnologien zur Herstellung von Medikamenten, Farbstoffen, Kunstharzen, Kunststoffen, waschwirksamen Substanzen, Kunstfasern usw. aus den scheinbar beliebig und extrem billig verfügbaren Rohstoffen Steinkohlenteer und später Erdöl stiegen die Chemieunternehmen um die Wende zum 20. Jahrhundert zu einer geradezu sagenhaften wirtschaftlichen und schließlich auch politischen Macht auf.

Geschickte, oft skrupellose und charismatische Konzernlenker entwickelten bald Strategien, um den letzten hemmenden Faktor – den gnadenlosen Wettbewerb zwischen den einzelnen Chemiegiganten – auch noch auszuschalten. Es kam schrittweise zur Bildung des bemerkenswertesten Industriekonglomerats, das die Welt je gesehen hatte: zur »Interessengemeinschaft der Farbenindustrie« (IG Farben), in der schließlich alle maßgebenden Produzenten der chemischen Industrie zu einem monopolistischen Superkonzern vereinigt waren. Bis zum Ende des Zweiten Weltkriegs beherrschte dieser Moloch, gemeinsam mit den Giganten der Schwerindustrie wie Krupp und Thyssen, die deutsche Wirtschaft unangefochten.

Es ist angesichts dieser auf Jahrzehnte hinaus prägenden Strukturen unvermeidlich, einen kurzen Blick auf die tiefdunklen Flecken zu werfen, welche die Chronik der chemischen Industrie in der Zeit zwischen dem Beginn des Ersten und dem Ende des Zweiten Weltkriegs trüben. Nur so wird verständlich, warum auch nach der Befreiung Europas vom faschistischen Albtraum viele Führungskräfte der chemischen Industrie noch jahrzehntelang beharrlich an den alten Konzepten (und teilweise sogar am belasteten Personal aus der Nazizeit) festhielten. Diese seltsame konzeptionelle Starrheit machte es den Verantwortlichen scheinbar unmöglich, auf die seit den 1960er-Jahren absehbaren neuen Herausforderungen – fossile Rohstoffkrise, Störfallträchtigkeit, ökologische Kollateralschäden, Klimawandel und schwindende gesellschaftliche Akzeptanz – rasch genug zu reagieren und rechtzeitig die Weichen für einen Übergang der Chemieindustrie in die postfossile Ära zu stellen.

Chemie und Politik in unseliger Verkettung

Bei der geschilderten Machtfülle der Konzernlenker konnte es nicht ausbleiben, dass es bereits vor dem Ersten Weltkrieg zu engen Verquickungen zwischen der chemischen Industrie und den politisch Herrschenden kam. Dabei ging es vor allem um zwei zentrale Themen: Kriegstechnologie und Rohstoffautarkie für das Deutsche Reich. An der Entwicklung neuer Kriegstechnologien war die chemische Industrie mit der Erforschung chemischer Kampfstoffe beteiligt. Die Umgehung und Ausschaltung der traditionellen überseeischen Lieferquellen bei Schlüsselrohstoffen wie Treibstoff, Gummi und Salpeter durch die Entwicklung neuer Verfahren und Produkte war das zweite Standbein dieser immer engeren Bande zwischen chemischer Industrie und Staatsmacht.

Während des Ersten Weltkriegs waren auf diesen Feldern die späteren Chemie-Nobelpreisträger Fritz Haber und Carl Bosch sowie der Chemiker Carl Duisberg – Letzterer als Vorstand von Bayer und Präsident der IG Farben einer der mächtigsten Wirtschaftsführer überhaupt – die Schlüsselpersönlichkeiten. Zum einen gelang es ihnen in einer gigantischen, erst durch die fabelhaften Gewinne aus der Produktion synthetischer Farben ermöglichten wissenschaftlichen und technologischen Kraftanstrengung, ein Verfahren zur direkten Bindung des reaktionsträgen Luftstickstoffs an Wasserstoff mittels Hochdrucksynthese zu entwickeln (Haber-Bosch-Verfahren). Auf diese Weise waren die kriegswichtigen Materialien Salpeter (zur Herstellung von Schwarzpulver) und Salpetersäure (zur Nitrierung von Kohlenwasserstoffen bei der Herstellung von Nitroglycerin und ähnlichen Sprengstoffen) direkt aus den beliebig verfügbaren Grundstoffen Luft, Kohle und Wasser zugänglich. Der enorme Energieaufwand, den die Hochdrucksynthese erforderte, spielte angesichts der kriegsentscheidenden Bedeutung der so gewonnenen Rohstoffe keine Rolle. Historiker gehen davon aus, dass der Erste Weltkrieg aufgrund der damit ermöglichten Umgehung der alliierten Kontinentalsperre, die den Zugang zu den chilenischen Salpeterquellen verschloss, um Jahre verlängert wurde, da Deutschland ohne eigene Nitratquellen bereits im Jahre 1915 hätte kapitulieren müssen.[4]

Auch in Hinblick auf die neuartige Kriegswaffenart »chemische Kampfstoffe« spielten Fritz Haber und Carl Duisberg eine entscheidende Rolle. Die vermeintlich harmlose Industrie zur Herstellung synthetischer Farben stellte auf ideale Weise die stofflichen und technologischen Voraussetzungen zur Verfügung.[5] Es war der spätere Nobelpreisträger Haber, der den Einsatz der aus der Produktion von synthetischen Farben verfügbaren Giftgase Chlor und Phosgen als Massenvernichtungsmittel vorschlug und sie sogar als »eine technisch höhere Form des Tötens« verherrlichte.

Haber initiierte und leitete den Einsatz dieser Kampfstoffe an der Westfront bei Ypern persönlich. Tausende von alliierten Soldaten kamen in den ersten Angriffen mit dieser völlig unbekannten und lautlos wirkenden Waffe ums Leben, Zehntausende wurden durch schwere Verätzungen der Schleimhäute, der Haut und der Augen verletzt und entstellt. Es dauerte natürlich nicht lange, bis die Gegenseite sowohl Schutzmaßnahmen (Gasmasken) als auch eigene Kampfgase entwickelte und einsetzte. Insgesamt wurden im Ersten Weltkrieg mindestens 1,3 Millionen Menschen durch Gas vergiftet, 91.000 von ihnen starben. Die aggressive Rücksichtslosigkeit der Agierenden und die chemische Aggressivität der verwendeten Substanzen kommen in ihrer fatalen Verquickung wohl kaum deutlicher zum Ausdruck als in der Geschichte der chemischen Kriegsführung.

Der Gefreite Adolf Hitler erlitt an der Westfront eine Kampfgasverletzung und entwickelte nicht zuletzt dadurch unauslöschliche Hassgefühle gegen die Alliierten. Es gehört zu den tragischen Absurditäten der Weltgeschichte, dass gerade Fritz Haber, der Schöpfer dieser Kriegstechnologien, in der Zeit der nationalsozialistischen Herrschaft aufgrund seiner jüdischen Herkunft, ungeachtet seiner »Verdienste« um das Vaterland, aus Hochschulamt und -würden gejagt wurde. Seine Frau, Clara Haber-Immerwahr, hatte bereits in der Nacht der Abreise ihres Mannes an die Ostfront, wo er einen neuen Kampfgaseinsatz leiten wollte, aus Verzweiflung über diese grausame Waffe und die Beteiligung ihres Mannes an der Massenvernichtung Selbstmord begangen.

Die im Ersten Weltkrieg eingesetzten chemischen Massenvernichtungswaffen wurden danach keineswegs geächtet und die auf ihnen beruhenden Produktlinien nicht etwa aufgegeben. Kampfgase wie Phosgen dienen vielmehr auch heute noch als entscheidende Schlüsselchemikalien für vermeintlich harmlose chemische Alltagsprodukte wie Polyurethan (Produktionsvolumen Phosgen: 1,5 Millionen Tonnen pro Jahr weltweit).

Die Verquickung von Chemieindustrie und politischem Machtapparat setzte sich in der Weimarer Republik bruchlos fort: Mehrfach stiegen Vorstandsmitglieder der IG Farben in den Ministerrang auf. Einen Höhepunkt erreichte diese Entwicklung dann jedoch in der Zeit der nationalsozialistischen Gewaltherrschaft. Nahezu alle leitenden Manager der IG Farben wurden Mitglieder der NSDAP, zum Teil sogar der SS. Dass andere Wirtschaftsführer im Bereich der Chemie dem ungehobelten Ex-Gefreiten und Ex-Postkartenmaler Hitler durchaus skeptisch oder sogar mit Abscheu gegenüberstanden, änderte nichts an der Tatsache, dass sich eine gut funktionierende Symbiose zwischen imperial-chemischer und imperial-politischer Macht herausbildete. Die Chemie wurde zur zentralen Wissenschaft und Technologie des menschenverachtenden Naziregimes.

Diese Verquickungen endeten auch nicht vor den Toren der nationalsozialistischen Konzentrations- und Vernichtungslager. Die geschundenen Gefangenen waren für die chemische Industrie hochwillkommene billige Arbeitskräfte, sodass es in der Logik der IG Farben-Verantwortlichen nahelag (wie beispielsweise in Auschwitz geschehen), Chemiefabriken unmittelbar neben Konzentrationslagern zu errichten, um das günstige Potenzial an rechtlosem »Menschenmaterial« noch kosteneffektiver nutzen zu können. Dabei stand die praktizierte Menschenverachtung der Industrieführer derjenigen der herrschenden politischen Klasse in nichts nach. Selbst die Giftgase, die in den als Duschen getarnten Tötungsräumen der Vernichtungslager eingesetzt wurden, stammten von der DEGESCH, einer zum IG Farben-Konzern gehörenden Chemiefabrik.

Nach dem Zweiten Weltkrieg kam es zwar vordergründig zu einer Zerschlagung des IG Farben-Konzerns durch die alliierten Siegermächte, aber bereits nach kurzer Zeit waren die aus der Aufteilung hervorgegangenen Nachfolgeunternehmen erfolgreicher und mächtiger als je zuvor. Die Umsätze und Produktionsvolumina der größeren unter ihnen haben inzwischen den Umfang des gesamten IG Farben-Konglomerats auf dessen Höhepunkt weit hinter sich gelassen – und zwar jedes der Folgeunternehmen für sich.

Der Grund für diesen enormen Wachstumsschub liegt darin, dass die Konsumbedürfnisse der Nachkriegsgesellschaft vor allem durch Produkte der chemischen Industrie befriedigt wurden. Zahllose, für die Wirtschaftswunderepoche geradezu synonyme Markenprodukte wie Persil, Hostalen, Trevira, Perlon, Indanthren, Nivea, Tesafilm, Pattex und viele weitere sind Produkte dieser schlagkräftigen Industrie. Sie verstand es zudem sehr eindrucksvoll, den parallel zu ihrem eigenen Boom verlaufenden Aufstieg der Werbewirtschaft und PR-Agenturen zu nutzen, um ihre Produkte als wesentliche Repräsentanten und Garanten von Lebensqualität, Modernität und Fortschritt in den Köpfen wie im Unterbewusstsein von Millionen Menschen zu verankern.

Unbestreitbar haben diese Produkte der konventionellen, fossil basierten Chemie einen wichtigen Beitrag zum Wohlstand und zur Bequemlichkeit breiter Bevölkerungsschichten geleistet. Es ist ebenso anzuerkennen, dass Produkte dieser Art das Ergebnis der Fachkompetenz, der Kreativität und des Fleißes Tausender in der Chemieindustrie tätiger Menschen war. Diesen Akteuren an der Basis ging es sicher vor allem um die Verbesserung der Lebensbedingungen der Nutzer der von ihnen entwickelten und hergestellten Produkte.

Heute muss jedoch die in der Branche weitverbreitete Auffassung, dass der erreichte breite Wohlstand ohne die real existierende Chemie auf fossiler Basis nicht zu erhalten wäre, mehr denn je infrage gestellt werden. Schon die ersten Ergebnisse von Forschung und Entwicklung im Bereich der solaren Chemie, aber auch die Praxis großer Konzerne wie Henkel und Daimler-Benz, auf der Basis solarchemisch erzeugter Produkte zu hochleistungsfähigen Gebrauchsartikeln zu gelangen (dazu viele Beispiele in Kapitel 8), zeigen deutlich, dass ein sehr großer Teil des Erreichten und insbesondere das, was in einer modernen Industriegesellschaft als unverzichtbar angesehen wird, auch mit ganz anderen Methoden und auf der Grundlage anderer stofflicher und verfahrenstechnischer Prinzipien erzeugt werden kann.

Alles hängt vom Erdöl ab:
Chemie wird zur Petrochemie

Rohölförderung und Verteilung: konfliktreicher Start

Mit einem Festhalten an Steinkohlenteer als wesentlicher Rohstoffbasis hätte sich die (organisch-) chemische Industrie sehr bald in einer Sackgasse wiedergefunden. Teer war ein Koppelprodukt, dessen verfügbare Menge vom Herstellungsvolumen an Koks abhing. Die Produktionsmengen von Koks wiederum hängen vom schwankenden Bedarf der Stahlindustrie und von der Nutzung als Heizmaterial ab. Es lag daher nahe, sich bei rasant steigendem Bedarf nach einer anderen, verlässlicheren Kohlenstoffquelle für die Chemie umzusehen. Da in der Zeit unmittelbar nach dem Ende des Zweiten Weltkriegs niemand – von wenigen, noch zu schildernden Ausnahmen abgesehen – sich vorstellen konnte, Teer durch zukunftssichere nachwachsende Kohlenstoffquellen zu ersetzen, fiel die Wahl auf einen anderen, scheinbar unbegrenzt verfügbaren fossilen Rohstoff: Erdöl. Die industrielle organische Chemie wurde auf eine petrochemische Basis gestellt.

Die Umstellung der organisch-synthetischen Chemie von der Teer- auf die Erdölbasis war jedoch mehr als nur ein Wechsel der Rohstoffgrundlage. Es ging wieder einmal um die Überwindung von Grenzen, also um eine weitere Stufe der Emanzipation. Der Rohstoff Erdöl schien, anders als Steinkohlenteer, in unbegrenzter Menge verfügbar zu sein. Die Chemie konnte außerdem von Anfang an die bestehende Infrastruktur der Gewinnung und Verarbeitung von Erdöl durch den boomenden Treibstoff- und Energiesektor nutzen. Teer war jetzt nur noch »19. Jahrhundert«, dem Erdöl hingegen gehörte die Zukunft. Mit Begeisterung stürmte die chemische Industrie in eine neue, vielversprechende Ära.

Rohöl jedoch wird nicht in Unschuld geboren – bei der forcierten Extraktion von Erdöl aus der geologischen Matrix kommt es in großem Umfang zu ungewollten Leckagen. Die Verschmutzung der Meere und

Strände in der Umgebung von Ölförderplattformen – zuletzt beim Desaster um Deepwater Horizon – beweist es. Aber auch auf dem Land sind Förderregionen ökologisch hochbelastet. Dies hat mehrere Gründe: Erdöl selbst ist ein Gemisch zum Teil hochgiftiger Kohlenwasserstoffe; ein Teil davon ist leichtflüchtig und gelangt durch die unvermeidlichen Leckagen in die Umwelt. Außerdem werden heute in der Erdölförderung angesichts zunehmender Erschöpfung der Lagerstätten und nach dem Gebot maximaler Ausbeute eine Reihe von stark umweltbelastenden Chemikalien (Tenside, Polymere, darunter z. B. hydrolysiertes Polyacrylnitril) als Förderhilfsmittel eingesetzt (Tertiärverfahren).

Erdöl kommt zwar in fast allen Regionen der Erde vor, aber doch nicht annähernd gleich verteilt, sondern in konzentrierten, inselartigen Lagerstätten (Erdölfelder). Aus dieser ungleichen Verteilung des derzeitigen Treibstoffs der Industriegesellschaft über den Globus resultieren mannigfache Probleme – vom großen Transportaufwand in energetischer und logistischer Hinsicht bis zur Erpressbarkeit der Petro-Habenichtse (zu denen viele Industrieländer gehören) durch diejenigen, die aufgrund ihrer geologischen Vorzugsstellung mit dem Erdölhahn in der Hand Weltpolitik machen können. Viele bedrohliche Konflikte – insbesondere im Nahen und Mittleren Osten – haben ihre Wurzeln in der Schlüsselstellung, die Erdöl in der globalen Wirtschaft nach wie vor innehat.

Die sogenannten Ölkrisen der 1970er- und 1980er-Jahre waren nur ein Vorgeschmack auf das, was auf die Menschheit zukommt, wenn die strukturelle Knappheit dieses nicht erneuerbaren Rohstoffs nicht mehr durch Erschließung neuer oder intensivere Ausbeutung bestehender Lagerstätten überspielt werden kann. Schon heute führt die Verknappung zur Abschöpfung immer gigantischerer Summen durch die Hauptförderländer, die mit Milliarden von Petrodollars aberwitzige Infrastrukturprojekte (Stichwort: WM 2022 in Doha) finanzieren.

Erdöl kommt auch meist nicht als reine Melange der begehrten fossilen Kohlenwasserstoffe an die Erdoberfläche, sondern – gerade bei der zunehmenden Sekundär- und Tertiärförderung – als eine Mischung mit den Förderhilfsmitteln und Wasser. Aufgrund der tensidartigen Hilfsmittel und der großen mechanischen Kräfte schäumt diese Mischung stark und ist so nicht transportfähig. Daher kommt zunächst wieder Chemie zum Einsatz: Als Entschäumer werden Ethylhexanol, Polyglykole, Trialkylmelamine, Silicone und andere Produkte der harten Chemie eingesetzt. Nach der chemischen Unterdrückung des Schaums muss noch das Problem gelöst werden, dass Erdöl und mitgefördertes Wasser sich durch die eingesetzten Emulgatoren zu einer zähen Emulsion verbunden haben. Die Folge ist ein weiterer Chemikalieneinsatz: So dienen beispielsweise Sulfonsäuren als Demulgatoren, um die frische Rohölemulsion zu brechen.

Im auf die Förderung folgenden Lebensabschnitt des Rohöls geht es ebenfalls wenig umweltfreundlich zu: Allein beim Umfüllen, Beladen und Transport durch Pipelines oder mit Supertankern, beim Entladen, der Behälterreinigung sowie aus anderen, diffusen Quellen gelangt jährlich die unvorstellbare Menge von 6 Milliarden Kilogramm Erdöl ins Meer. Dies ist zwar nur ein Bruchteil der zur Weiterverarbeitung transportierten Menge; macht man sich jedoch klar, dass ein einziger Liter dieses modernen Industrie-Elixiers aufgrund seiner physikalischen, chemischen und biologischen Eigenschaften nicht weniger als 5 Millionen Liter Wasser von einem Lebenselement in eine lebensfeindliche, ungenießbare Brühe verwandelt, so ergibt sich aus der einfachen Multiplikation des Leckstroms mit diesem Verseuchungsfaktor die unglaubliche Menge von 30.000.000.000.000.000 Litern Wasser, die jährlich allein bei Gewinnung und Transport von Erdöl in ihrer Qualität geschädigt werden – wenig im Vergleich zu den globalen Wasservorräten, aber gigantisch viel, wenn man bedenkt, dass diese Zahl mit 16 Nullen dem gesamten Wasserbedarf der jetzt lebenden Menschheit in einem Zeitraum von 200 Jahren entspricht.

Aber es ist nicht einmal die Belastung durch das Erdöl allein: Wenn nach Tankerunfällen kilometerbreite Ölteppiche auf dem ursprünglich tiefblauen Meer in allen Farben schillernde Kaleidoskope des Grauens bilden, wenn die elektronischen Medien diese Schreckensbilder in Farbe auf die Fernsehschirme in aller Welt projizieren – dann schreit die

aufgeschreckte Öffentlichkeit, die um ihre Urlaubsstrände und Tauch-
reviere fürchtet, nach Abhilfe. Und es wird tatsächlich rasch Abhilfe geschaffen, gibt es doch wirksame Chemikalien, die, von Flugzeugen und
Hubschraubern versprüht, den Ölteppich innerhalb von Stunden »auf-
lösen«.

Dass hier erneut eine Unmasse von biologisch hochwirksamen Chemikalien eingesetzt wird, dass der Ölteppich in Wahrheit nicht »aufge-
löst«, sondern allenfalls im Wasser fein verteilt und zum Absinken auf
den Meeresgrund gebracht wird, wo er dann jahrelang unzersetzt lagert
– dass zu diesem Zweck weltweit pro Jahr allein etwa 2 Millionen Kilogramm Chemikalien (hochpotente Detergentien aus den Retorten der
Chemie) zusätzlich zu dem Öl in die Meere eingebracht werden – das
alles interessiert die Fernsehzuschauer wenig: Erstens sagt es ihnen niemand, zweitens gilt auch hier das Prinzip »Aus den Augen – aus dem
Sinn«.

Da nützt es wenig zu wissen, dass Mikroorganismen im Wasser in
der Lage sind, die aus dem Erdöl stammenden Schadstoffe ebenso wie
die zur oberflächlichen Beseitigung der Ölteppiche eingesetzten Chemikalien abzubauen, dass ein erheblicher Teil an der Wasseroberfläche
verdunstet (und dafür die Atmosphäre belastet) – auch nach dem Ab-
streichen einiger Nullen von dieser Schadensziffer ist die Belastung auf
Dauer für die Lebewesen auf der Erde nicht tragbar. Und doch sinken
die Menschen nach den regelmäßigen Katastrophen schnell wieder in
die alte Lethargie zurück. Zu eingespielt sind die Machtstrukturen, zu
häufig geschieht derlei, als dass nicht die natürlichen Reflexe der Abstumpfung über die Einsicht in die Konsequenzen obsiegten.

Cracken und Reformieren:
Petrochemie als Basis der harten Chemie

Schon viele Stationen und mannigfache Umweltbelastungen liegen hinter dem Stoff, aus dem einmal Polyurethan & Co synthetisiert werden
sollen – und doch sind wir noch weit von der Endstation der Konsum-
sehnsucht entfernt. Die nun folgende Station des Rohstoffs Erdöl auf
dem Weg zu den vielen bunten, praktischen, billigen Wegwerf- und

Wegspülartikeln unserer Konsumgesellschaft ist die petrochemische Raffinerie, in der die fossilen Kohlenwasserstoffe durch physikalische und vor allem chemische Verfahren erst in eine molekulare Form gebracht werden, die sie für das eigentliche Handwerk der Chemiker geeignet machen sollen.

In der Frühzeit der Erdölverarbeitung waren es im Wesentlichen physikalische Prozesse in Gestalt mehrfacher Destillation, durch die das extrem komplizierte Vielstoffgemisch Rohöl, dessen Zusammensetzung noch dazu je nach Herkunft variiert, in einzelne, dem gewünschten Verwendungszweck angepasste »Fraktionen« aufgespalten wurde. Das Prinzip ist einfach: Durch Einfüllen des Rohöls in Destillationsblasen und anschließendes Aufheizen beginnen die Bestandteile je nach ihrer chemischen Identität unterschiedlich rasch zu verdampfen. In einem nachgeschalteten Schritt werden die jetzt gasförmigen Kohlenwasserstoffe durch Kühlung wieder in den flüssigen Zustand zurückverwandelt und aufgefangen.

Da bei einer einfachen Destillation Fraktionen sehr unterschiedlicher Art gemeinsam diesen Weg gehen würden, wiederholt man in den Raffinerien den Verdampfungs- und Kondensationsvorgang in ein und derselben Destillationsanlage mehrfach. Leicht identifizierbarer Ort für diesen Vorgang sind die sogenannten Fraktionierkolonnen, meist hohe Türme, die den Raffinerien auch heute noch ihre charakteristische Gestalt verleihen. Natürlich ist dieser Prozess sehr energieaufwendig, da selbst bei Rückgewinnung der Energie aus dem Kondensationsvorgang ein erheblicher Teil der zur Verdampfung eingesetzten Energie in Form von Abwärme verloren geht. Aber Energie hat man in der Raffinerie ja mehr als genug: in Gestalt von Fraktionen des Erdöls selbst, die man zur Dampferzeugung verbrennt, wie die verkauften Raffinerieprodukte ja auch zum großen Teil zur Verbrennung (z. B. als Heizöl) bestimmt sind.

Die Produkte der klassischen physikalischen Raffination reichen von den leichtflüchtigen Raffineriegasen über die leichtsiedenden Benzine bis zu den schwerflüchtigen Dieselkraftstoffen, Kerosinen etc.. Am Ende dieser absteigenden Treppe der Flüchtigkeit steht ein Stoff, der

praktisch nicht mehr verdampf- und destillierbar ist und daher als zäh-
flüssiger, schwarzer, klebriger Rückstand verbleibt: Bitumen. Mit ihm
werden – vermischt mit mineralischen und organischen Zuschlag-
stoffen – nicht nur unsere Straßen geteert, sondern auch zahlreiche Alltagsprodukte wie Dachpappen, Dichtmassen und Anstrichstoffe gebunden.

Die Zeiten, in denen in der Erdölraffinerie die Destillation (als rein
physikalischer Prozess) vorherrschte, sind allerdings längst vorbei,
auch wenn Destillationen immer noch eine große Rolle spielen. Um
sich von den Zwängen zu befreien, die durch die wechselnde Grundzu-
sammensetzung des primären Rohstoffs gegeben sind, wurden in den
vergangenen Jahrzehnten aus den Erdölraffinerien mehr und mehr chemische Fabriken, in denen die Molekülstrukturen des Rohöls in großem Stil zielgerichtet abgewandelt werden. Die Petrochemiker sind damit dem Ideal, für die spätere Weiterverarbeitung ausschließlich die
gewünschten »Lego-Bausteine« in unterschiedlicher Größe und Form
zur Verfügung zu stellen, sehr nahe gekommen.

Eines ist allen diesen Crack- und Reformierprozessen eigen: Sie spielen sich bei hohen Temperaturen und meist unter Zuhilfenahme von
chemisch aktiven Oberflächen (Katalysatoren auf der Basis von Schwer-
metallen und Keramik) ab. Allerdings muss dem Rohöl zum Schutz dieser hochspezialisierten und empfindlichen Katalysatoroberflächen zunächst durch katalytische Hydrierung mit Wasserstoff ein störender
Bestandteil so weit als möglich entzogen werden: Schwefel, von dem
Erdöl bis zu 5 Prozent enthalten kann. Leider lässt sich mit den riesigen
Mengen an Schwefel und Schwefelverbindungen, die bei diesem Vor-
reinigungsschritt anfallen, nicht viel anfangen: Der Verbrauch an
Schwefel für andere chemische Prozesse kann die Mengen, die aus dem
wachsenden Bedarf an immer schwefelärmeren Raffinerieprodukten resultieren, nicht entfernt kompensieren..

Auch weitere Inhaltsstoffe des Erdöls sind zunehmend unerwünscht geworden: die Aromaten. Diese ringförmigen Kohlenwasserstoffe, die – im Widerspruch zu ihrem vielversprechenden Namen, der
noch aus der Frühzeit der Entdeckung dieser Verbindungsklasse in

Duftharzen herrührt – ausgesprochen übel riechen und zum Teil äußerst krebserregend sind, wurden aufgrund ihrer negativen gesundheitlichen und ökologischen Eigenschaften in ihren wichtigsten Anwendungsbereichen – Lösemittel und Benzinbestandteile – obsolet und finden keine Abnehmer mehr. Auch hier werden wieder physikalisch-chemische Prozesse (Extraktion mit einer besonderen Gruppe organischer Chemikalien, den sogenannten Stickstoff-Heterocyclen) eingesetzt, um das bereits entschwefelte Rohöl auch von Aromaten möglichst zu befreien.

Was übrig bleibt, sind kettenförmige, zweigförmige und ringförmige Kohlenwasserstoffe vielfältiger Art, die nun durch die genannten katalytischen Crack- und Reformierprozesse bei Temperaturen zwischen 500 und 1.000 °C in Moleküle mit der gewünschten Anzahl von Kohlenstoffatomen in der jeweils erforderlichen räumlichen Anordnung umgewandelt werden. Bei diesen Prozessen wird oft Wasserstoff als zusätzlicher Molekülbestandteil eingebaut oder im Gegenteil Wasserstoffatome entzogen.

Wichtigstes Ergebnis dieser zahlreichen chemischen Prozesse in einer petrochemischen Raffinerie ist die starke Abnahme der durchschnittlichen Kohlenstoffanzahl pro Molekül: Nur die so zerlegten Kohlenwasserstoffe sind als Bausteine für die anschließenden chemischen Synthesen klein genug, um die ganze Vielfalt von Folgeprodukten liefern zu können. Die technische Bezeichnung für den Hauptvorgang, das »Cracken«, macht fast lautmalerisch deutlich, dass im Ergebnis der Raffinerieprozesse die meisten Erdölinhaltsstoffe »zerbrochen« und zum Teil neu arrangiert worden sind.

Durch das Destillieren, Cracken und Reformieren von Rohöl wird also zunächst eine überschaubare Zahl von Grundchemikalien mit relativ geringer Molekülgröße erzeugt. Die wichtigsten dieser petrochemischen Grundchemikalien sind mit kettenförmiger Kohlenstoffanordnung: Ethen (2 Kohlenstoffatome pro Molekül), Propen (3), Buten (4) – sowie mit ringförmigen Strukturen: Benzol (6), Toluol (7) und Xylol (8 Kohlenstoffatome pro Molekül). Aus diesen ziemlich einfachen Bausteinen entsteht dann durch nachfolgende Syntheseschritte, bei denen die Zahl der Kohlenstoffatome wieder – zumTeil erheblich – zunimmt, ein großer Teil der riesigen Palette von kohlenstoffhaltigen Zwischen- und Endprodukten wie Kunststoffe, Kunstfasern, Kunstharze, Synthesekautschuk, Lösemittel, Schmiermittel, Tenside (waschwirksame Substanzen), Klebstoffe, Farbstoffe, Arzneiwirkstoffe usw.

Die klassische Petrochemie baut also primär auf einem Grundverfahren mit drei Stufen auf, die sich vor allem durch die dabei vorherrschenden Molekülgrößen unterscheiden. In der ersten Stufe liegt das gereinigte Rohöl vor, dessen zahlreiche Bestandteile zwar stark variieren, aber schwerpunktmäßig aus Kohlenwasserstoffmolekülen mittlerer Größe bestehen (etwa 10 bis 12 Kohlenstoffatome pro Molekül wäre ein repräsentativer Durchschnitt). In der zweiten Stufe entsteht durch die genannten technischen Ab- und Umbauprozesse eine relativ kleine Anzahl von Grundchemikalien mit geringer Molekülgröße (etwa 2 bis 8 Kohlenstoffatome pro Molekül). In einer dritten Stufe, der eigentlichen chemischen Synthese zu den vermarktbaren Zielmolekülen, werden diese kleinen Moleküle dann zu neuen Stoffen zusammengefügt, die über mittlere bis hohe Molekülgrößen verfügen.

Dieser klassische elementare Dreischritt der Petrochemie mit zunächst einem Strukturabbau, gefolgt von erneutem Strukturaufbau, hat den großen Vorteil, dass anfangs sehr wenige, noch ganz »eigenschaftsarme« Grundchemikalien zur Verfügung stehen, die dann erst in Folgeschritten zu zahllosen »eigenschaftsreichen« Produkten weiterverarbeitet werden. Mit diesem Grundprinzip erhält sich die Petrochemie ein hohes Maß an Flexibilität und kann die Steuerung der Syntheseprozesse rasch den aktuellen Markterfordernissen anpassen.

Diese Flexibilität hat aber auch ihren Preis. Es leuchtet ein, dass die Aufeinanderfolge von abbauenden und dann wieder aufbauenden Reaktionsschritten unter energetischen Gesichtspunkten nicht optimal sein kann – die hohen Temperaturen beim Cracken des Erdöls gibt es nicht umsonst, den wiederum hohen Energieaufwand bei den eigentlichen (aufbauenden) Syntheseprozessen schon gar nicht. Es verwundert daher nicht, dass die Chemieindustrie zu den energiehungrigsten Industriezweigen überhaupt gehört und ca. 10 Prozent des gesamten Bedarfs an Primärenergie in der Chemischen Industrie verbraucht werden. Zur Erinnerung: Der Primärenergiebedarf der solaren Chemie ist fast null, da die entscheidenden Schritte der chemischen Synthese durch reine Sonnenenergie gespeist werden.[6]

Der Einzug der Ultra-Gifte in die Chemie

Wenn es um die »Giftigkeit« von Chemikalien geht, hört man aus den Reihen der konventionellen Chemie oft zwei fast reflexhaft vorgetragene Standardaussagen. Erstens: Jedes Ding sei ein Gift, es komme nur auf die Dosis an (dabei beruft man sich in ziemlich einseitiger Interpretation ausgerechnet auf den frühneuzeitlichen Arzt und Naturforscher Paracelsus). Zweitens: In der Natur gebe es ja auch extrem toxische Substanzen. Beide Aussagen sind nicht völlig falsch, stellen jedoch eine unzulässige Relativierung der toxikologischen Risiken dar, die sich aus den Grundoperationen der chemischen Industrie für Gesundheit und Umwelt ergeben.

Die Giftstoffe in der Natur sind nämlich dort seit Jahrmillionen vorhanden und wirksam, Menschen können daher auf einen reichen Erfahrungsschatz im Umgang mit ihnen zurückgreifen. Außerdem haben sich im Lauf der Evolution der Biosphäre Mechanismen entwickelt, die lokale Giftwirkungen ausbalancieren, nicht direkt betroffene Organismen schonen und großflächigen Eintrag sowie Persistenz (d.h. sehr lange anhaltende Wirkung infolge mangelhaften Abbaus) vermeiden. Mit dieser behutsamen und auf Ausgleich bedachten Strategie der Natur ist offensichtlich erfolgreich vermieden worden, dass es beim Einsatz von Giftstoffen zu katastrophalen, die Existenz der Biosphäre nachhaltig gefährdenden Vergiftungsereignissen kommt.[7]

Die neuen toxikologischen Risikopotenziale aus der konventionellen synthetischen Chemie haben keine solchen evolutionären Anpassungsprozesse durchlaufen können – sie existieren in dieser Form ja erst seit wenigen Jahrzehnten. Ein so kurzer Zeitraum reicht weder aus, um echte Langzeiterfahrungen zu generieren, noch, um den Organismen der Biosphäre eine sich über viele Generationen hinziehende Anpassungsstrategie zu ermöglichen (wobei natürlich zu fragen wäre, ob eine solche Anpassung an Synthesegifte erstrebenswert ist).

Aus diesem Grund gibt es sehr wohl gravierende Unterschiede zwischen den in der Natur vorkommenden Giften und den menschengemachten Chemikalien mit Giftwirkung, auch wenn die klassischen Methoden der Toxizitätsmessung (z.B. beschreibt die LD 50, ab welcher »Letalen Dosis« 50 Prozent der Versuchstiere verenden) zu scheinbar vergleichbaren Ergebnissen gelangen – es handelt sich bei diesen Untersuchungen schließlich um reine Kurzzeitanalysen ohne jeden Aussagewert für längere Zeiträume. Evolutionäre Langzeiterfahrung als Kategorie hat zwar für das Überleben der Organismen in der Biosphäre eine ganz entscheidende Bedeutung, entzieht sich aber einer exakt wissenschaftlichen Kategorisierung.

Bei der genannten Umwandlung der reaktionsträgen Bestandteile des Erdöls in verkaufbare Chemieprodukte werden fast unvermeidlich hochreaktive Chemikalien wie Chlor (oder reaktive Chlorverbindungen wie Sulfurylchlorid oder Phosgen), Ethylenoxid, Ozon, Schwefeltrioxid oder Nitriersäure (Gemisch aus konzentrierter Salpeter- und Schwefelsäure) eingesetzt. Diese sehr reaktionsfähigen Substanzen haben jedoch auch stets eine starke Giftwirkung auf lebende Organismen: Schon der Kontakt mit der Haut oder Schleimhaut ruft mit dem lebenden Gewebe schließlich dieselben »chemischen Reaktionen« hervor wie mit jedem anderen reaktionsbereiten Substrat. Es kann daher nicht überraschen, dass diese aggressiven Stoffe auch als hochwirksame Desinfektions- oder Schädlingsbekämpfungsmittel eingesetzt werden (Chlorierung von Wasser in Schwimmbädern, »Entwesung« von Kornspeichern usw.). Da die chemische Aggressivität sich natürlich auch gegen die empfindliche Erbsubstanz richten kann, haben solche starken Reagenzien oft auch eine krebserregende und erbgutverändernde Wirkung.

Ihre Anwendung in der chemischen Industrie erfolgt natürlich nicht wegen, sondern trotz der vorhandenen Giftwirkung, die von der gewünschten und notwendigen chemischen Potenz oft nicht getrennt werden kann. Chemische Aggressivität und Giftigkeit bleiben im Verlauf des Syntheseprozesses in der Regel auch nicht erhalten, sondern werden durch das Substrat (z.B. den Kohlenwasserstoff aus dem Erdöl oder aus den zwischengeschalteten Crack-Prozessen) »neutralisiert«. Das Reagenz (z.B. Chlorgas) »verschwindet« sozusagen im Substrat, indem es mit ihm zusammen eine neue stoffliche Entität – das gewünschte Reaktionsprodukt – bildet.

Trotz dieses chemischen Kalmierungseffekts bleibt jedoch ein erheblicher Haken an der Sache. Denn in aller Regel führt der Kontakt zwischen Substrat (z.B. erdölbasiertem Kohlenwasserstoff) und Reagenz[8] (z.B. Chlor) nicht zu einem einzigen (dem gewollten) Reaktionsprodukt, sondern aufgrund des energetischen Überschusses auch zu unerwünschten Nebenprodukten (vgl. Kapitel 5). Gerade in solchen Nebenprodukten bleibt jedoch die ursprüngliche »Aggressionssignatur« des chemischen Reagenz erhalten. Das Ergebnis sind dann nicht selten hochgiftige Begleitstoffe, die das toxische Potenzial des eigentlichen Reaktionsprodukts bei Weitem übersteigen. Dies ist vor allem bei den häufigen Halogenierungsreaktionen oder den nachfolgenden Umsetzungen unter Beteiligung von Halogenkohlenwasserstoffen der Fall. Dabei kommt es fast unweigerlich in Spuren zur Bildung solcher hochgiftiger Nebenprodukte.

Bei Störfällen in chemischen Reaktoren können solche unerwünschten Nebenprodukte sogar plötzlich zum Hauptreaktionsprodukt werden und damit zu einem gravierenden Gesundheits- und Umweltproblem. Genau dies ist im Juli 1976 am Rande des italienischen Städtchens Seveso geschehen. Bei der Herstellung von Trichlorphenol, einem chlorierten Vorprodukt des Schädlingsbekämpfungsmittels Hexachlorophen, kam es im Reaktionskessel zu einem Wärmestau, dadurch zu einem rasanten Temperatur- und Druckanstieg und schließlich zum Abblasen eines großen Teils des Kesselinhalts in die Umgebung.

Die Folge war eine massive Vergiftung eines dicht besiedelten, 6 Quadratkilometer großen Gebietes in und bei Seveso mit dem extrem giftigen Stoff 2,3,7,8-Tetrachlordibenzodioxin (TCDD, oft auch nur kurz »Dioxin« genannt). Dieses Dioxin entsteht bei dem angewendeten Produktionsverfahren immer als Nebenprodukt, aber in sehr geringen Mengen. Durch den Druck- und Temperaturanstieg wurde das Nebenprodukt jedoch hier zu einem der Hauptprodukte – mit den bekannten fatalen Folgen. Aufgrund der hohen Persistenz (d. h. der sehr geringen Abbaubarkeit) von Dioxin waren diese Folgen auch nicht nach einiger Zeit »von allein« beseitigt oder auch nur gemindert – vielmehr musste der gesamte verseuchte Boden versiegelt bzw. abgetragen und als Sondermüll entsorgt werden – was prompt schiefging, aber das ist eine andere Geschichte.

Natürlich sind die Folgen chemischer Störfälle nur selten so dramatisch – und nicht bei allen chemischen Reaktionen entstehen Stoffe mit dem Giftpotenzial von Dioxin –, aber es bleibt festzuhalten, dass die Nebenprodukt- und Störfallproblematik ein konstituierendes und unvermeidliches Element dieser Art von Chemie darstellt. Es ist daher auch nicht übertrieben, hier von einer harten Chemie zu sprechen. Auch wenn der Begriff keinen wissenschaftlich exakt fassbaren Sachverhalt beschreibt, scheint er hier mehr als gerechtfertigt.

Nebenprodukte sind also eine unvermeidliche Begleiterscheinung der Reaktionsmethoden der konventionellen harten Chemie. Das wissen natürlich auch alle Hersteller chemisch-technischer Produkte. Sie wenden inzwischen viel Mühe darauf, insbesondere die für Endverbraucher bestimmten Produkte mit technischen Mitteln von solchen Nebenprodukten zu befreien. So weit, so gut – allerdings ist ein solcher Abtrennungs- oder Reinigungsaufwand teuer und »kostet« auch immer einen Teil des eigentlichen Zielprodukts. Je höher der Reinigungsaufwand, umso niedriger also die mit dem Verkauf des Produkts zu erzielende Rendite. Diese Minderung der Wirtschaftlichkeit führt dazu, dass von den Herstellern meist ein gewisser Restgehalt an eigentlich unerwünschten Nebenprodukten akzeptiert wird.

Daraus folgt jedoch ein weiteres Problem: Über den Eintrag auch kleiner Mengen dieser Nebenprodukte in die Umweltmedien Luft, Wasser und Böden gelangen Spuren schließlich auch in lebende Organismen, einschließlich uns Menschen. Mag eine dieser Spurenchemi-

kalien noch problemlos sein, so gibt doch die Vielzahl solcher Fremdstoffe in unserer Umwelt Anlass zur Sorge.

Manche dieser Störstoffe können zudem eine biologische Wirkung
entfalten, die der Wirkung von körpereigenen Steuer- und Botenstoffen
(z.B. Hormonen) entspricht. Eine Summierung eigentlich harmloser
Mengen kann auf diese Weise eine ernst zu nehmende Gefahr für die
empfindlichen chemisch-biologischen Gleichgewichte in unserer Biosphäre werden, zumal es sich um Fremdstoffe aus der chemischen
Retorte handelt, deren langfristige Auswirkungen auf Lebewesen noch
völlig unbekannt ist. Eine weitere mögliche Störung unseres körpereigenen Stoffwechsels durch minimale Mengen von chemischen
Fremdstoffen kann darin bestehen, dass Andockstellen für den Austausch von Botenstoffen durch diese Fremdstoffe blockiert und damit
ausgeschaltet werden – mit entsprechend üblen Folgen für unsere sensible körpereigene Chemie.

3 Momentaufnahmen aus der Alltagschemie

Der (vielleicht auch nur vermeintliche) Segen unseres modernen Konsumentenlebens ist die für viele betörende und für manche eher verstörende Reichhaltigkeit der Angebote, unter denen wir auswählen können. Die gesamte Werbung ist darauf ausgerichtet, uns dieses schwindelerregende Universum von Alltagswaren schmackhaft zu machen. Der Fluch unserer heutigen Konsumentenexistenz ist hingegen der geradezu totale Verlust an Ursprungsbewusstsein oder Quellenkenntnis. Wir wissen einfach nicht mehr, wo dieser nicht abreißende Strom von Waren herkommt – und wir wissen schon gar nichts über seine konkreten Entstehungsbedingungen.

Möglicherweise bedingen sich diese beiden Aspekte sogar gegenseitig. Vielleicht kann uns die scheinbare Vielfalt des Angebotenen nur deshalb betören und verführen, weil uns das dröhnende und flirrende Marktgeschehen taub und blind gemacht hat für die Wurzeln und Ursprünge all des Dargebotenen. So gehen wir denn wie betäubt und geblendet durch die Shoppingzentren (oder Online-Stores) und verlieren alles Gespür dafür, dass jede Ware ja erzeugt werden muss und dass die Erzeugungsbedingungen uns möglicherweise nicht gefallen würden, wenn wir denn dabei anwesend sein müssten.

Dieser Wahrnehmungsverlust gilt für fast alle Waren, die wir als Angehörige der entwickelten Regionen konsumieren – vielleicht noch am wenigsten für diejenigen regional verfügbaren Lebensmittel, die nur in wenigen Schritten schonend verarbeitet worden sind, also beispielsweise regional erzeugtes und vermarktetes Obst, Gemüse und Milchprodukte.

Besonders stark ist der Wahrnehmungsverlust allerdings bei den allgegenwärtigen Chemieprodukten. Selbst wenn sie als Produkte eines chemischen Synthesevorgangs erkennbar geworden sind – was uns beispielsweise bei einem stark lösemittelhaltigen Kontaktkleber geradezu »auf die Nase gebunden« wird –, bleibt ihre komplexe Produktgeschichte in der Regel im Dunkeln. Auch wenn wir – als Nichtfachleute – tatsächlich daran interessiert wären, Einblick in dieses dunkle Reich der chemischen »Produktlinie« zu erhalten, hätten wir dazu fast keine Chance – so sehr ist die Verbraucherinformation auf die reinen Produkteigenschaften abgestellt, die uns bequem und nützlich sein sollen. Schade eigentlich, denn diese Herkunft und Entstehungsgeschichte kann nicht nur lehrreich, sondern geradezu spannend und nachdenkenswert sein. Sie sollte eigentlich zu unserer Alltagsbildung gehören.

Chemische Produkte sind in unserem täglichen Leben allgegenwärtig. Ihre Anwesenheit ist uns so selbstverständlich geworden, dass wir uns dieser Tatsache kaum noch bewusst werden. Um einen Eindruck davon zu gewinnen, wo wir heute mit chemischen Produkten in Kontakt kommen, die derzeit noch auf fossilen Ressourcen basieren, ist es aufschlussreich, einmal einige Stunden aus einem durchschnittlichen Tageslauf Revue passieren zu lassen.[1] Natürlich kann diese Bestandsaufnahme nur sehr lückenhaft sein und muss sich auf wenige Beispiele beschränken. In Wahrheit geht die Zahl der unterschiedlichen chemischen Substanzen und Produkte, mit denen wir es von morgens bis abends direkt oder indirekt zu tun haben, in die Zehntausende.

Dies könnte schon vorab die bange Frage aufwerfen: Und das alles soll nun statt aus Erdöl aus erneuerbaren Grundstoffen hergestellt werden? Diese Frage ist zunächst völlig berechtigt – auch wenn sie unweigerlich die weitergehende Frage nach sich zieht: Woraus stellen wir das alles einmal her, wenn das Erdöl infolge der Erschöpfung der Vorräte immer teurer wird oder wenn es – wie bereits absehbar – eines Tages überhaupt kein Erdöl mehr gibt?

Für praktisch jedes aus Erdöl hergestellte Produkt der Alltagschemie gibt es einen Ersatz auf erneuerbarer Grundlage – vieles davon schon heute in breiter Anwendung, manches noch in kleiner Serie, anderes erst als Prototyp oder als realistisches Konzept. In jedem Fall gilt: Die Chemiewende wird dazu führen, dass wir auch künftig die Stoffe zur

Verfügung haben, die wir zur Befriedigung unserer Bedürfnisse benötigen. Dabei geht es keineswegs nur um Grundbedürfnisse, sondern auch um viele der erfreulichen Dinge, ohne die wir vielleicht leben könnten, die unseren Alltag jedoch verschönern und bereichern.

Im Badezimmer

Noch schlaftrunken suchen wir beim Klingeln des Weckers die Taste zum Ausstellen – und berühren damit das erste chemische Produkt des Tages: das Gehäuse des Weckers aus ABS-Kunststoff. ABS ist die gängige Abkürzung für Acrylnitril-Butadien-Styrol-Copolymerisat. Das Material wird zu praktisch 100 Prozent aus Erdöl hergestellt, sodass unsere erste Begegnung auch gleich eine Begegnung mit der heute vorherrschenden Petrochemie ist.

Der erste Gang nach dem Aufstehen führt uns zur Toilette – und mit dem Toilettensitz kommen wir dann gleich mit dem nächsten Chemieprodukt in Kontakt. Der Sitz besteht nämlich zumeist aus Kunststoffen aus der Gruppe der Duroplaste (»Duro-« steht dabei für »hart«, also »Hartplastik«). Die genaue Zusammensetzung der verwendeten Materialien solcher Allerweltsgegenstände zu erfahren, ist übrigens gar nicht so leicht – in der Produktinfo stehen die schönen Werbesprüche ganz im Vordergrund, die eigentliche »Warenkunde« fehlt oder besteht aus irreführenden und schönfärberischen Bezeichnungen.

Ein bekannter Hersteller von Badezimmerartikeln (die dänische Firma Pressalit) bildet in seinem Produktkatalog eine rühmliche Ausnahme: »Das Material ist durchgefärbter Duroplast (UF A 10 = Ureaformaldehyd), frei von umweltgefährdenden Stoffen. Die Formmasse besteht aus ca. 50 Prozent Urea (NH_2CONH_2), ca. 25 Prozent Zellulose und ca. 25 Prozent Formaldehyd (HCHO) sowie verschiedenen Füll- und Zusatzstoffen in kleineren Mengen.« Mit einer solchen – wie gesagt, eher seltenen – Information sind wir schon ein Stückchen klüger und wissen, dass der Hauptbestandteil des WC-Sitzes durch den Kunststoff »Harnstoff-Formaldehyd-Harz« gebildet wird. (Es hat sich durchgesetzt, das vielleicht als nicht besonders werbewirksam betrachtete Wort »Harnstoff« durch die englische Bezeichnung »Urea« zu ersetzen. Beide Begriffe verweisen auf die historische Quelle der Substanz, die ursprünglich in menschlichem Harn oder Urin gefunden wurde. Natürlich ist Urin heute keine Rohstoffquelle für solche Produkte mehr; der hier verwendete Harnstoff wird in einem großindustriellen Prozess – mit über 100 Millionen Tonnen pro Jahr weltweit – durch chemische Umwandlung z.B. aus Erdgas, Luft und Wasser hergestellt). Pressalit geht mit der Materialinformation noch weiter und verrät uns sogar die Zusammensetzung der geräuschdämpfenden Puffer: »EVA (Copolymer aus Ethylen und Vinylacetat)«. Eine sehr nachahmenswerte Produktaufklärung und Transparenz, die Glaubwürdigkeit und Vertrauen schafft!

Wenn wir dann in die Dusche steigen, sind wir sogar oft ganz von Kunststoffen umgeben. Duschkabinen werden nämlich häufig aus transparentem Kunststoff (»Kunstglas«) aus der Gruppe der Polystyrole oder auch aus transparentem Polyurethankunststoff (»Polyrit«) hergestellt. Auch der Schlauch, der vom Wasserhahn zum Duschkopf führt, ist meist aus synthetischem Material – selbst wenn er auf den ersten Blick wie ein flexibler Metallschlauch aussieht. In Wahrheit handelt es sich um – so die Produktwerbung – »Hochglanz verchromten Sanitär-Kunststoff«, d.h. einen ganz ordinären Plastikschlauch, der nur auf der Außenseite mit einer hauchdünnen Metallschicht versehen ist. Viele »metallisch« aussehende – und damit stabil und solide erscheinende – Alltagsgegenstände bestehen aus solcher Material-»Mimikry«, z.B. Computer- und Handygehäuse, die damit einen viel robusteren Eindruck machen, als es den schnöden (kunst-) stofflichen Tatsachen entspricht.

In der Dusche geht es meist nicht nur mit Wasser ans reinigende Werk, sondern unter Beteiligung von allerlei chemischen Helfern, die bei der »porentiefen Reinigung« oder beim Haarewaschen zum Einsatz kommen. War es früher die simple Kernseife mit ihrer überschaubaren Zusammensetzung aus mit Natronlauge verseiftem Pflanzenöl oder Rinderfett, so ist selbst ein preiswertes Duschgel heute bereits ein hochkomplexes Chemieprodukt mit oft mehr als einem Dutzend Wirk- und

Hilfsstoffen. Eine typische Zusammensetzung wäre etwa: eine Tensid-mischung aus Natriumlaurylethersulfat, Natriummyristylethersulfat, Cocamidopropylbetaine, PEG-6 Caprylic/Capric Glycerides, PEG-200 Hydrogenated Glyceryl Palmate, PEG-7 Glyceryl Cocoate, Polyquater-nium-22, Hydroxypropylguarhydroxypropyltrimoniumchlorid und Laurylalkoholpolyoxyether; dazu Methylparaben als Konservierungs-mittel und natürlich viel Wasser.

Eine solche Zusammensetzung macht eines deutlich: Obwohl in den Namen der Inhaltsstoffe auch mal ein Naturstoff durchzuschimmern scheint (z.B. »Myristyl-« für einen Inhaltsstoff der Muskatnuss) und sol-che Kompositionen nicht selten als »natürlich«, »pflanzlich« oder gar »biologisch« beworben werden, ist es mit der Natürlichkeit dieser Art von Inhaltsstoffen nicht weit her.

Natriumlaurylethersulfat beispielsweise hat zwar einen entfernten Ursprung z.B. in Palmfett, das zum Teil Laurinfettsäure-Glyzeride enthält. Aber zur Herstellung von Natriumlaurylethersulfat wird der Naturstoff zahlreichen chemischen Umwandlungen unterworfen, zu denen auch die Umsetzung mit dem chemisch sehr aggressiven, erdöl-basierten Ethylenoxid sowie mit ätzendem Schwefeltrioxid gehört. Hier kann man kaum mehr von einem »modifizierten« Naturstoff sprechen, sodass sich eine Werbung mit entsprechenden Begriffen ei-gentlich verbietet. Bei den anderen Inhaltsstoffen handelt es sich ent-weder um chemisch ähnlich stark abgewandelte Naturstoffe oder um reine Synthetika. Allen verharmlosenden und schönfärberischen Wer-besprüchen der Kosmetikindustrie zum Trotz gilt also: Niemand wäscht mit einem solchen Duschgel oder Shampoo seine Haare in öko-logischer Unschuld.

Sind Haut und Haar also dergestalt gewaschen (und rückgefettet, konditioniert sowie parfümiert, je nach weiteren Inhaltsstoffen), kommt nach dem (glücklicherweise bis heute meist noch weitgehend aus Baumwolle gefertigten) Handtuch der Haarfön zum Einsatz. Griff und Gehäuse des Föns sind natürlich wieder aus (möglichst tempera-turbeständigem) Kunststoff, ebenso wie Griff und Borsten der Zahn-bürste. Die darauf platzierte Zahnpasta enthält zwar überwiegend harmlose mineralische Inhaltsstoffe wie Kieselsäure, Calciumcarbonat (vulgo: Kreide) und Titandioxid, aber aufgrund des direkten und noch dazu durch die Bürstenbewegung intensivierten Kontakts mit einer großen Schleimhautoberfläche lohnen die wenigen organischen Bestandteile eine nähere Betrachtung.

Dabei erhält man den Eindruck (wie bei vielen chemisch-technischen Alltagsprodukten und besonders bei den Körperpflegemitteln), dass es sich die Entwicklungschemiker zur Aufgabe machen, so viele verschiedene Chemikalien in die Produkte hineinzupacken wie irgend möglich. Vermutlich tun sie dies auch unter dem Druck der Marketingabteilungen und im angestrengten Bemühen, irgendwelche Unterscheidungs- oder gar Alleinstellungsmerkmale (unique selling propositions) zu generieren. So finden sich in Zahnpasten neben den – eigentlich für eine gute Wirkung schon ausreichenden – mineralischen Putzkörpern noch zahlreiche Tenside, Netzmittel, Verdicker, Feuchthaltemittel, Süßungsmittel, Geschmacksstoffe, Aromen, ja sogar Desinfektionsmittel und synthetische Konservierungsstoffe.

Besonders kritisch zu sehen sind in dieser empfindlichen biologischen Umgebung Tenside wie Natriumlaurylsulfat, das die Mundschleimhaut reizen kann, und vor allem das Desinfektionsmittel Triclosan – ein Vertreter der ganz harten Chemie, der in unserer Umwelt und schon gar in unserem Mund nichts zu suchen haben sollte. Seltsamerweise verwenden Zahnpastahersteller ausgerechnet in Zahncremes auch besonders umstrittene Farbstoffe aus der Gruppe der chlororganischen Verbindungen (z. B. Indanthrenbrillantrosa R) oder das allergene Tartrazin – ebenfalls reine harte Chemie und im direkten Kontakt mit unserer Mundschleimhaut nicht wirklich akzeptabel.

Selbst die Plastikwelt hat Einzug in die Zahnpasten gehalten: Weil man die Jahrzehnte lang bewährte Putzwirkung der feinteiligen Minerale wohl nicht mehr für ausreichend (oder modern genug) hält, finden sich in manchen Zahnpasten inzwischen sogar spezielle feinteilige Kunststoffpartikel. Der *Plastic Planet*[2] ist also mittlerweile bis in unsere Mundhöhle vorgedrungen, von wo die Kunststoffpartikel nach dem Ausspucken ihre Reise in den Abwasserstrom antreten. Biologisch abbaubar sind diese Partikel allerdings nicht, sodass sie schließlich in Flüssen und Meeren landen.

Als letzte Produktgruppe im Badezimmer wollen wir noch einen Blick auf die Parfüms und Duftwässer werfen. Die Werbung vermarktet diese zum Teil extrem teuren Produkte mit Assoziationen an Natürlichkeit, Lebensqualität und Sinnlichkeit. Dabei entstammen die meisten Parfümkreationen heute den Retorten der chemischen Industrie und haben damit wiederum überwiegend Erdöl oder allenfalls chemisch stark abgewandelte, billige Naturstoffe zur Grundlage. Aus dem Kontrast zwischen hochedlem Anspruch und billigen Ausgangsstoffen resultieren die fast absurden Gewinnspannen solcher Produkte. Literpreise von etlichen Tausend Euro sind bei Parfüms keine Seltenheit – dabei bestehen schon einmal ca. 80 Prozent des Produkts aus reinem Industriealkohol (Ethanol), der für unter 2 Euro pro Liter zu haben ist. Der Literpreis für den duftenden Rest steigt dadurch in die Region von 10.000 Euro – bei Herstellungskosten, die für die meisten der verwendeten Inhaltsstoffe sicher tausendfach niedriger liegen, auch wenn einige Parfüms tatsächlich noch kleine Anteile echter, entsprechend wertvoller ätherischer Pflanzenöle enthalten. Ein großer Teil der enormen Spanne wird dann in Werbung und Marketing sowie in sehr aufwendige Verpackungen gesteckt. Die meisten Käufer von Parfüms ahnen sicher nicht, dass sie ihre Haut mit – wenn auch chemisch sehr stark umgewandeltem – Erdöl beduften.

Beim Frühstück

Sind wir nun dem »Chemielabor Badezimmer« wohlduftend und gesäubert entronnen, dann hoffen wir doch, am Frühstückstisch endlich auf eine von Synthesechemie freie Zone zu treffen. Leider ist dies heute kaum noch der Fall. Dabei ist nicht jedes chemische Produkt, das uns beim Frühstück begegnet, unmittelbar anwesend – viel synthetische Chemie steckt verborgen im Lebenslauf der Nahrungsmittel, die wir zu uns nehmen.

Rückstände chemischer Pflanzenschutz- und Düngemittel sind in Brötchen, Marmelade und Müsliflocken zwar nicht mehr oder allenfalls in winzigen Spuren enthalten. Dennoch ist der Einsatz solcher Stoffe beim (noch deutlich überwiegenden) konventionellen Anbau von Nahrungsmitteln nach wie vor weit verbreitet. Durch die extreme Arbeitsteiligkeit des modernen Lebens erfahren wir diesen Einsatz von Chemikalien kaum noch aus persönlicher Anschauung oder eigener Beobachtung. Trotzdem sind diese Produkte einer harten Chemie in die Biografie der Nahrungsmittel integriert und haben damit auch dann ihren Anteil an der Chemisierung unseres Alltags, wenn sie in den Lebensmitteln selbst nicht mehr nachweisbar sind.

Nahezu alle Lebensmittel – oft selbst Obst und Gemüse – werden heute in einer Verpackung verkauft. Dafür gibt es gute Gründe: Belastende Keime werden ebenso abgehalten wie ein rascher Zutritt von Sauerstoff. Außerdem verhindert die Verpackung das Austrocknen oder eine Geruchsübertragung auf andere Nahrungsmittel. Zusätzlich werden die Lebensmittelverpackungen natürlich in großem Stil als Werbeträger genutzt – und mit kleinerem Flächenanteil auch für Produktinformationen.

Neben den klassischen Lebensmittelverpackungen (Gläser und »Konserven«-Dosen) sind heute Zweifachverpackungen Standard: außen zunächst eine Schicht aus bedrucktem Karton (trotz Hauptrohstoff Zellulose aus nachwachsenden Quellen ist auch dieser Karton nicht ganz frei von Erdölchemie, da fast immer mit synthetischen Farbstoffen bedruckt und mit einer dünnen Polymerfolie beschichtet), innen dann die eigentliche Verpackung, in aller Regel aus harten oder flexiblen Kunststoffen verschiedenster Art. Diese Verpackungskunststoffe werden trotz inzwischen verfügbarer Polymere aus nachwachsenden Rohstoffen fast immer noch auf Erdölbasis hergestellt.

Nach Anbruch der Verpackung kommen die Lebensmittel in den Kühlschrank. Deren Kühlmittel besteht inzwischen glücklicherweise nicht mehr aus den extrem Ozonschicht-schädigenden Fluorchlorkohlenwasserstoffen (FCKW). Beim Verbot dieser Stoffgruppe ab 1991 ertönte zunächst der übliche, fast schon reflexhafte Aufschrei der Industrie: Bei Kühlanlagen seien FCKW »absolut unverzichtbar und alternativlos«, hieß es. Heute erreichen FCKW-freie Kühlschränke, verglichen mit den FCKW-haltigen Kühlgeräten der 1980er-Jahre, sogar ein Mehrfaches an Energieeffizienz. Teile des Gehäuses und der Inneneinrichtungen der Kühlschränke bestehen heute natürlich ebenfalls oft aus Kunststoffen; selbst wenn sie aus Stahlblech sein sollten, sind diese Bleche meist noch allseitig mit einem Kunstharzlack beschichtet.

Doch blicken wir weiter auf unseren Frühstückstisch und dabei z. B. auf den Getränkekarton mit Orangensaft. Dabei handelt es sich vermutlich um einen der heute viel verwendeten mehrschichtigen Verpackungskartons (führende Marke: Tetrapak). Solche Kartons sind inzwischen regelrechte Hightech-Produkte mit sieben oder mehr Schichten ganz unterschiedlicher Zusammensetzung. Eine typische Schichtenfolge von innen nach außen wäre: mehrere Polyethylenschichten unterschiedlichen Typs, dann eine Schicht Aluminium (um Gasdichtigkeit zu gewährleisten), dann wieder eine Schicht Polyethylen, anschließend eine Schicht Pappe (die aufgrund ihres Aufbaus aus Zellulosefasern mechanische Stabilität sichert), dann noch einmal eine spezielle Polyethylenschicht und schließlich die Bedruckung.

Beworben wird diese Art Packmittel inzwischen mit angeblich besonderer Umweltfreundlichkeit. Bei dieser Aussage wird allerdings ganz auf die Pappe abgehoben, die ja tatsächlich aus nachwachsenden Rohstoffen gefertigt ist. Verschwiegen wird dabei der ganze Rest der Verpackung, der gewichtsmäßig etwa ein Viertel ausmacht und fast ausschließlich aus Erdöl hergestellt wird. Unter den Tisch fällt bei dieser angeblichen Umweltfreundlichkeit auch die Tatsache, dass das Packmittel durch die Kombination verschiedenartiger Materialien wie Pappe, Aluminium und Polyethylen keinesfalls kompostierbar und praktisch nicht zu recyceln ist. Für ein echtes Recycling, d. h. eine hochwertige stoffliche Wiederverwendung der einzelnen Bestandteile, müssten Kunststoffe, Pappe und Aluminium nämlich zunächst getrennt werden – bei der innigen Verbindung der Lagen in diesem Mehrschichtsystem ein praktisch aussichtsloses Unterfangen.

Nur am Rande sei noch erwähnt, dass unser leckeres Frühstück oft auf einem Tisch aus beschichteten Spanplatten steht. Diese Tischplatten und ihre Beschichtungen sind wiederum eine Fundgrube an Chemikalien unterschiedlichster Art – jedenfalls weit überwiegend aus Erdöl. Trotz des ganz andersartigen Erscheinungsbildes haben wir hier einen ähnlichen Fall wie bei den Verbundkartonverpackungen: »Eigentlich« besteht ein erheblicher Teil des Materials aus erneuerbaren Stoffen (in diesem Fall: Holzspäne, die noch dazu nicht aus wertvollem Schnittholz gefertigt werden, sondern aus günstigerem Schwachholz oder aus Abfallspänen der holzverarbeitenden Industrie); in der Realität wird dieser Umweltvorteil aber durch die verwendeten synthetischen Bindemittel und Beschichtungsstoffe konterkariert und großenteils aufgehoben.

Zwar sind Spanplatten heute bei Weitem nicht mehr die »Formaldehydschleudern«, die sie noch vor nicht allzu langer Zeit waren. Das liegt aber keineswegs daran, dass sie bzw. ihre Bindemittel heute weniger Chemie enthalten – es ist einfach andere Chemie, die weniger Formaldehyd an die Raumluft abgibt. In der Praxis bestehen Spanplattenbindemittel meist aus folgenden synthetischen Polymeren: Phenol-Formaldehydharze (PF), Phenolresorcin-Formaldehydharz (PRF), Harnstoff-Formaldehydharz (UF), polymere Diphenylmethan-Diisocyanate (PMDI) und/oder Melamin-Formaldehydharz (MF). Besonders letztere Bindemittelklasse emittiert nach wie vor – zumindest in den ersten Monaten nach der Herstellung – erhebliche Mengen an Formaldehyd an die Umgebungsluft.

Der Massenanteil der Bindemittel an den Spanplatten beträgt etwa 10 Prozent und ist damit alles andere als vernachlässigbar. Und er verhindert wiederum, dass Spanplatten nach der Nutzung einfach in den Kreislauf der Stoffe zurückkehren können, wie das beispielsweise bei massivem, unbehandeltem oder biologisch behandeltem Holz der Fall wäre. Mit anderen Worten: Der synthetische Bindemittelanteil, der von den Holzfasern nicht mehr zu trennen ist, macht den Holzwerkstoff Spanplatte trotz seines relativ hohen biogenen Stoffanteils zu Sondermüll. Erschwerend kommt hinzu, dass eine Weiternutzung von Spanplatten nach ihrem Primärgebrauch, z. B. in Möbelstücken, aufgrund ihrer im Vergleich zu Holz geringen Festigkeit auf Zug und Bruch nur selten möglich ist.

Massives Holz kann einfach demontiert, neu zugeschnitten und behobelt werden und besitzt dann immer noch die gleichen hervorragenden mechanischen, ökologischen und ästhetischen Eigenschaften wie das ursprüngliche Möbelteil. Wer einmal versucht hat, einen bei einer Möbeltür aus beschichteter Spanplatte herausgebrochenen Türbeschlag wieder sicher zu befestigen, kann die drastischen mechanischen Nachteile von Spanplatten gegenüber Vollholz gut nachvollziehen.

Diese Eigenschaften machen die Nutzung also wenig nachhaltig: Während Möbelstücke aus massivem Holz bekanntlich noch nach Jahrzehnten – oder gar Jahrhunderten – nutzbar sind (und dabei durch neue Anstriche auch geänderten ästhetischen Ansprüchen angepasst werden können), wird bei einem Spanplattenmöbel spätestens nach der ersten abgestoßenen Ecke oder einem herausgebrochenen Beschlag eine Neuanschaffung nötig. Die ökologische Gesamtbilanz ist entsprechend schlecht.

Unbehandelte Spanplatten würde natürlich kaum jemand als Frühstückstisch nutzen. Üblicherweise werden sie daher vor dem Möbelbau an den Oberflächen (oder auch nur auf der Nutzseite) mit einem Lack oder einer Kunststoffbeschichtung versehen. Auch dabei handelt es sich in aller Regel um Beschichtungsstoffe auf der Basis nicht erneuerbarer Rohstoffe: Polyacrylate, Polyvinylacetat-Copolymere, Epoxidharze oder Beschichtungen auf Polyurethanbasis. Wenn man Glück hat, ist es eine Beschichtung auf Basis von Alkydharzen, bei denen wenigstens ein kleinerer Teil der Masse auch aus nachwachsenden Rohstoffen stammen kann.

Trotz des Trends zu Massivholzmöbeln können Verbraucher übrigens auch hier nicht sicher sein, dass sie bei der Benutzung einen Naturstoff berühren: Eine Beschichtung mit einem Material auf der Basis einer der genannten Bindemittelarten führt dazu, dass die Haut dann eben doch ein plastikartiges Material berührt und nicht das darunter liegende Holz. Auch der arteigene Geruch des Holzes bleibt bei einer solchen Beschichtung quasi unter dieser eingesperrt und ist daher nicht wahrnehmbar.

Hausarbeit: Waschen, Reinigen , Pflegen, Einkaufen

Die vielfältigen Tätigkeiten im Haushalt bringen Hausmann und Hausfrau in mannigfacher Weise mit chemischen Produkten in hautnahen Kontakt – und zwar oft im Wortsinne und auf eine engere Art und Weise, als uns eigentlich lieb sein kann. Das beginnt bereits bei dem Arbeitsgang, der sich normalerweise dem Frühstück anschließt: beim Abwasch. Den größten Teil davon erledigt heute die Spülmaschine. Neben Wasser kommen dabei Maschinenspülmittel aus den Retorten der chemischen Industrie zum Einsatz.

Diese enthalten in der Regel als chemisch aktive Substanzen Alkalien, Enthärter (darunter leider oft noch Phosphate), Tenside (die nicht immer vollständig biologisch abbaubar sind und deren Rückstände trotz Spülgangs als dünner Film auf der Geschirroberfläche haften und dann zusammen mit der nächsten Mahlzeit in den Körper aufgenommen werden), Bleichmittel, Enzyme (leider immer häufiger unter Verwendung von gentechnisch manipulierten Mikroorganismen hergestellt). Zum Einsatz kommt normalerweise noch ein automatisch dosierter Klarspüler, der neben Wasser ebenfalls Tenside, Säuren, Lösemittel und gelegentlich synthetische Konservierungsmittel sowie Duftstoffe enthält.

Noch enger ist der Kontakt bei der Verwendung von Handspülmitteln. Nimmt man das riesige Angebot in jedem Drogerie- oder Supermarkt zum Maßstab, dann haben die Geschirrspülmaschinen diese Produktklasse keineswegs überflüssig gemacht. Auch bei diesen Produkten, die aus Hautschutzgründen natürlich wesentlich milder eingestellt sind als Maschinenspülmittel, kommt wieder eine fast unüberschaubare Palette von waschwirksamen Substanzen (Tensiden) unterschiedlichster chemischer Struktur zum Einsatz, daneben Farbstoffe, Duftstoffe, Konservierungsmittel und verschiedenste chemische Hilfsstoffe, die z.B. die Zähflüssigkeit des Spülmittels oder sein Schaumverhalten regulieren sollen. Nicht wenige Menschen reagieren auf die Inhaltsstoffe solcher Spülmittel mit starker Hautreizung und können diese Hausarbeit nur mit Schutzhandschuhen durchführen.

Bei der Textilwäsche bleibt uns heute glücklicherweise der direkte Hautkontakt mit den Waschmitteln meist erspart. Die Zahl der chemisch aktiven Inhaltsstoffe ist hier nämlich noch wesentlich höher. Neben den in allen Wasch- und Reinigungsmitteln enthaltenen Tensiden (bei Maschinenwaschmitteln sind Kombinationen vieler verschiedener Tensidklassen wie Alkylbenzolsulfonate, Alkansulfonate, Fettalkoholsulfate, Fettalkoholpolygycolether etc. üblich) kommen chemische Substanzen zur Wasserenthärtung zum Einsatz, um eine Blockierung der Tensidwirkung durch die im Wasser enthaltenen Calcium- und Magnesiumionen zu verhindern.

Weitere typische Inhaltsstoffe: Waschalkalien, Enzyme, Bleichmittel, Bleichmittelaktivatoren, Bleichstabilisatoren, optische Aufheller, Schmutzträger (die den von der Faser abgelösten Schmutz an der Wiederablagerung hindern sollen), Schaumregulatoren (z. B. Silikone), synthetische Duftstoffe sowie chemische Stell- und Streckmittel; bei Flüssigwaschmitteln kommen oft noch Alkohole, Komplexbildner, Spezialpolymere, Konservierungsstoffe und Viskositätsregulatoren hinzu.

Die Palette der tensidhaltigen Chemieprodukte setzt sich bei der Hausarbeit weiter fort: Glasreiniger, Universalreiniger, WC-Reiniger, Kochplattenreiniger, Bodenreiniger, Möbelreiniger – alles Produkte, die heute noch von den Rohstoffen einer konventionellen, überwiegend erdölbasierten Chemie dominiert werden. Sie bilden mit der Vielzahl jeweils speziell an den Anwendungszweck angepasster chemischer Inhaltsstoffe einen nicht unbedenklichen Cocktail. Letztlich besteht dieser Cocktail aus Fremdstoffen, die uns tagein, tagaus begleiten und nicht selten geeignet sind, gerade bei empfindlichen Menschen das fein ausbalancierte Gleichgewicht unseres Organismus zu stören.

Und auch für den Rest des Tages: Chemie ohne Ende

Wie die Beispiele unserer Begegnung mit der Alltagschemie beim Aufwachen, im Badezimmer, beim Frühstück und bei der Hausarbeit zeigen, steckt bei genauerem Hinsehen fast hinter jedem Gebrauchsgegenstand, mit dem wir zu tun haben, ein chemisches Problem und damit eine Herausforderung für die Zukunft. Und unser alltagschemischer Tageslauf setzt sich ziemlich ähnlich fort. Ob es um die Transportmittel geht, mit denen wir zur Arbeit, in die Schule oder zum Einkaufen gelangen: Chemische Produkte dominieren und sind natürlich auch an und in ökologisch sinnvollen Transportmitteln wie Fahrrädern, Eisenbahnwaggons, Bussen oder U-Bahnen zuhauf zu finden: im Fahrradsattel, in den Lenkergriffen; bei Lenkradumschäumungen oder Haltegriffen, bei Innenverkleidungen, Sitzpolsterungen und Sitzbezügen, natürlich auch in den Sicherheitsgurten und nicht zuletzt in Gestalt der farbigen Lacke, mit denen nicht nur Autobleche, sondern auch Fahrradrahmen beschichtet sind.

Im Büro oder in der Schule angelangt, vermehrt sich die Zahl der Chemieprodukte, mit denen wir es zu tun bekommen, in der Regel noch einmal erheblich – und auch hier oft wieder im direkten Hautkontakt zum Benutzer: z.B. bei der Computertastatur, der Maus, dem Telefonhörer und den Filzstifthüllen oder Kugelschreibergehäusen, bei Scherengriffen und Brieföffnern, den Gehäusen der Klebefilmabroller (und natürlich dem Klebefilm selbst). Auch die meisten Bürogeräte wie PCs, Faxgeräte, Drucker, Taschenrechner usw. haben ein Gehäuse aus Kunststoff. Chemische Produkte auf Erdölbasis sind aber auch im Innern dieser Gegenstände und Geräte verborgen. So stellen die Tonersubstanzen moderner Laserfarbkopierer oder die Tinten der Tintenstrahldrucker eine höchst komplexe Mischung unterschiedlicher chemischer Substanzen dar.

Auch wer nicht im Büro, sondern in einer Werkstatt oder Fabrik arbeitet, wird ständig mit Materialien aus den Retorten der chemischen Industrie konfrontiert. Fast alle modernen Elektrowerkzeuge haben eine Hülle aus schlagzähem Kunststoff, gefärbt mit synthetischen Pigmenten in der »Markenfarbe« des Herstellers. Auch die vertrauten Holzgriffe der Werkzeuge für Bastler und Heimwerker (Schraubendreher, Hammer usw.) sind inzwischen fast vollständig durch ausgeformte Griffe aus Weichkunststoffen wie Polyurethan ersetzt worden. Von den Farben und Lacken war schon die Rede. Roch es früher in den

Werkstätten noch nach echtem Terpentin aus der Balsamfichte und nach Leinölkitt, so beherrschen heute die Gerüche der petrochemischen Lösemittel die Atmosphäre. Selbst bei Verwendung von lösemittelarmen oder -freien Anstrichstoffen hängt noch ein Geruch von Verlaufsmitteln, Hochsiedern, Monomerresten oder Neutralisationsmitteln in der Luft.

Sogar in Freizeit und Garten sind die vielen kleinen Helfer der chemischen Industrie inzwischen vorgedrungen. Die Gartenarbeit wird nicht mehr in »Gummi«-Stiefeln erledigt, sondern in wasserfestem Schuhwerk aus Kunststoff, das wir nur noch aus alter Gewohnheit Gummistiefel nennen, obwohl es zumeist keinerlei Bestandteile von echtem Naturgummi (Naturkautschuk) mehr enthält. Stattdessen bestehen die »Gummistiefel« aus Polyvinylchlorid (PVC), das zu diesem Zweck mit Weichmachern versetzt ist. In der Regel handelt es sich bei diesen Weichmachern um Phtalsäureester – eine problematische Stoffgruppe, die im Verdacht steht, als hormonartig wirkende Substanzen störend in das Konzert der körpereigenen Botenstoffe einzugreifen und zudem die toxische Wirkung anderer Chemikalien zu potenzieren.

PVC gehört ohnehin – allen unermüdlichen und doch ziemlich durchsichtigen PR- und Werbeanstrengungen der PVC-Industrie zum Trotz – zu den besonders umstrittenen Kunststoffprodukten, da bei seiner Herstellung Reaktionsschritte der Chlorchemie unter Einsatz des hochreaktiven, chemisch und biologisch sehr aggressiven und giftigen Elements Chlor genutzt werden. Neben dem Störfallpotenzial beim Einsatz solcher Chemikalien ist auch kritisch zu sehen, dass im Endprodukt PVC ein hoher Anteil an Chlor verbleibt, was im Brandfall zur Entstehung toxischer und umweltgefährlicher Gase führt. PVC ist zudem biologisch sehr schlecht abbaubar, verbleibt daher lange in der Umwelt und wird dann z.B. zum Bestandteil des berüchtigten »pazifischen Müllstrudels«, der aus vielen Millionen Kilogramm Plastikresten besteht.[3]

Lässt man den »chemischen« Blick weiter im Hobbygarten schweifen, fallen einem natürlich sofort die verschiedenartigen Spritzmittel auf, die heute in jedem Gartenmarkt angeboten werden. Im Gegensatz zu den meisten hier erwähnten Alltagsprodukten sind sie zumindest von jedem Verbraucher gleich als Produkte der chemischen Industrie zu erkennen. Auch Gartenmöbel werden seit Längerem aus Kunststoffen hergestellt – und es scheint ja auch einiges dafür zu sprechen: Sie sind wasserfest (das wäre gutes heimisches Robinienholz allerdings auch), stabil und scheinbar unverwüstlich. Aber in dieser Unverwüstlichkeit liegt auch ihr Problem: Wohin mit ihnen, wenn sie einmal unansehnlich geworden sind oder infolge Versprödung kaputtgehen?

Konventionelle Chemie verstehen: Grundprozesse und Beispielprodukte

Warenkunde: vom Inhaltsstoff zum Produktlebenslauf

Die Orientierung vieler Verbraucherinnen und Verbraucher in der modernen Warenwelt wird durch ein heute offenkundig stark eingeschränktes Wahrnehmungsvermögen für die im Alltag verwendeten Stoffe erschwert. Diese Feststellung mag in unserer informationslastigen Gesellschaft überraschen. Dennoch steht die Flut an Informationen in geradezu groteskem Widerspruch zu einer wirklichen Kenntnis der Waren, mit denen wir tagtäglich zu tun haben und welche die Qualität unseres Lebens maßgeblich bestimmen.

Obwohl die Menge und Anzahl der uns umgebenden Waren also ständig wächst, nimmt unsere Kompetenz, diese Waren – nicht nur in ihren Gesundheits- und Umwelteigenschaften – zu beurteilen, permanent ab. Unsere Schulen und Hochschulen schaffen da keine Abhilfe, wird doch das Fach »Warenkunde« fast nirgends unterrichtet. Schlimmer noch: Wo es früher angeboten wurde, ist es inzwischen meist gestrichen worden.[4] Ein Schelm, wer Böses dabei denkt: Sollte es etwa im Interesse der Anbieter von Waren in unserer Konsumgesellschaft sein, die Verbraucherinnen und Verbraucher möglichst dumm zu halten und ihr Kaufverhalten nicht unnötig durch Fragen nach dem Was, Wie, Woher und Wohin zu belasten?

Zwar gibt es zunehmend Bestrebungen und auch Vorschriften, die

Zusammensetzung von Alltagsprodukten genauer zu deklarieren. Aber selbst eine vollständige Deklaration aller Inhaltsstoffe[5] bleibt notgedrungen an der Oberfläche. Denn wesentliche Informationen fehlen: genaue Herkunft, einzelne Verarbeitungsschritte und nicht zuletzt der Verbleib all dieser deklarierten Inhaltsstoffe. Erst ein lückenloser »Lebenslauf« jedes relevanten Inhaltsstoffs einer chemisch-technischen Zubereitung (»von der Wiege bis zur Bahre« oder noch besser: »von der Wiege bis zur Bahre und wieder zur Wiege zurück«[6]) würde eine umfassende Beurteilung und Bewertung eines solchen Produkts unter ökologischen, ökonomischen und sozialen Gesichtspunkten ermöglichen.[7]

Am Beispiel eines modernen Waschmittels kann diese Problematik deutlich werden. Den »aufgeklärten« Verbraucher interessiert heute neben dem Preis vor allem die Reinigungsleistung, vielleicht noch die An- oder Abwesenheit bestimmter Inhaltsstoffe wie z.B. Zusätze zur Färbung und Parfümierung, von denen Allergierisiken ausgehen könnten. Woher die Inhaltsstoffe dieses Waschmittels stammen oder wo sie nach dem Waschvorgang verbleiben, ist den meisten Nutzern einigermaßen gleichgültig. Und die Lieferanten haben kein Interesse daran, den Blickwinkel der Verbraucher zu erweitern.

Der Mangel an qualitätvoller, in die Breite und Tiefe unserer Alltagskultur gehender Warenkunde kann mit dem vorliegenden Buch natürlich nur als Problem benannt, aber nicht behoben werden. Allenfalls kann an einigen Beispielen kursorisch dargestellt werden, wie komplex, aber auch wie beziehungsreich die stofflichen Lebenswege ganz gewöhnlicher chemischer Produkte heute sind. Eigentlich bietet jedes dieser Produkte gute Ansätze zu einer lebendigen »Stoffgeschichte«[8], die eine moderne Ware interessanter machen könnte – interessanter jedenfalls, als sie in der heute üblichen verschleiernden oder irreführenden Marketingdarstellung erscheint.

Im Folgenden drei Beispiele, die sowohl aufgrund ihrer Alltagsrelevanz als auch der eingesetzten Rohstoffe und Herstellungsverfahren durchaus repräsentativ sind für die Vielzahl chemisch-technischer Produkte, mit denen wir ständig umgehen – meist ohne zu bedenken, dass sie aus den Retorten der chemischen Industrie stammen und dass Erdöl ihre Ausgangssubstanz ist.

Wie kommt der Farbstoff in die Kuli-Mine?
Lebenswege einer Anilinfarbe

Farben und Farbstoffe sind in jedem Haus, an jedem Arbeitsplatz, in jeder Schule und selbst bei jeder Freizeitaktivität allgegenwärtig. Schon um beim (insbesondere kindlichen und jugendlichen) Konsumenten Aufmerksamkeit zu erregen und die Wiedererkennung zu gewährleisten, ist intensive Farbigkeit ein Merkmal vieler Produkte. Einen Gebrauchswert hat sie dagegen z.B. beim Kugelschreiber, bei dem Gehäuse und Mine nur als Behältnis für das eigentliche Produkt dienen: die Kugelschreibertinte (oder besser: Farbpaste), die auf Papier oder anderem Untergrund die gewünschte mehr oder weniger kontrastreiche Linie hinterlässt.

Kugelschreiberpasten werden aus unterschiedlichen Typen von Farbstoffen hergestellt. Obwohl es hier um Massenartikel geht, die ausgesprochen verbrauchernah angewendet werden (wer hatte nicht schon einmal einen Kugelschreiberfarbfleck auf der Haut?), gibt es über die genaue Zusammensetzung dieser Alltagschemikalien kaum Informationen – schon gar nicht von der Herstellern. Diese rühmen zwar Intensität, Brillanz und angebliche Ungefährlichkeit, lassen jedoch nichts über die chemische Identität der eingesetzten Farbstoffe verlauten. Man ist daher auf andere Informationsquellen angewiesen.

Das Kantonale Laboratorium Basel hat sich mit möglicherweise gesundheitsschädlichen Inhaltsstoffen in Kugelschreibertinten befasst. Die Schweizer Chemiker kommen dabei zu der Feststellung: »Die am häufigsten eingesetzten Farbstoffe in Kugelschreibertinten sind offenbar Solvent Blue 4 (Victoriablau, C.I. 44045) und Solvent Violet 8 (Methylviolet, C.I. 42535). Beide Farbstoffe sind keine Reinsubstanzen, sondern Gemische von unterschiedlich methylierten Triphenylmethan-Farbstoffen, deren Synthese über die Zwischen- oder Ausgangsprodukte Michlers Keton und/oder Arnold'sche Base erfolgen«.[9]

In der Fachliteratur finden sich genauere Informationen über den

Syntheseweg, der z. B. zu dem genannten Triphenylmethan-Farbstoff »Methylviolett« führt. »Michlers Keton« (chemische Bezeichnung: 4,4'-Bis-dimethylamino-benzophenon), eine Grundchemikalie zur Synthese verschiedener Farbstoffe, gilt als krebserregend. Hergestellt wird Michlers Keton durch Umsetzung der Chemikalie N,N-Dimethylanilin mit Phosgen in Gegenwart von Zinnchlorid. N,N-Dimethylanilin ist ebenfalls krebserregend; es wird durch Umsetzung von Anilin mit Methanol erzeugt. Die Reaktion von Michlers Keton und N,N-Dimethylanilin erfolgt in Gegenwart von Phosphorylchlorid – einer ebenfalls extrem aggressiven Chemikalie, die industriell aus Schwefeldioxid, Chlorgas und Phosphortrichlorid erzeugt wird. Auch diese drei Reaktanden sind chemisch außerordentlich aggressiv.

Mit dem Anilin (einem starken Blutgift, das ebenfalls krebserregend ist) sind wir dann beim ursprünglichen Namensgeber der synthetischen Farbstoffe angelangt, die anfangs alle unter »Anilinfarben« liefen. Anilin wiederum wird heute großtechnisch durch Reduktion von Nitrobenzol mit Eisen in Gegenwart von Salzsäure hergestellt. Nitrobenzol (ebenfalls stark krebserregend) wird technisch hergestellt durch Nitrierung von Benzol unter Einsatz von Nitriersäure (einem Gemisch aus konzentrierter Schwefel- und Salpetersäure). Das Benzol wiederum (auch eine stark krebserregende Chemikalie) entsteht durch Cracken des petrochemisch wichtigsten Erdölprodukts Naphtha in Gegenwart von überhitztem Wasserdampf und Katalysatoren (»Steamcracking«). Eine lange Reihe von miteinander verketteten chemischen Reaktionen – jede davon natürlich mit erheblichem Energieaufwand und der Entstehung zahlreicher Nebenprodukte und Abfallstoffe verbunden.

Das aus Anilin hergestellte N,N-Dimethylanilin war aber nur einer von zwei Reaktionspartnern, aus denen Michlers Keton synthetisiert wird. Der andere Reaktionspartner ist Phosgen – und damit sind wir nun tatsächlich bei einem der Zwischenprodukte moderner Petrochemie, das so allgegenwärtig wie unheimlich ist. Phosgen wurde im Ersten Weltkrieg als Kampfstoff (»Grünkreuz«) eingesetzt, weil es, bereits in geringen Mengen eingeatmet, zu einer irreversiblen Verätzung der Lungenbläschen und damit zu einem langsamen, qualvollen Erstickungstod führt. Etwa 90.000 Menschen fanden diesen grausamen Tod auf den Schlachtfeldern.

Phosgen entsteht chemisch aus den einfachen Bausteinen Kohlenmonoxid (CO) und Chlorgas in einem durch Aktivkohle katalytisch beschleunigten Prozess. Wegen der extremen Gefährlichkeit von Phosgen wird der Stoff heute meist innerhalb der Chemieanlagen direkt erzeugt und verbraucht, sodass kein Transport notwendig ist. Trotzdem bleibt natürlich das Risiko von Störfällen und Leckagen, weshalb inzwischen Bürgerinitiativen an Chemiestandorten, in denen der – wenn auch nur intermediäre – Einsatz von Phosgen geplant ist, mit heftigen Protesten reagieren.[10]

Der hier nur skizzenhaft geschilderte Lebenslauf eines Kugelschreiberfarbstoffs vom Erdöl als Rohstoff bis hin zum fertigen Produkt ist keineswegs untypisch für die Klasse der synthetischen Farbstoffe. Viele Farbstoffe und Pigmente, die in verbrauchernahen Produkten eingesetzt werden (Textilien, dekorative Kosmetik, Spielzeug usw.), durchlaufen ganz ähnliche Synthesewege mit ähnlich aggressiven und toxischen Zwischenprodukten. Insofern steht der geschilderte Ablauf nicht für einen »worst case«, sondern ist in unserer schönen bunten Chemiefarbenwelt eher der Normalfall.

Wo sind wir hier hingeraten? Wir wollten doch einfach nur mit einem Kugelschreiber etwas notieren oder unterstreichen! Was setzen wir bloß mit diesem unschuldigen Wunsch in der Welt in Gang? Dieses kleine Beispiel zeigt auf prototypische Weise nicht nur die enorme Komplexität der chemischen Herstellung simpler Alltagsprodukte, sondern auch noch die extrem aggressiven, giftigen und oft krebserregenden Verfahrensbeteiligten, ohne die es bei dieser Art der chemischen Synthese nicht geht.

Obwohl wir die Darstellung der Einzelschritte Standardwerken für die industrielle chemische Produktion entnommen und sie so nüchtern wie möglich geschildert haben, stellt sich bei dem geschilderten Szenario, das bei Tausenden anderer chemischer Produkte in ganz ähnlicher Weise abläuft, ein mulmiges Gefühl ein. Wollen wir als Verbraucherinnen und Verbraucher denn wirklich allein durch den Kauf eines gewöhnlichen Alltagsprodukts eine solche Kaskade von Horrorchemikalien in Gang setzen?

Wohlgemerkt: Die Chemiker und Ingenieure, die mit den eingesetzten Chemikalien umgehen, setzen alle Hebel in Bewegung, um das Austreten dieser Stoffe aus den Chemieanlagen zu verhindern. Die Betreiber der Anlagen sind schließlich selbst Mitbürger, haben selbst Kinder und wollen keine Schädigung von Mitarbeitern oder Anwohnern riskieren. Das eigentliche Problem sind wir Verbraucher: Wir haben meist keinerlei konkrete Vorstellung von dem Lebensweg, den ein Produkt – und insbesondere ein chemisches Produkt – durchläuft, bevor es in unserem Einkaufskorb landet. Dabei sind wir doch mit unseren Bedürfnissen unweigerlich auch mitverantwortlich für die Prozesse, die wir mit unserem Konsum in Gang setzen.

Es ist jedenfalls kein Zufall, dass die erste moderne Gegenbewegung gegen die Rohstoffe, Verfahrensabläufe, Zwischen- und Endprodukte der klassischen harten Chemie auf dem Gebiet der Farbstoffe stattfand (vgl. Kapitel 7).

Wie kommt der Dichtschaum in die Fensterfuge? Produktlinie Polyurethan

Ebenso weitverbreitet und allgegenwärtig wie die organisch-synthetischen Farbstoffe, jedoch mengenmäßig in einem viel größeren Umfang tritt die Stoffgruppe der Polymere auf. Umgangssprachlich werden sie meist »Kunststoffe« oder – unter Bezug auf die plastische Verformbarkeit der meisten Polymere – einfach »Plastik« genannt. Der Name »Polymer« deutet an, dass diese Stoffgruppe chemisch gesehen aus einer vielfachen (»poly«-) Aneinanderkettung von kleineren, oft gleichartigen Einzelmolekülen (den »Monomeren«) besteht. Durch diesen räumlichen Aufbau aus linearen, verzweigten oder verbrückten Molekülketten ergeben sich die unterschiedlichen Eigenschaften der Polymere, die in einer ähnlich unüberschaubaren Vielfalt wie die synthetischen Farbstoffe vorkommen.

Bekannte Vertreter der Stoffgruppe sind: Polyethylen oder Polypropylen, die wir von »Plastiktüten« oder Lebensmittelbehältern kennen; Polyvinylchlorid (PVC) als häufiges Grundmaterial für synthetische Bodenbeläge, aber auch Kabelisolierstoff; Polystyrol als Verpackungspolster und Dämmstoff (bekannteste Marke:»Styropor«); Polytetrafluorethylen (»Teflon«) als Antihaftmittel in Bratpfannen oder Membran in Funktionsjacken; Polymethylmethacrylat (»Plexiglas«) als Glasersatz in Schutzbrillen, Helmvisieren oder Wintergartenscheiben; Polyamide (z. B.»Nylon«) und Polyester in Kunstfasern für Textilien und – als Untergruppe der Polyester – z. B. Polyethylenterephthalat (PET) als Material, aus dem Getränkeflaschen hergestellt werden. Darüber hinaus gibt es zahlreiche Mischformen, Abwandlungen und auch ganz andersartig zusammengesetzte Polymere für Spezialzwecke (z.B. Silikone).

Ein besonderer »Alleskönner« unter den Polymerwerkstoffen – und daher an vielen Stellen im Alltag zu finden – ist der Kunststoff Polyurethan. Polyurethane werden immer aus zwei verschiedenen Komponenten – einer Alkoholkomponente und einer Isocyanatkomponente – gebildet. Beide können mannigfach abgewandelt werden, woraus eine enorme Vielfalt von Eigenschaften entsteht. Die Bandbreite reicht von hart und spröde bis hin zu weich und elastisch. Da es zusätzlich noch möglich ist, Polyurethane durch Ausbildung von Gasblasen in der Entstehungsphase des Polymers mehr oder weniger stark aufzuschäumen, sind weitere Variationen der Produkteigenschaften möglich, von der elastischen Schuhsohle über die stoßabsorbierende Ummantelung von Lenkrädern bis hin zu Dämmstoffplatten und Montageschäumen.

Diese enorme Variabilität könnte die Polyurethane zur Kunststoffgruppe mit idealen Eigenschaften machen – wenn nicht die Herstellung aus zum Teil extrem problematischen Grundstoffen erfolgte. Betrachten wir zunächst die Isocyanatkomponente. Hier kommt hauptsächlich Diphenylmethandiisocyanat (MDI) zum Einsatz. Bei dieser Substanz handelt es sich leider wieder einmal um einen sehr gefährlichen Stoff, der sowohl giftig als auch krebserregend ist. Hergestellt wird MDI durch Umsetzung von 4,4'-Diaminodiphenylmethan mit einem unangenehmen Bekannten, den wir bereits aus der Kugelschreiberfarbe kennen: Phosgen. Anwohner von Chemieanlagen, in denen Polyurethane hergestellt werden, sind insbesondere wegen des Einsatzes von Phosgen im Herstellungsprozess besorgt.

4,4'-Diaminodiphenylmethan, ebenfalls als krebserregend und stark umwelt- und gesundheitsgefährdend eingestuft, wird dann wiederum aus einem »alten Bekannten« synthetisiert. Es entsteht nämlich durch chemische Umsetzung von Anilin – das wir bereits bei der Farbstoffherstellung als Ausgangspunkt der Synthese erlebt hatten – mit der ebenfalls giftigen und gleichfalls krebserregenden Chemikalie Formaldehyd.

Die andere Polyurethankomponente, die mit dem MDI zum Polyurethan umgesetzt wird, ist ein Alkohol. Natürlich handelt es sich dabei nicht um den uns wohlvertrauten Ethylalkohol, den rauscherzeugenden Bestandteil von Bier, Wein oder Schnaps, sondern um dessen weitläufige Verwandte, vor allem die sogenannten Polyole (»mehrwertige Alkohole«). Auf dieser Seite der Polyurethankomponenten entsteht die große Variabilität der Kunststoffgruppe, da die Polyole in ihrer Zusammensetzung fast beliebig variiert werden können. Dabei kommen wiederum hauptsächlich zwei unterschiedliche Polyoltypen zum Einsatz: am häufigsten die Polyetherpolyole, etwas seltener die Polyesterpolyole, die trotz des ähnlich klingenden Namens ganz andere Eigenschaften haben und diese auch dem zu bildenden Polyurethan mitteilen.

Polyurethane sind hier nur als – anteilsmäßig bedeutende – Vertreter der Stoffgruppe »Kunststoffe« geschildert worden. Die Ausgangsstoffe und Syntheseschritte sind bei anderen Kunststofftypen natürlich anders, aber viele der dort geschilderten Probleme mit giftigen oder chemisch aggressiven Zwischenprodukten tauchen auch dort auf. Bei manchen Kunststoffen treten noch weitere Risiken auf, die sich aus sogenannten Additiven ergeben. Additive werden dem Kunststoff zugesetzt, um ihm bestimmte zusätzliche Eigenschaften (Alterungsbeständigkeit, bessere Elastizität etc.) zu verleihen.

Leider sind diese Additive in dem Kunststoff, dem sie beigefügt werden, nicht auf alle Zeiten fixiert. Sie können vielmehr kontinuierlich in kleinen Mengen austreten und z.B. in die Raumluft gelangen. Bei den Montageschäumen auf Polyurethanbasis können dabei neben Isocyanaten auch Phosphorsäureester ausgasen. Das hierbei oft verwendete Tris-(1,3-dichlor-2-propyl)phosphat gehört zu den im Tierversuch krebserregenden Mitgliedern dieser ohnehin problematischen Stoffklasse. Halogenierte Polyole gehören ebenfalls zu den bei Polyurethan-Montageschäumen eingesetzten Additiven. Auch diese Substanzen sind stark giftig und finden sich im Brandfall in der Raumluft wieder.

Den Fugendichtungsmassen auf Polyurethanbasis werden häufig zur Verhütung von Pilzbefall Fungizide beigefügt. Die verwendeten Benzimidazole sind zum Teil ebenfalls krebserregend, ebenso wie die gelegentlich als Weichmacher verwendeten Halogenparaffine, die im Brandfall zusätzlich noch giftige Gase bilden.

Anderen Kunststofftypen werden andere Additive zugesetzt, die nicht weniger problematisch sind. Weitverbreitet ist der Zusatz von Phtalaten als Weichmacher. Das hier verwendete Dibutylphthalat (DPB), dem später Dioktylphthalat (DOP) folgte, galt anfangs als unproblematisch. Inzwischen hat sich diese Einschätzung gewandelt – insbesondere aufgrund der Erkenntnis, dass Substanzen dieser Art in der belebten Umwelt wie Botenstoffe wirken und auf diese Weise erhebliche Störungen verursachen können.

Ein weiteres Problem im Zusammenhang mit Polyurethan und anderen Kunststoffen ist, wie gesagt, deren Verhalten im Brandfall. Vor allem beim Schwelbrand werden Kunststoffe teilweise wieder in ihre Ausgangsbestandteile zersetzt. Da es sich bei diesen Ausgangsstoffen um zum Teil hochgefährliche Chemikalien wie Salzsäuregas, halogenierte Kohlenwasserstoffe, Isocyanate etc. handelt, können die entstehenden Zersetzungsgase bei Personen in Brandnähe starke Gesundheitsschäden oder sogar tödliche Vergiftungen hervorrufen. Bei Polyurethanen und Polyvinylchlorid-Kunststoffen ist das Risiko besonders hoch.

Zu allen negativen Eigenschaften klassischer Kunststoffe auf petrochemischer Grundlage kommt schließlich noch die meist schlechte Abbaubarkeit hinzu. Sie führt dazu, dass sich die Kunststoffe in unserer Umwelt an vielen Stellen stark anreichern und dabei, z. B. in den Weltmeeren, inzwischen zu einem ernsten Problem für alle Lebewesen geworden sind.

Wie schütze ich den Zaun vor Holzbock?
Der harte Weg zum Biozid

Holzschutzmittel gehören zu den wichtigsten biozidhaltigen Produkten, die oft in unmittelbarer Nähe zum Menschen an Häusern und in Wohnungen und Arbeitsstätten angewendet werden. Es lohnt sich daher, einmal genauer hinzuschauen, was die Chemie heute als Wirkstoffe zur Bekämpfung der holzzerstörenden Insekten und Pilze benutzt. Zu diesem Zweck betrachten wir ein aktuelles, am Markt erfolgreiches Holzschutzmittel mit einer ziemlich repräsentativen Zusammensetzung, vom Hersteller ausgelobt als »Bekämpfungsmittel gegen holzzerstörende Insekten mit gleichzeitig vorbeugendem Schutz vor Neubefall; vorbeugend wirksam gegen Fäulnisbefall«.[11] Das Produkt basiert auf eine Kombination zweier »moderner« Biozide: Permethrin und Tebuconazol. Für beide Wirkstoffe gibt es unterschiedlichste Handelsnamen, sodass es nicht ganz einfach ist, die jeweiligen chemischen Identitäten festzustellen.

Mit dem ersten Wirkstoff, Permethrin, hat es eine eigene Bewandtnis. Nachdem sich die Gefährlichkeit der Vorgängerwirkstoffe Pentachlorphenol und Lindan herumgesprochen hatte, drängte die Suche nach alternativen Wirkstoffen, die möglichst auch noch irgendwie als »Naturprodukt« angepriesen werden konnten. Da traf es sich gut, dass Chemiker kurz zuvor eine neue Stoffklasse synthetisiert hatten, die in ihrem chemischen Aufbau Ähnlichkeit mit dem Naturstoff Pyrethrum aufweist, der als pflanzliches Insektizid aus bestimmten Chrysanthemenarten extrahiert werden kann. Auf den Markt kam Permethrin ab 1977. Prompt wurden die ersten neuen Holzschutzmittel auf Permethrinbasis nicht nur als »für Menschen völlig ungefährlich« ausgelobt, sondern auch noch als »modifizierter Chrysanthemenextrakt«.

Das war glatt gelogen, denn die vollsynthetische Chemikalie Permethrin[12] war als auf Erdöl basierende Substanz in ihrem Lebenslauf natürlich nie auch nur in die Nähe einer Chrysantheme gelangt. Zudem figurierten im chemischen Symbol des Permethrinmoleküls unübersehbar zwei Chloratome – es handelte sich eindeutig um einen völlig naturfremden, chlorierten Kohlenwasserstoff, der in einem Teil seines

Moleküls auch Strukturelemente des Pyrethrums zeigte, aber ansonsten ganz andere Eigenschaften – insbesondere eine wesentlich höhere Stabilität und damit Persistenz – aufwies. Permethrin wird heute trotz seiner entfernten Verwandtschaft mit dem Naturstoff recht kritisch gesehen, da er auch auf das menschliche Nervensystem wirkt und in den USA sogar als krebsverdächtig betrachtet wird.

Der zweite Wirkstoff, Tebuconazol (auch bekannt unter den Handelsnamen Preventol A8, Folicur, Raxil, Elite), ist ebenfalls ein chlorierter Kohlenwasserstoff von der Klasse der Triazole.[13] Die Chemikalie ist als Holzschutzwirkstoff relativ neu und ersetzt frühere Wirkstoffe wie Xyligen B (Furmecyclox), das wiederum vor einigen Jahren als »harmloser« Ersatzstoff für die klassischen halogenierten Fungizide wie PCP eingeführt worden war. In der wechselnden Rezeptur der Holzschutzmittel zeigt sich im Übrigen eine bedenkliche Tendenz: Immer neue Wirkstoffe werden in immer kürzeren Abständen ausgetauscht, sodass es weder zur Etablierung echter Langzeiterfahrungen noch zu einer Fokussierung der kritischen öffentlichen Aufmerksamkeit kommen kann: Die Rezepturen sind immer schon einen Schritt weiter, wenn es aufgrund toxikologischer Untersuchungen – die immer längere Zeit benötigen – neue Erkenntnisse und Warnungen gibt.

Die Ära der Halogenkohlenwasserstoffe ist bei den Bioziden und damit auch bei den Holzschutzmitteln also keineswegs zu Ende. Damit bleiben auch alle Risiken dieser Stoffklasse – von der Synthese mithilfe der aggressiven Chemikalie Chlor über ungeklärte Langzeitwirkungen auf Mensch (vor allem das Zentralnervensystem) und Umwelt bis hin zum langfristigen Verbleib halogenierter Abbauprodukte in der Umwelt – als Bürde erhalten.

Hinter harmlos erscheinenden Produkten verbergen sich also nach wie vor häufig hochproblematische Stoffketten. Diese verborgenen Risiken belegen einmal mehr die dringende Notwendigkeit, zu echten Alternativen zu kommen. Glücklicherweise sind wir heute schon in der Lage, viele dieser problematischen Stoffketten durch weniger riskante zu ersetzen. Und oft spielen bei dieser Substitution solare Grundstoffe eine wesentliche Rolle.

Es reicht aber nicht, zu sagen: Die Chemiewende ist offensichtlich nötig – also packen wir sie einfach an. Bevor wir an dieses für die Zukunft aller Menschen so wichtige Projekt herangehen können, sind viele Grundfragen zu erörtern. Zum Beispiel: Was genau ist eigentlich ein chemischer Stoff? Was bestimmt seine Eigenschaften? Welche Rolle spielen die uns umgebenden Stoffe in unserer Kultur und Geschichte? Welchen Stellenwert hat in dieser Kulturgeschichte der Stoffe die dafür zuständige Wissenschaft – eben die Chemie? Welche Rohstoffe stehen der chemischen Industrie in Zukunft eigentlich zur Verfügung, und was sind deren wichtigste Eigenschaften? Und dann die alles entscheidende Frage: Welche Art von chemischen Umwandlungen sind heute üblich – und wie können diese in Zukunft gestaltet werden? All diese Fragen sollen in den folgenden Kapiteln näher untersucht werden.

4 Magie und Vielfalt der Stoffe

Substanzen sind magische Objekte

Abstraktion statt Intensität – vom Verlust der Erlebnisfähigkeiten

Erwachsene Menschen pflegen zumeist einen eher gleichgültigen Umgang mit den Stoffen, mit denen sie in ihrem Alltag in Berührung kommen. Materialien sind Mittel zum Zweck, dienen der Bequemlichkeit, dem Gelderwerb, der Zerstreuung, sind aber selten um ihrer selbst willen von Interesse. Wir verhalten uns den Alltagsmaterialien gegenüber wie schlafend. Wir sind so gefangen genommen von unseren Gedanken, unseren Sorgen, Plänen, Hoffnungen und alltäglich-routinierten Verrichtungen, dass wir den Dingen um uns herum fast nie wirkliche Aufmerksamkeit widmen.

Dieser gleichgültige Umgang mit den materiellen Objekten ist offenkundig eine Begleiterscheinung unserer Entwicklung zum »erwachsenen« Menschen. Wie anders nämlich ergeht es einem kleinen Kind: In jedem zufällig gefundenen Stück Papier, in jedem Stein oder Löffel entdeckt es einen ganzen Kosmos, der seine volle Aufmerksamkeit beansprucht. Beobachten Sie einmal unter diesem Blickwinkel einen Säugling im Kinderwagen, der einen beliebigen Gegenstand in Händen hält: Alle Sinne werden an dem Objekt erprobt, es wird nach allen Seiten gewendet, betrachtet, beleckt, geschüttelt, jeder Millimeter wird betastet und gewogen – der ganze Organismus gerät in Aufregung und Bewegung, der ganze Leib ist beteiligt, die ganze Seele in Anspruch genommen.

Im Vorschulalter erweitert sich der Radius, in dem interessante Materialien erreichbar werden: Kieselsteine im Flussbett, seltsam verdrehte Holzstrünke im Wald, der Reichtum an Blättern unglaublichster Färbungen im Herbst, die berauschenden Düfte einer blumenübersäten

Wiese, die unterschiedlichsten Arten von Lehm, Matsch und Dreck, die es zu erproben gilt.

Die Innigkeit, die wir als Kinder im Vergleich und Tausch billiger Ton- und Glasmurmeln verschiedenartiger Größe und Farbe aufbringen, geht uns einige Zeit später zumeist verloren. Aber wir erleben dies nicht als Verlust, weil es den meisten Menschen um uns herum ebenso geht. Im Gegenteil: Nur verstohlen wagen wir es am Strand als Erwachsene, Form, Farbe und Struktur einer besonders schönen Muschel wieder wie mit der Erlebnisweite und den beglückten Gefühlen eines Kindes wahrzunehmen.

Im frühen Jugendalter setzt sich dieser kindliche Forscherdrang, der sich auf die Stoffe der Welt richtet, auf anderen Ebenen fort – oder sollte es zumindest. Lesen Sie in Mark Twains *Huckleberry Finn* die Beschreibung des Inhalts der Hosentaschen von Tom Sawyer: Selbst der unwichtigste Gegenstand, den Tom prüfend aus seinen Taschen zutage fördert, hat eine Bedeutung, eine Geschichte, einen Tauschwert, übt eine Faszination auf seinen Besitzer aus, wird nur ungern und mit heftigen Verlustempfindungen hergegeben.

Es ist auch die Zeit des Indianerspielens, bei dem die Herausforderung darin besteht, mit den im Wald vorhandenen Materialien, ohne professionelle Werkzeuge und Hilfsmittel, geräumige Baumhäuser zu errichten, Streitäxte zu konstruieren und Friedenspfeifen samt deren mehr oder weniger rauchbarem Tabakersatz zu verfertigen. In die gleiche Zeit fallen rauschhafte geologische Studien, möglichst in verbotenen, aufgelassenen Schächten und Höhlungen, bei denen jede metallisch glänzende Bruchkante unzweifelhaft für Gold oder Silber gehalten wird.[1]

Irgendwann in unserer Entwicklung zum erwachsenen Menschen verlieren wir dann diese Unmittelbarkeit. Dutzendfache Schleier der Abstraktion legen sich zwischen uns und die Materialien. Sie werden zu genormten, uniformen Gegenständen im Baumarkt oder gar nur zu deren Abbild im Online-Katalog. Der Umgang mit Holz, Metall, Farbe, Textilien wird an die jeweiligen Spezialisten delegiert und nur noch das Endprodukt wahrgenommen, als Schrank, als tapezierte und gestrichene Wand, als fertig verlegtes Heizungsrohr.

Allenfalls leidenschaftliche Heimwerker, Hobbygärtner und Auto-
bastler haben sich noch einen Zugang zur Erotik des Materials bewahrt,
lassen sich von den rohen Substanzen inspirieren und begeistern, aber
auch sie werden mehr und mehr mit Fertigpräparaten gelockt. Wo sie
vor Jahren noch mit den Eigenheiten eines massiven Parketholzes zu
ringen hatten, kaufen sie heute für ihren Fußboden nicht mehr durch-
schaubares, industriell vorgefertigtes, quasi eigenschaftsloses Laminat.
Von »Selbermachen« ist da kaum noch die Rede.

Der »sprechende Stoff« in der Vor- und Frühgeschichte

Die Entwicklung vom Kleinkind zum Jugendlichen und Erwachsenen
wurde zuvor beschrieben als eine Wanderung durch die Zeit, von der
Intimität der Substanzwahrnehmung über die zunehmende »Ernüchterung« bis hin zur weitgehenden Entfremdung. Dieser individuelle Werdegang spiegelt wie ein Zeitraffer eine Entwicklung, welche die gesamte Menschheit durchlaufen hat. Auch ihr Verhältnis zu den Stoffen der
Umwelt war über Jahrtausende von Unmittelbarkeit, Intimität und
Ehrfurcht geprägt. Bei aufmerksamer Betrachtung der Höhlenmale-
reien wird z.B. deutlich, dass deren Materialien – Ocker, Ruß, Kreide,
Knochenmehl, Blut, Erde – keine gleichgültigen »Werkstoffe« waren,
sondern kultische Medien, deren magische Qualität eine Brücke zu geistigen Wesen zu bauen vermochte.

Perfektionierte Materialkenntnis und das dafür unerlässliche intime
»Materialgefühl« waren vermutlich sogar wesentliche Voraussetzungen
für die Entwicklung des Menschen zum Homo sapiens und dessen Be-
siedlung Europas ausgerechnet in einer besonders kalten und lebensfeindlichen Periode der Erdgeschichte. Diese uns kaum bewusste Tatsache hat Brian Fagan in seinem spannenden Sachbuch über den
Cro-Magnon-Menschen[2] überzeugend dargelegt. Fagan zufolge war es
vor allem die Fähigkeit des Cro-Magnon-Menschen vor etwa 30.000
Jahren, Steinrohlinge mit ganz bestimmten Eigenschaften aufzufinden,
zu bearbeiten und zu Präzisionswerkzeugen zu verwandeln, die ihm in
dieser Kälteperiode das Überleben ermöglichte.

Die Beschaffung von energiereicher Nahrung, die Herstellung wärmender Kleidung und die präzise Bearbeitung von Tierknochen war nur durch die perfektionierte Herstellung spezialisierter Werkzeuge (Schaber, Messer, Stichel, Nadeln, Hobel, Kratzer, Speerspitzen usw.) aus stets mitgeführten Steinrohlingen und Schlagwerkzeugen möglich. Genaueste Materialkenntnis und Geschick bei der Kombination verschiedener Stoffe zu Kompositwerkzeugen waren auf so hohem Stand, dass eine versuchsweise Nacharbeitung dieser Werkzeuge – insbesondere der feinen Steinnadeln mit Öse, die eine Herstellung kälteschützender Kleidung überhaupt erst ermöglichte – heute nur mit Mühe und viel Übung gelingt.

Fagan bezeichnet diese multifunktionellen Klingen- und Nadelwerkzeuge als das »Schweizer Messer« der Frühmenschen. Diese Technologie, die durch die Sprachfähigkeit auch kommuniziert, tradiert und perfektioniert werden konnte, bildete den entscheidenden Überlebensvorteil des Cro-Magnon-Menschen, während die ursprünglich gleichzeitig in den gleichen Regionen lebenden Neandertaler, wohl infolge mangelnder Anpassungs-, Kommunikations- und Innovationsfähigkeit, in dieser Kälteperiode ausstarben. Fagan hebt dabei besonders die Fähigkeit zur Herstellung von feinsten Nadeln hervor: »Das revolutionärste Artefakt von allen aber, das mithilfe eines Stichels gefertigt wurde, war die Nadel mit Öhr. Es ist sicherlich nicht übertrieben zu sagen, dass dieses so unscheinbar anmutende Gerät den Lauf der Geschichte veränderte.«[3]

Die Aufmerksamkeit und Wertschätzung der frühen Menschen gegenüber den Materialien hatten nicht nur eine technologische, sondern auch eine soziale Komponente, die offenkundig einen ebenso bedeutsamen Überlebensvorteil darstellte, weil sie den Zusammenhalt der Menschen, ihre gegenseitige Hilfsbereitschaft und Unterstützung in einer lebensfeindlichen Umgebung garantierte. So wurden als kostbar betrachtete, oft aus großen Entfernungen herangeschaffte Gegenstände und Substanzen wie Muscheln, Bergkristalle, Bernsteinstücke und andere Objekte als wertvolle Geschenke ausgetauscht.[4]

Ein später Nachklang dieses intensiven Erlebens und inneren Durchdringens der Stoffe, des Ernstnehmens und der Achtung vor ihnen lässt sich noch beobachten bei den wenigen heute lebenden Menschengruppen, die unter scheinbar »primitiven« Umständen in abgelegenen Hochtälern der Anden, in unzugänglichen Winkeln Amazoniens, in unwirtlichen Wüstengebieten Afrikas, in zivilisationsfernen Gegenden Australiens, in den lebensfeindlichen Eiswüsten Nordalaskas leben. Für diese Menschen ist die spezifische Qualität einer bestimmten Holzart ein lebenswichtiges Charakteristikum, dessen Identität genau geprüft und gewährleistet werden muss. Die Zubereitung des Pfeils für das Blasrohr, die Zurichtung des Rentierdarms als Nähmaterial ist eine hohe, geachtete Kunst der in die Geheimnisse der Stoffe Eingeweihten, die in genauester Kenntnis, sorgfältigster Wahl und der optimalen Kombination bewährter Stoffe ihren Ausdruck findet.

Nur die volle Aufmerksamkeit, das Aufspüren minimaler Unterschiede in den Materialqualitäten gewährleisten die perfekte Eignung des Stoffes zum existenziell bedeutsamen Zweck. Wenn man die Chance hat, einen dieser scheinbar »zurückgebliebenen« Menschen bei der Arbeit an solchem Material zu beobachten, wird deutlich, wie weit wir uns als »moderne« Menschen von einer solchen Intensität und Intimität im Umgang mit den von uns genutzten Materialien entfernt haben. Diese Entfernung war für unsere Entwicklung wahrscheinlich unvermeidlich, aber dennoch sollten wir nicht zögern, sie auch als einen enormen Verlust wahrzunehmen.

In den frühen Hochkulturen der Menschheit setzt sich die beschriebene Intensität des Materialgebrauchs fort. Zunehmende Handelsbeziehungen über größere Entfernungen bringen eine neue, vorher nicht gekannte Vielfalt in die Welt der Stoffe. Ganze Handelswege sind nach den spezifischen Waren benannt, die auf ihnen über Tausende Kilometer befördert wurden: die Seidenstraße, die Weihrauchstraße, die Salzstraße, die Straße der Gewürze – um nur einige bekanntere Handelsstraßen zu nennen, die ihren Namen einem der »magischen« Stoffe verdanken.

Die Schriftzeugnisse dieser Kulturen enthalten zahllose Belege für die Aufmerksamkeit, mit welcher charakteristische Materialien im alten Indien, in China, in Mesopotamien, in Kleinasien, in Ägypten und in den Hochkulturen Süd- und Mittelamerikas wahrgenommen, genutzt und geschätzt wurden. Selbst die zentralen kultisch-religiösen Texte dieser Zeit, vom Gilgamesch-Epos über die Bhagavadgita bis zum Alten Testament, sind reich an Erwähnungen und Beschreibungen Hunderter Kulturstoffe, können in Teilen wie eine »spirituelle Warenkunde« gelesen werden, in welcher es nicht nur um »Weihrauch, Myrrhe und das rote Gold« geht, sondern auch um Ysop und Narde, um Zedernholz und Kupfer, um Salböl und Balsamharz. Der kulturelle Reichtum, der sich in den Berichten aus dieser Zeit widerspiegelt, uns bis heute fasziniert und in die Museen zieht, verdankt sich zu einem nicht geringen Teil der dort geschilderten Vielfalt an Substanzen.

Im Alexandrien der hellenistischen Zeit kulminierte dieses Wissen um die Eigenheiten und Qualitäten der Stoffe dann in einem eklektischen Amalgam aus den Kenntnissen aller früheren Hochkulturen, gesammelt in den später verbrannten Papyri der Bibliothek von Alexandria und durch mündliche Überlieferung in den Gassen und Winkeln der Stadt, in denen Handwerker, Künstler, Metallurgen, Goldschmiede und Alchemisten aus aller Herren Länder immer neue Verfahren zur Umwandlung, Veredelung und künstlerischen Überhöhung der Substanzen entwickelten.

Auch noch im Mittelalter und in der frühen Neuzeit finden wir diese unbändige Lust am Material. Sie gelangte aus den Hochburgen der Wissenschaft im Orient durch die in Sizilien und Spanien ansässigen arabischen und jüdischen Handwerker und Naturphilosophen ins noch schlafende Europa. Allerdings verlagerte sich der Blick dabei mehr und mehr auf die wirtschaftlich-technische Nützlichkeit der Materialkenntnis, z. B. in Gestalt der »Probierkunst«, mit deren Hilfe Zusammensetzung und Edelmetallgehalt von Erzen ermittelt werden konnte und die als eine Frühform der chemischen Analytik zu sehen ist.

Das Erbe des Ostens – »Stoffgeschichten« seit dem Mittelalter

Die arabischen und jüdischen Überlieferungen befruchteten und modifizierten die griechisch-hellenistische Naturphilosophie mit dem inspirierten Materialgespür des fernen und mittleren Orients. Sie leisteten auf diese Weise Mittlerdienste zwischen Antike und Neuzeit und bereiteten das Wiederaufleben der Alchemie im Mittelalter und in der frühen Neuzeit vor. Die enge Verbindung zwischen konkreter chemisch-alchemistischer Arbeit an der Materie und den metaphysischen Spekulationen über Herkunft und Umwandlung der Stoffe blieb über Jahrhunderte erhalten. Diese Art von dialektischer Naturbetrachtung spiegelte sich auch in christlich-mystischen Meditationen wider. Zeugung, Geburt, Wachstum, Anfechtung, Verfolgung, Leiden, Tod und Auferstehung Christi wurden in Analogie gesetzt mit Vorgängen bei der alchemistischen Bearbeitung der »materia prima«, des neutralen Urstoffs der Alchemie.

Ziel der vielstufigen, nur in Andeutungen und verschlüsselt mitgeteilten alchemistischen Operationen war die Gewinnung des »lapis philosophorum«, des geheimnisumwitterten »Steins der Weisen« als der finalen, nicht mehr übersteigbaren Erhöhung des Stoffes in seine edelste und wirksamste Form – wirksam sowohl in der Heilung schwerer Krankheiten als auch in der quasi fermentativen »Tingierung«, die zur Transmutation unedler Metalle zu Gold führen sollte. Endlose, für uns Heutige kaum verdauliche Abhandlungen wurden der Beschreibung dieser Prozesse gewidmet, in einer eigenartigen Mischung von Präzision und Obskurität. Mal um Mal wurden die Texte abgeschrieben und ergänzt, sagenhaften Autoren zugeschrieben. Nach Erfindung des Buchdrucks wurden sie schließlich in einer fast unübersehbaren Flut gedruckter alchemistischer Traktate des 16. und 17. Jahrhunderts verbreitet.

Genau diese Magie der Stoffe, deren Nennung oder gar Berührung anscheinend eine zentrale Saite der menschlichen Seele zum Schwingen bringt, war denn auch das Mittel, mit dessen Hilfe die genialen Volksbezauberer und Scharlatane des 18. Jahrhunderts, von Cagliostro über Casanova bis zu Mesmer, wachsende Menschenmassen in einen kollektiven Taumel zu versetzen wussten. Der »sinnliche Stoff«, die magnetische Berührung mit ihm, korrespondierte dabei nicht selten mit der magisch-erotischen Ausstrahlung des Stoffbenutzers selbst, die Verführung geschah zugleich auf einer spirituellen und auf einer materiellen Ebene.[5]

Die Lust des Zeitalters an kostbaren Materialien, das spätbarocke Schwelgen in Gold, Samt und venezianischem Farbglas, schufen erst die Aufnahmefähigkeit des Publikums für die Täuschungen der Goldmacher, unterstützte seine Empfänglichkeit für zauberhafte Materialisationen, erzeugte die Bereitwilligkeit, die allumfassende Wirkung des alchemistisch erzeugten Allheilmittels, der Panazee, für denkbar, gar für wahrscheinlich und schließlich für sicher zu halten.

Neben vielen anderen Zeugnissen der Zeit sind die Aufzeichnungen Goethes über seine Jugend- und Studentenzeit eine wahre Fundgrube für die hier beschriebenen Tendenzen in der inneren Einstellung zu den Materialien. Goethes Beschreibung alchemistischer Experimente mit Wasserglas, seine Faszination angesichts des »verbotenen« alchemischen Salzes, das ihn aus tödlicher Krankheit rettete – all diese Texte sind reich an Beispielen der Empfänglichkeit von Menschen für die Magie der Stoffe und für ihre Verführbarkeit durch sie – und das ausgerechnet auf dem Höhepunkt der europäischen Aufklärung, die auch in dieser Hinsicht einmal mehr ihren ambivalenten Charakter beweist!

Und doch sollten wir uns hüten, die Phänomene des 18. Jahrhunderts mit dem hochmütigen Lächeln des postmodernen Besserwissers abzutun. Sind wir denn wirklich weniger empfänglich geworden für die Scharlatanerien der geheimen Verführer? Ist unser unerschütterlicher Glaube an die technische Lösbarkeit aller Probleme – unsere schier eschatologische Hoffnung auf Heilung aller Krankheiten durch die Gentechnik, unser Vertrauen auf die Lösbarkeit aller Energieprobleme durch die Kernfusion – sind nicht all diese illusionären Versprechungen wie ein Äquivalent der von uns amüsiert belächelten Verführbarkeit des Jahrmarktflaneurs im 18. Jahrhundert?

Und überhaupt – die Ikonen der Wissenschaft waren nicht selten selbst der Magie der Stoffe verfallen. Nicht umsonst hat der Wissenschaftstitan Isaac Newton ungleich mehr Lebenszeit mit dem Studium alchemistischer Schriften und mit der Präparation alchemistischer Tinkturen verbracht als mit der Konzeption und Ausformulierung des Gravitationsgesetzes, auch wenn wir ihn heute allein für Letzteres kennen und bewundern.

An der Entwicklung der Menschheit lässt sich also ablesen, dass die Stoffe in den Anfängen und in den frühen Hochkulturen alles andere als gleichgültige »tote Materie« waren. Selbst im Mittelalter und zu Beginn der Neuzeit führt der »magische Stoff« noch ein reiches, vielfältiges Leben, ist integrierter Bestandteil von Religion, Wissenschaft, Kunst und Kultur. Dieser Reichtum, der eben nicht nur ein Reichtum der Materialien, sondern auch der Beziehungen, der Qualitäten, der Empfindungen war: Diese Fülle ist uns verloren gegangen – vielleicht und hoffentlich nur vorübergehend, denn es gibt ja durchaus entwicklungsfähige Reste dieser sinnlichen Begeisterungsfähigkeit für edle Materialien.

Ein schwacher Nachhall des alten Reichtums findet sich schließlich auch heute noch in den überlieferten Märchen der Völker. Die *Erzählungen aus Tausendundeiner Nacht* sind eine unerschöpfliche Fundgrube an »magischen« Materialien, und selbst in den für uns weniger exotischen Märchen Andersens oder der Brüder Grimm finden sich eine Fülle von Stoff-Geschichten, die uns zurückführen zu der beglückenden, einstweilen verlorenen und von Vielen vermissten Nähe zur Magie der Stoffe, die uns in unserer Kindheit noch so viel lebendiger war.

Arten-Vielfalt der Stoffe: auch eine Diversität

In jedem Frühling erleben wir eine geradezu explosionsartige Zunahme der Vielfalt an Gerüchen, Farben, Formen und Geräuschen, die uns eine zwar gefährdete, aber immer noch beeindruckende und beglückende Vielfalt an pflanzlichen und tierischen Lebewesen in unserer Umgebung vor die Sinne führt. Neben dieser Vielfalt des Lebendigen (Biodiversität) bietet auch die unbelebte Welt – sei sie nun organischen oder mineralischen Ursprungs – eine enorme Diversität an Substanzen, Gemischen und Formen, die das Herz eines jeden Liebhabers der Vielfalt höher schlagen lassen. Dieser Reichtum an unterschiedlichen Varianten einer Stoffgruppe prägt die Arbeit vieler Berufe.

So müssen sich Tischler mit den unterschiedlichen Eigenheiten der verschiedenen Holzsorten auseinandersetzen, um aus jeder dieser Sorten das Optimum an Gebrauchstauglichkeit und Haltbarkeit herauszuarbeiten. Bauleute und Landschaftsgärtner haben es mit den vielfältigsten Arten von Gesteinen und mineralischen Baustoffen zu tun – vom einfachen Kalksandstein oder Ziegelstein bis hin zu anspruchsvollen Natursteinen wie Granit oder Marmor, deren Verarbeitung jeweils spezifische Typen von Mörtel und anderen Verbindungsstoffen erfordert.

In den metallverarbeitenden Berufen sind es eine Vielzahl von unterschiedlichen Metallen und Legierungen, die jedes für sich andere Bearbeitungsmethoden, Verarbeitungstemperaturen, Schweiß- oder Klebeverbindungen und Oberflächenschutzmittel benötigen. Und auch bei der Verarbeitung von textilen Stoffen müssen sich die textilverarbeitenden Berufe in der Mannigfaltigkeit unterschiedlicher – natürlicher wie synthetischer – Fasern, Garne, Gewebe und Ausrüstungen genau auskennen. Beispiele dieser Art lassen sich fast beliebig anführen. Sie alle belegen eindrucksvoll, in was für einer überreichen Welt von unterschiedlichen Materialien wir leben – und alle unterscheiden sich vor allem durch ihre jeweilige chemische Identität.

Neben der uns scheinbar vertrauteren »Bio-Diversität« tut sich hier ein ganzer Kosmos von »Chemo-Diversität« auf. Für beide gilt, dass eine solche Vielfalt immer eine Bereicherung darstellt – nicht nur in materieller Hinsicht, sondern auch für unsere Sinne und für unsere Seele. Im Reich der mineralischen Stoffe hat jeder Stein, jedes Mineral, jedes Erz und jedes Salz, jeder Kristall, jedes Metall und jede Legierung, jeder Sand und jeder Lehm, ja sogar jedes natürliche Mineralwasser seine individuellen Eigenschaften, die es für ganz bestimmte Anwendungen prädestinieren oder uns einfach durch Formen- oder Farbenreichtum, Glanz oder besonderen Klang, gelegentlich mit seinem eigenartigen Geschmack oder seiner reich strukturierten Oberfläche beglücken.

Jeder dieser scheinbar unlebendigen Stoffe besitzt seine ganz individuelle Entstehungsgeschichte, die oft weit in die Ursprünge und ersten Umgestaltungen unseres Planeten Erde zurückreicht. In dieser erdgeschichtlichen Sicht sind viele mineralische Stoffe einer ähnlichen Dynamik von Entstehen und Vergehen, Hervortreten und Verschwinden unterworfen wie die organischen Elemente der Biosphäre in ihrem biologischen Kreislauf. Der Kreislauf der Gesteine erfolgt nur auf einer Zeitskala, die millionenfach gedehnt erscheint gegenüber der Zeitskala der Lebewesen, deren Lebenszyklus oft bereits nach Stunden oder Tagen, bei vielen Pflanzen im Verlauf eines Jahres, bei den uns näherstehenden Tieren und schließlich beim Menschen in einigen Dutzend Jahren vollständig durchlaufen ist. Jede größere Gesteins- und Mineraliensammlung kann uns ein Bild von der enormen Vielfalt der unbelebten Welt vermitteln.

Nachdem Chemiker 150 Jahre lang ihre Kreativität daran erprobt haben, neue, in der Natur bislang nicht vorhandene Substanzen zu synthetisieren, ist auch hier inzwischen eine ganz neuartige Diversität an unterschiedlichen Stoffen entstanden. Zehntausende von ihnen haben Eingang gefunden in den Material-Baukasten von Ingenieuren, Medizinern, Werkstoffspezialisten und Herstellern von Verbrauchsgütern, die daraus eine wiederum unübersehbare Varietät von Produkten chemischen Ursprungs herstellen.

Diese Diversität an künstlich synthetisierten Substanzen, die in der Natur so nicht vorkommen, birgt jedoch auch erhebliche Probleme. Nachdem die Evolution sie naturgemäß keinem Langzeittest unterwerfen konnte, ist die mittel- und langfristige Wirkung vieler dieser Substanzen auf Mensch, Tier und Umwelt unbekannt. Dass solche neuartigen Stoffe auch nach Jahrzehnten noch unvorhergesehene Schadwirkungen ausüben können, haben wir am Beispiel der Fluorchlorkohlenwasserstoffe (FCKW) und ihrer zunächst unerkannten zerstörerischen Wirkung auf die Ozonschicht unserer Atmosphäre leidvoll erfahren müssen.

Substanz und Psyche

Mit dem Ende der frühen Hochkulturen, mit dem Ausgang aus dem Mittelalter und dem Anbruch der Neuzeit und ihrer zunehmend wissenschaftlich-analytischen Sicht auf die materielle Welt ist uns nicht nur ein riesiger Fundus an Geschichten über die magische Welt der Stoffe verloren gegangen, sondern auch in den kulturgeschichtlichen Hintergrund verdrängt worden. Verloren gegangen ist mit der zunehmenden und unvermeidlichen Nüchternheit auch die intensive emotionale Verbindung, welche die Menschen am Beginn der Neuzeit noch mit diesen Materialien hatten. Es gehörte geradezu zum Programm der erwachenden »exakten« Naturwissenschaften, diese innere Beziehung zwischen Material und Mensch und damit unsere emotionale Beteiligung an materiellen Vorgängen möglichst radikal zu verdrängen und zu verbannen. In der Welt der chemischen Analytik, der molekularen Formeln, der chemischen Verfahrenstechnik ist dafür kein Platz mehr. Auch dieser Prozess der Ernüchterung war für die Entwicklung der heutigen Chemie gewiss unvermeidbar. Und dennoch tut es gut, diesen Fortgang der Entwicklung nicht nur als einen Triumph des Rationalen über das nicht rational Erfassbare zu erleben, sondern auch als einen Verlust an Vollständigkeit in unserem Zugang zum Stoff und damit zur Welt.

Vielleicht ist es gerade diese erzwungene Nüchternheit, die uns Naturwissenschaftler zu unempfindlich gemacht hat für die negativen Auswirkungen unseres wissenschaftlich-technischen Handelns auf den Zustand der Umwelt, auf die Qualität der Biosphäre und auf die Gesundheit und das Wohlbefinden unserer Mitmenschen. Vielleicht muss man den Prozess der gesteigerten analytischen Rationalität auch in Teilen als einen Prozess der zunehmenden Abstumpfung beschreiben, als die Ausbildung einer Art von Tunnelblick, durch den – in der unbedingten Konzentration auf das wissenschaftlich-technische Objekt – ein großer und damit wesentlicher Teil der Wirklichkeit ausgeblendet wurde.

Deshalb wäre es vermutlich gut, wenn wir Naturwissenschaftler – und insbesondere wir Chemiker – unseren Zu- und Umgang mit den Stoffen der Welt und zu den von uns angestoßenen chemischen Prozessen kritisch hinterfragen würden. Vielleicht wäre es für Chemiker künftig hilfreich, auch ihren empathischen Zugang zu den Stoffen der Welt zu reaktivieren. Nachhaltigkeit, Schutz von Natur und Umwelt, Schutz der Gesundheit unserer Mitlebewesen sind natürlich rational erfassbare und nüchtern begreifbare Ziele; dennoch schwingt in diesen Zielen immer auch eine emotionale Qualität, eine empathische Komponente mit – und das ist gut so. Diese Empathie macht einen wichtigen Teil der Motivation aus, die uns an dem Fortbestand des Status quo der Petrochemie (und auch der fossil und nuklear basierten Energie) zweifeln ließ und uns letztendlich dazu gebracht hat, über neue Formen des Umgangs mit der uns anvertrauten Umwelt nachzudenken.

Und es wäre ja auch ein Wunder, wenn dieses empathische Element, das uns die Wirkung der neu geschaffenen chemischen Substanzen auf unsere Umwelt nicht nur nüchtern analytisch erfassen und beschreiben, sondern auch mitfühlen lässt, nicht in uns veranlagt wäre. Schließlich sind es chemische Elementarvorgänge – wie im ersten Kapitel beschrieben –, durch die wir überhaupt einen sinnlichen Zugang zur uns umgebenden Welt erhalten. Und unser Leib selbst ist eigentlich nur eine permanente Durchgangsstation für die Stoffe und Energieeinheiten, die wir aus unserer Umgebung aufnehmen und wieder an sie abgeben. Unsere Leiblichkeit ist nicht denkbar ohne diesen immerwährenden Strom von Einatmung und Ausatmung, Nahrungsaufnahme und Ausscheidung und die vielen weiteren feinen Austauschvorgänge zwischen Mensch und Umgebung. Sie machen uns zu einem auch stofflich-chemischen Teil unserer Umwelt. Diese unauflösliche Teilhabe ist eine der Wurzeln unseres emotionalen Zugangs zur materiellen Welt.[6]

Diese »wunderbare Sympathie« – wie Novalis es nennt – ist auch ein Erbe des alchemistischen Blicks auf die Welt, der über viele Jahrhunderte, seit der Antike, einen wesentlichen Teil der Beschäftigung mit den stofflichen Phänomenen in Natur und Labor ausmachte. Wie sehr man auch Anstoß nehmen kann an den scharlatanesken Verirrungen und Verwirrungen der betrügerischen Goldmacher –, so sehr sollte man doch auch zur Kenntnis nehmen, dass es über die Jahrhunderte eine große Zahl echter, strebender Naturforscher gab, denen die Terminologie und der theoretische Überbau der Alchemie ein Koordinatensystem für ihre Suche nach den Kräften gab, welche »die Welt im Innersten zusammenhält«. Diesen echten Alchemisten ging es wohl auch um eine »Verbesserung« der ihnen anvertrauten Materie, aber sie verbanden mit diesem Prozess der materiellen Perfektion eben auch eine Veredelung ihres eigenen, inneren seelischen Empfindens.[7]

Ihren Nachklang fand die alchemistische Sicht auf die materielle Welt, die noch nicht streng zwischen emotionaler und rationaler Komponente unterschied, auch in vielen Werken Johann Wolfgang Goethes – besonders in seinem *Faust*, der von einer intimen Kenntnis der alchemistischen Tradition und Literatur Zeugnis ablegt. In seiner Lebensbeschreibung berichtet Goethe auch von eigenen chemisch-alchemistischen Experimenten zusammen mit der pietistisch geprägten Freundin seiner Mutter, Susanna von Klettenberg. Auch in diesem Text wird – trotz der leicht ironisierenden Diktion aus der Rückschau des alten Goethe auf seine »Jugendsünden« – sehr deutlich, dass Goethe bei seinen alchemistischen Studien und chemisch-alchemistischen Experimenten mit hoher emotionaler Beteiligung und starker Empathie für die benutzten chemischen Substanzen bei der Sache war.[8]

Dass es eine solche »Nachtseite der Naturwissenschaften«[9] und insbesondere eine »Nachtseite der Chemie« nicht nur gab, sondern immer noch gibt, war den Fachvertretern seit dem Beginn des Siegeszugs der Chemie in der zweiten Hälfte des 19. Jahrhunderts eher peinlich. Man war mit der ökonomisch – und natürlich auch wissenschaftlich – höchst attraktiven Tagseite vollauf ausgelastet. Erst in den letzten Jahren ist eine zunehmende Zahl von Untersuchungen und Veröffentlichungen erschienen, die sich mit der Bedeutung dieser Nachtseite intensiv beschäftigen.[10]

Viele der uns umgebenden Substanzen haben geradezu archetypischen Charakter und sprechen uns daher schon auf unterbewusster Ebene an, da sie durch Geschichte und Charakter zu Bestandteilen unseres kollektiven Unbewussten geworden sind: Salz, Holz, Wasser, Gold, Glas, Luft, Blumenduft, Kiesel, Essig usw. Die Dominanz einer rein analytischen Naturwissenschaft hat diesen magischen Charakter der Stoffe teilweise verschüttet – da er aber zu den Konstituenten des Menschseins gehört, ist das Verschüttete auch wieder freilegbar. Mit dieser Wiederbelebung des Elementarischen und Magischen der Substanzen ist auch ein ganz anderer Zugang zur Chemie und zu chemischen Stoffen erschließbar.

Als die Magie der Stoffe verloren ging

Im Zeitraum zwischen etwa 1790 und 1850 ist die Menschheit in ihrer Beziehung zu den Stoffen dann endgültig »erwachsen« geworden – mit allem Gewinn und Verlust, der in einem solchen Entwicklungsschritt liegt. Chemiker wie Lavoisier und später Liebig, die in den Stoffen keine geheimnisvollen Wesenheiten mehr sahen, sondern nüchterne Formeln und Ressourcen, somit Garanten für Fortschritt und Wohlstand, haben den letzten magischen Schimmer mehr und mehr zum Erlöschen gebracht. Beide waren eher Unternehmer als Naturphilosophen und interessierten sich deshalb mehr für das ökonomische Potenzial der Stoffe als für ihre Stellung im Weltganzen. Von nun an waren die Stoffe vor allem Ansammlungen von Atomen und Molekülen, Rohstoffe für industrielle Zwecke.

Während die aufblühende chemische Industrie zum Ende des 19. Jahrhunderts auf paradoxe Weise »Dreck zu Gold« machte und damit das Ideal der Alchemisten auf rein äußerliche Weise zu realisieren schien, baute die chemische Wissenschaft ihr zunehmend reduktionistisches Bild der Materie aus. Der Siegeszug der physikalischen Chemie und später der Atomphysik erlaubte es, die vorher so rätselhaften Eigenschaften der Stoffe sowie die chemischen Umwandlungsprozesse und deren Triebkräfte immer mehr auf physikalische und schließlich auf mathematische (quantentheoretische) Prinzipien zurückzuführen. Für »magische« Qualitäten war auch hier kein Platz mehr, die Substanzen in ihren greifbaren, fühlbaren, sichtbaren, riech- und schmeckbaren Qualitäten lösten sich zunächst in quasi eigenschaftslose Pulver, Flüssigkeiten und Gase auf, diese dann in chemische Formeln und Reaktionsgleichungen und diese wiederum in Elektronenorbitale und deren mathematische Beschreibungen als Schrödinger-Gleichungen.

Die moderne Chemie entwickelte auf diesem Wege eine besondere, in diesem Ausmaß neuartige Haltung den Materialien gegenüber. Der vor dem Chemiker liegende Stoff konnte von ihm in aller Regel nicht mehr in seinem Eigenwert wahrgenommen werden, sondern lediglich in seiner Funktion als »Roh-Stoff«, d.h. als Herausforderung für das eigene Handeln, mit dem Ziel einer raschen und möglichst weitgehenden chemischen Umwandlung zu einem ganz andersartigen, im ökonomischen Wert gesteigerten Stoff.

Damit keine Missverständnisse entstehen: Der hier skizzierte Weg der Reduktion des einst für »geistvoll« erachteten Materials auf nutz- und dienstbare Atome und Moleküle als Rohstoffe und Analyseobjekte war in seiner Art notwendig und zwangsläufig, da er der allgemeinen Entwicklung der Gesellschaft und der Wirtschaft entsprach. Es geht auch nicht um das Wachrufen nostalgischer Sehnsüchte angesichts dieses historisch wohl unausweichlichen Prozesses. Es geht lediglich darum, auf die innere Zwiespältigkeit dieser realen Entwicklung hinzuweisen. Sie hat auf der einen Seite ungeheure wissenschaftliche, technische, wirtschaftliche und damit auch soziale Erfolge ermöglicht. Sie hat aber eben auch eine meist verdrängte Kehrseite, indem sie die Menschen – und vor allem die chemisch tätigen und forschenden Menschen – von den Stoffen selbst auf eine tiefgreifende Weise entfremdete.

Es gibt eine weitere Kehrseite der Entwicklung, die sich darin ausdrückt, dass die Chemie ihren wesentlichen Zweck in der Schaffung des Neuen und nicht in der Achtung des Bestehenden sieht. Diese Tendenz zur sofortigen Veränderung (und damit Zerstörung) der vorliegenden (Natur-) Stoffe hat etwas Zwanghaftes an sich. Sie wurzelt in einer (zumeist völlig unbewussten) Sozialisation der Naturwissenschaftler gemäß einem Paradigma, das sich in Handlungen von Gewaltsamkeit und Rücksichtslosigkeit gegenüber dem gegebenen, noch nicht veränderten Stoff ausdrückt. Das attraktive, weil verkaufsfähige Zielmolekül muss erreicht werden, wie ungeeignet das Ausgangsmolekül auch sein mag und wie viel Aufwand der Prozess erfordert.

Diese »Chemikerprägung« setzte bereits in den frühen Tagen der modernen Naturwissenschaft ein. Francis Bacon hat in seinem Entwurf eines idealen Wissenschaftsstaates (*Nova Atlantis*, 1614) entscheidende theoretische, konzeptionelle und sogar politische Grundlagen für diese Persönlichkeitsmerkmale geschaffen. Die Prägung zum »Stoff-Schöpfer als Stoff-Zerstörer« ist heute bereits tief im methodischen Fundus der

Chemie verwurzelt und wird ohne jede Hinterfragung von Chemikergeneration zu Chemikergeneration weitergegeben. Sie gilt inzwischen
als so selbstverständliches mentales Rüstzeug eines jeden Chemikers,
dass die Frage nach der Zwangsläufigkeit und Unveränderbarkeit einer
solchen Haltung wie ein Tabubruch wirken muss.

Ausgerechnet der frühromantische Dichter und Bergingenieur
Friedrich von Hardenberg, genannt Novalis, dessen chemische Kompetenz ganz auf der Höhe der Zeit stand, hat diese merkwürdige mentale Verfassheit der Chemiker schon am Ende des 18. Jahrhunderts
in Worte gefasst, die uns heute so luzid wie prophetisch erscheinen
müssen:

Wie seltsam, daß gerade die heiligsten und reizendsten Erscheinungen der Natur in den Händen so toter Menschen sind, als die Schei-
dekünstler [d.h. Chemiker] zu sein pflegen! Sie, die den schöpferi-
schen Sinn der Natur mit Macht erwecken, nur ein Geheimnis der
Liebenden, Mysterien der höhern Menschheit sein sollten, werden
mit Schamlosigkeit und sinnlos von rohen Geistern hervorgerufen,
die nie wissen werden, welche Wunder ihre Gläser umschließen.[11]

Wider die Entsinnlichung der Welt

Neu erwachendes Bewusstsein der Stoffe

Das Novalis-Zitat zeigt, dass bereits Ende des 18. Jahrhunderts sensible
Menschen in der zunehmend entsinnlichten und entgeistigten Naturwissenschaft »Schamlosigkeit« und das Wirken »roher Geister« erkannten. Es scheint ein Grundprinzip der geistigen und kulturellen Evolution zu sein, dass jede Bewegung – nach einer Art Gesetz des Ausgleichs –
fast zwangsläufig ihre Gegenbewegung auf den Plan ruft. Angesichts
der zunehmenden Entzauberung der Stoffe durch die Naturwissenschaften in den letzten 150 Jahren gilt dies seit Mitte des 19. Jahrhunderts umso mehr. Die zunehmende Abstraktion der Wissenschaft von

den Alltagserfahrungen hat bei vielen Menschen – auch bei Naturwissenschaftlern selbst – ein Gefühl der Leere und Sinnlosigkeit hinterlassen. Die Anonymität und Uniformität der Materialien aus den Reaktoren der chemischen Industrie riefen eine Sehnsucht nach dem Echten, Natürlichen wach.

Viele dieser Strömungen können in ihren Wurzeln auf einen Zeitgenossen des großen, revolutionären Chemikers Antoine Lavoisier (der schließlich selbst ein Opfer einer Revolution wurde und 1794 unter der Guillotine starb) zurückgeführt werden: auf Jean-Jacques Rousseau. Die Dialektik der Aufklärung wird auch an ihm deutlich: einerseits ein führender Vertreter der Aufklärung, andererseits Begründer einer Bewegung, die sich mit dem »Zurück zur Natur!« gegen die zunehmende Entsinnlichung der Welt wandte, die ja wiederum nicht zuletzt eine Frucht der rationalistischen, aufklärerischen Naturwissenschaften war.

Es ist kein Zufall, dass die frühe Jugendbewegung Ende des 19. Jahrhunderts, die sich nicht zuletzt auf die Ideale Rousseaus berief, zeitgleich mit den ersten durchschlagenden Erfolgen der erst wenige Jahrzehnte zuvor entstandenen chemischen Industrie aufblühte. Kurz vor der Jahrhundertwende waren dieser Industrie die ersten synthetischen Nachbildungen wichtiger Naturstoffe gelungen (1898 gelangte z.B. erstmals der synthetisch aus Steinkohlenteer hergestellte Indigo-Farbstoff auf den Markt, fast gleichzeitig mit der Entstehung der Wandervogelbewegung).

Mit der Hippie- und Flower-Power-Bewegung kam diese vom nationalsozialistischen Regime brutal missbrauchte und dadurch desavouierte Bewegung einer Rückkehr zum »Echten« und Natürlichen, nicht in gesellschaftlichen Konventionen Erstarrten in den 1960er-Jahren erneut an die Oberfläche. Neben den Bestrebungen zur Erweiterung des Bewusstseins, des Abschüttelns gesellschaftlicher Zwänge und den politischen Emanzipationsbestrebungen war die Neuentdeckung der Stoffe ein Merkmal dieser Bewegung, die über die Aufbruchsstimmung der 68er-Jahre schließlich in die Gründung der Umweltschutzbewegung und der Grünen Partei mündete. Der Aufschwung des »Selbermachens« in den 1970er-Jahren, die Anleitungsbücher von Seymour zur Wiederentdeckung und -nutzung alter Materialien und Techniken, selbst die Survivalbewegung waren Ausdruck dieses weitverbreiteten Wunsches, wieder zur Unmittelbarkeit des Erlebens, zum Kontakt mit der Natur und zu natürlichen Prozessen zurückzukehren.

Mit der gleichzeitig aufkommenden Esoterikwelle fand das neu erwachte Materialbewusstsein dann sogar zu mittelalterlichen und vorzivilisatorischen Erlebnis- und Erfahrungswelten zurück: Unmengen von Ratgebern zur »Geheimen Kraft der Edelsteine«, zu den »Heilpflanzen der Hildegard von Bingen«, zur »Erfahrung und Nutzung von Erdstrahlen« fanden und finden ihren Weg in die Buchhandlungen. Es ist hier nicht der Ort, diese zum Teil groben Übertreibungen kritisch zu beleuchten. Sie sind mit ihrem unglaublichen Erfolg jedenfalls eindeutig Ausdruck des Strebens der Menschen nach Wiedererlangung einer »magischen« Beziehung zu den Kräften und Stoffen dieser Welt, und damit eben auch auf ihre Weise Gegenbewegungen zu den reduktionistischen Übertreibungen und Perversionen der modernen Atomphysik, Synthesechemie, Fortpflanzungsbiologie und Gentechnologie.

Warenkunde und Technologie

Nicht als Gegenbewegung, aber doch als heute verkannter Seitenstrang der Entwicklung kann der Komplex »Warenkunde und Technologie« gelten. In dieser Kombination stammt der Begriff von dem deutschen Wissenschaftler und Ökonomen Johann Beckmann (1739–1811), der eine sehr materialreiche und detailfreudige Sammlung aller interessanten und nützlichen Naturstoffe (und einiger Chemikalien) der damaligen Zeit als mehrbändige *Waarenkunde* veröffentlichte, die nach der Erstauflage 1793 zahlreiche Ausgaben erlebte. Zusätzlich veröffentlichte Beckmann ab 1777, wiederum in vielen Auflagen, ein mehrbändiges Werk mit dem für sich sprechenden Titel *Anleitung zur Technologie, oder Zur Kentniss der Handwerke, Fabriken und Manufakturen, vornehmlich derer, die mit der Landwirthschaft, Polizey und Cameralwissenschaft in Verbindung stehen. Nebst Beyträgen zur Kunstgeschichte. Von JB ordentlichem Professor der Oekonomie in Goettingen.* Als Technologie verstand Beckmann, der auch als Vater der entsprechenden wissenschaftlich-technischen Disziplin gilt, den verfahrenstechnischen Aspekt der Warenkunde und damit die prozessuale Ergänzung der eher statischen Warenkunde.

Die Werke Beckmanns wie seiner Schüler und Nachfolger sind bis heute eine wahre Fundgrube für zum Teil völlig vergessene Naturstoffe und deren technische Einsatzfähigkeit. Die einzelnen Rohstoffe werden in der *Waarenkunde* nicht nur nach Herkunft, Eigenschaften, Varietäten und Anwendung minuziös beschrieben, sondern gewinnen in der Beschreibung einen individuellen Charakter, fern jener gesichtslosen Anonymität, die wir heute in vergleichbaren Beschreibungen moderner Chemierohstoffe finden. Bei Beckmann sind die Stoffe der Welt faszinierende »Persönlichkeiten«, die alle eine Geschichte haben, eine Herkunft, Eigenarten und damit eine stoffliche Unverwechselbarkeit.

Die Tradition der Warenkunde, die ihren Höhepunkt in dem Jahrhundert vor dem Aufkommen der chemischen Industrie erlebte, ist dem »magischen« Aspekt einer Individualität der Stoffe noch gerecht geworden, ohne dass diese Art der Stoffbetrachtung weltfremd gewesen wäre: Die Stoffe, die in der umfangreichen warenkundlichen Literatur in allen ihren Eigenschaften, in ihrer Herkunft und unterschiedlichen Qualität genauestens untersucht und beschrieben sind, wurden eben auch in ihrer potenziellen Verwendbarkeit zu häuslichen, künstlerischen, handwerklichen und kleinindustriellen Zwecken dargestellt. Aber es war doch auch eine liebevolle Untersuchung und Beschreibung, in der es keine künstliche Trennung zwischen den ästhetischen, alltagsbezogenen, wissenschaftlichen und technischen Aspekten der Stoffeigenschaften gab. Erst mit dem Durchbruch der analytisch orientierten Chemie am Ende des 18. und zu Beginn des 19. Jahrhunderts verloren die Stoffe diese lebendige Geschichtlichkeit und wurden, wie beschrieben, zu anonymen Molekülanhäufungen, zu seelenlosen Pulvern, Flüssigkeiten und Gasarten.

Seit etwa 35 Jahren ist eine interessante und zunehmend wirtschaftlich relevante Kombination aus der neuen Hinwendung zu Naturstoffen und einer neuen Qualität von Warenkunde und Technologie zu beobachten. Parallel zum Aufblühen der Naturkost – Lebensmittel aus kontrolliert ökologischem Anbau, die nach strengen Richtlinien für Anbau und Verarbeitung produziert werden – entstand eine neuartige Naturwaren-Branche, die sich ähnliche Ziele im »Non-Food«-Bereich setzte. Da es sich bei den Produkten dieser Branche – Körperpflegemittel, Wasch- und Reinigungsmittel, Baustoffe etc. – vor allem um Produkte aus dem chemisch-technischen Bereich handelt, liegen hier zugleich wichtige Keime für eine neue, zukunftsweisende Chemie.

Diese Branche entstand betont als Gegenbewegung zu den Auswüchsen und Problemen der konventionellen harten Chemie, die in jener Zeit mehr und mehr ins Bewusstsein der Öffentlichkeit gelangten: gegen die Schaumberge auf den Flüssen als Folge schwer abbaubarer synthetischer Tenside; gegen die Missbildungen an Wassertieren als Folge synthetischer Duftstoffe und ihrer Abbauprodukte; gegen die Vergiftungserscheinungen durch Holzschutzmittel infolge des Gehalts an gesundheitsschädlichen Bioziden; gegen die vielfältigen Belastungen der Innenraumluft mit Chemikalien, die als synthetische Weichmacher, Lösemittel, Konservierungsstoffe etc. aus alltäglich verwendeten Produkten entwichen.

Die neuen »Naturwaren« kamen zunächst also weniger als Ergebnis kühl kalkulierender Marketingmenschen auf den Markt, sondern aufgrund eines offensichtlich dringenden, oft als überlebenswichtig erkannten Bedürfnisses von chemiegeschädigten und verunsicherten Verbraucherinnen und Verbrauchern. Obwohl sie als erste, noch unvollkommene Pionierprodukte einer ganz andersartigen Chemie auch aus den Wünschen und Nachfragen der Konsumenten entstanden waren, war doch bereits früh erkennbar, dass sie zugleich auch auf einer sehr grundsätzlichen Ebene die Prinzipien und Praktiken der modernen Chemie infrage stellten. Sie bildeten damit unverzichtbare Keimzellen für den Aufschwung einer »biogenen Chemie«, die in ihren heute marktgängigen Produkten deutlich über das hinausgeht, was in den 1970er-Jahren schon realisiert worden war. Mit anderen Worten: Die solare Chemie hätte ihren heutigen »Tipping Point« nicht erreichen können, wenn es diese frühen Pioniere mit ihren Konzepten, Produkten und Aufklärungsaktivitäten nicht gegeben hätte.

5 Chemie ist, wenn Stoffe sich wandeln

Der dynamische Aspekt der Chemie

Vom »Sein« zum »Werden«: die Verwandlung der Stoffe

Ein Rubin ist ein Rubin ist ein Rubin. Die Stoffe, selbst die mit den höchsten »magischen« Qualitäten, haben zunächst etwas Statisches, sie bleiben im Strom der Zeit »sie selbst«. Sie ändern ihre Identität nicht ohne äußeren Anstoß. Nahezu unverändert sind die meisten Stoffe in unserem Küchenschrank noch nach Monaten, der Zucker bleibt Zucker, das Salz bleibt Salz – und schon gar bleiben das Porzellan und das Metall von Tellern und Besteck ungewandelt – in chemischer Hinsicht selbst dann, wenn wir sie zerbrechen. In dieser Hinsicht ist die Betrachtung zur »Magie der Stoffe« des vorigen Kapitels nur eine Ouvertüre zur eigentlichen Chemie. In der Betrachtung der »Stoffe an sich« betreiben wir gewissermaßen nur den »physikalischen« Teil der Chemie. »Chemie« im eigentlichen Sinne beginnt erst dort, wo die Stoffe ihre Identität wechseln, wo sie verändert werden, wo sie aus ihrem statischen Verharren herausgestoßen und einem dynamischen Wandlungsprozess unterworfen werden.

Hier setzt auch der Aspekt der »Wertschöpfung« durch Chemie ein: Die Verwandlung von Ausgangsstoffen mit bestimmten Eigenschaften in Zielprodukte mit völlig andersartigen, neuen Eigenschaften ändert nicht nur die stofflichen Charakeristika, sondern auch den ökonomischen Wert des Materials. Grundsätzlich verläuft diese Veränderung des Materials in zwei entgegengesetzte Richtungen. Entweder verliert der Stoff an Wert – z. B. durch Alterung und Zersetzung, einen chemisch-physikalischen oder auch biologischen Abbauprozess, der auch ohne menschliches Zutun einsetzt. Oder der Stoff gewinnt an Wert, es findet also Wert-Schöpfung im eigentlichen Sinne statt: Sie bedarf in aller Regel eines aktiven energetischen Anstoßes und ist im Grunde der Initialprozess der chemischen Industrie, die aus dem durch Umwandlung des Stoffes erhöhten Wert ihren ökonomischen Erfolg bezieht.

Aber auch in der Natur findet diese Art von chemischer Wertschöpfung statt, und zwar ganz ohne Zutun des Menschen. Im biologisch-chemischen Elementarprozess der Fotosynthese wird aus weniger wertvollen Ausgangssubstanzen – vor allem Kohlendioxid und Wasser – in einem eleganten und lautlosen Kraftakt die sehr viel wertvollere Pflanzensubstanz geschaffen. Diese Wertschöpfung biogener Art ist auch deshalb so groß, weil der entscheidende Beitrag zur stofflichen Verwandlung, die Sonnenenergie, völlig kostenlos zur Verfügung steht. Die klassische chemische Industrie hingegen muss große Mengen an (in der Regel auf fossiler Basis erzeugter und damit teurer) Energie aufwenden, um den ökonomisch entscheidenden Akt der Wertschöpfung zu vollziehen.

Eine klassische Brücke zwischen der stofflich statischen und der dynamischen Welt ist das »Altern« der Materialien. Nur ganz wenige, besonders »edle« Stoffe sind von dieser Alterung ausgenommen: z.B. massives Gold – aber nur in reicher Legierung; der scheinbar unwandelbare Diamant – aber nur, wenn er nicht zu stark erhitzt wird. Praktisch alle anderen alltäglichen Stoffe erleiden in irgendeiner Weise das faszinierende Phänomen der Alterung: Eisen rostet, Blätter welken, Olivenöl wird ranzig, Leder wird hart, Kupferdächer werden grün, Käse zerfällt und verwandelt sich teilweise in ganz andere Stoffe, was sich schon am Geruch bemerkbar macht. (Unsere Nase ist übrigens ein hervorragendes Messinstrument für solche Änderungen der chemischen Eigenschaften. Das hat gute evolutionäre Gründe, soll sie uns doch insbesondere vor chemischen Veränderungen an Nahrungsmitteln warnen, die uns in der »gealterten« Form nicht gut bekommen würden.)

In allen genannten Fällen ändern sich mit der Zeit die Eigenschaften der Stoffe, zumindest an ihrer Oberfläche. Wenn er uns »edel« erscheint, nennen wir den an der Oberfläche neu entstandenen Stoff »Patina«. Wenn uns die eingetretene chemische Verwandlung weniger behagt, sprechen wir von »Zersetzung« oder »Verderben«. Wir können diese Zersetzungsdynamik verlangsamen (d.h. das Vergammeln verzögern), wenn wir chemische Einflüsse von den Stoffen fernhalten – z.B. im Kühlschrank oder durch Verpackung unter Luftabschluss. Selbst wenn der Alterungsprozess oft eher biologisch erscheint als chemisch: Auch Keime sind nur Vehikel für die mit ihrer Hilfe erfolgende chemische Umwandlung. Und was als Patina oder Rost auf der Oberfläche begann, kann mit der Zeit auch »durch und durch« gehen: Ein rostiges Ofenrohr wird nach Jahren im Freien vollkommen zu Staub, und der Staub besteht aus fast reinem Eisenoxid. Leicht ließe sich dafür eine Art chemische Gleichung schreiben: Eisen plus Sauerstoff gleich Eisenoxid.

Was sich in der Natur (oder abseits menschlicher Kontrolle) ganz von allein vollzieht, geschieht oft sehr langsam – zu langsam für die ungeduldigen Menschen, die sich die stofflichen Veränderungen zunutze machen wollen, die am »Produkt« der ablaufenden chemischen Reaktion interessiert sind. Die künstliche Beschleunigung von chemischen Vorgängen, die sehr viel langsamer auch von allein ablaufen würden, ist eines der typischen Ziele jedes Chemikers. Allerdings geben Chemiker sich meist nicht damit zufrieden, Naturprozesse nur beschleunigen zu wollen. Ihr eigentliches Selbstbewusstsein, ihren professionellen Stolz ziehen sie aus anderen Umwandlungsprozessen, die in der Natur überhaupt nicht ablaufen, auch nicht in langsamem Tempo.

Von Schmieden und Alchemisten zu Managern und Analysten

Auch der dynamische Aspekt der Stoffe – d.h. die Chemie im engeren Sinne – durchlief in den Jahrtausenden verschiedene Stadien auf dem langen Weg von der emotionalen Nähe zur rationalen Distanz. Übten charaktervolle, auffällige oder seltene Substanzen schon an sich eine unwiderstehliche Faszination auf die Menschen der Vor- und Frühzeit aus, so galt dies in noch weit größerem Maße für die Verwandlungen der Stoffe, also für chemische Prozesse. Wer aus dem gelben Ocker durch einen gezielten Brennprozess einen rötlichen Farbstoff herstellen konnte, musste mit den Geistern im Bunde stehen oder selbst über magische Fähigkeiten verfügen. Wer in der Lage war, aus dem rohen Erz durch geheimnisvolle, mehrstufige Operationen das schmiegsame Metall hervorzubringen und es auch noch in eine kunstreiche Form zu schmieden, konnte nur ein Zauberer mit übermenschlichen Fähigkeiten sein. Wem es schließlich gelang, im Schmelztiegel eine streng geheim gehaltene Mischung von Erden und Erzen erst vollkommen »abzutöten«, d.h. in eine schwarze, eigenschaftslose Masse zu verwandeln, um diese dann durch kunstvolle Führung des Feuers und über verschiedenfarbige Durchgangsstadien so zu veredeln, dass nach langem Laborieren plötzlich unter grauer, schrundiger Kruste der blanke »Silberblick«, das strahlende, flüssige Metall, wie »wiedergeboren« hervorbrach – wem diese Mächte der Verwandlung, Vernichtung und Wiederhervorbringung zu Gebote standen, der musste auch Einblicke in die Rätsel von Tod und Auferstehung besitzen.

Der Kultur- und Religionswissenschaftler Mircea Eliade hat in seiner Monografie *Schmiede und Alchemisten* auf diesen Zusammenhang von Metallurgie, früher Chemie und Kultus hingewiesen und ihn an zahlreichen Beispielen belegt.[1] Das Werden und Vergehen, das »Stirb« und »Werde« der Stoffe in Retorten und Tiegeln, die urchemischen Wechselprozesse der Stoffe haben die Menschen seit jeher fasziniert und zu metaphysischen Spekulationen angeregt. Die Arbeit der frühen Metallurgen war offensichtlich von so grundlegender Bedeutung, dass ihre jeweiligen Innovationen den Wandel ganzer Epochen bezeichnen: von der Steinzeit zur Kupfer-, Bronze- und Eisenzeit – das war auch stets ein Wechsel des metallurgischen Paradigmas, angestoßen von denen, die das verwandelnde Feuer kunstvoll beherrschten.

Bis in unsere Alltagssprache haben sich Nachklänge dieser Zusammenhänge zwischen metallurgischen und seelisch-religiösen Vorgängen bewahrt. So sprechen wir heute noch davon, jemand sei durch erschütternde Erlebnisse »geläutert« worden – die »Läuterung« ist jedoch ursprünglich ein metallurgischer Begriff und bezeichnet die Reinigung eines edlen Metalls von allen anhaftenden und mitlegierten Verunreinigungen durch unedle Begleitstoffe – der Stoff wird vom »unlauteren« in den »lauteren«, d.h. reinen Zustand verwandelt.

In der Neuzeit ist dieses Verhältnis zur Verwandlung der Stoffe immer nüchterner geworden. Der Arzt-Alchemist Paracelsus sah zu Beginn des 16. Jahrhunderts zwar in den Stoffen noch die Wirkung elementargeistiger Wesen walten, aber die von ihm beschriebenen und wohl auch selbst durchgeführten chemischen Prozesse hatten auch das Ziel, wirkmächtigere Medikamente herzustellen. Seine Schüler begründeten einige Jahrzehnte später aus diesen Impulsen heraus die Chymiatrie, d.h. die kontrollierte Herstellung von Arzneimitteln nach definierten, später sogar amtlich in »Pharmakopöen« festgelegten Rezepturen und zu ebenfalls amtlich in »Taxen« festgesetzten Preisen. In der chymiatrischen, kleingewerblichen Arzneimittelherstellung liegen die Wurzeln der heutigen pharmazeutischen Industrie. Und doch hatten die paracelsistischen Chymiater immer noch enge Verbindungen zu den verschwiegenen alchemistisch-spekulativen Kreisen um die Rosenkreuzer und Geheimlaboranten an den Fürstenhöfen in Kassel, Nürnberg, Berlin und anderswo – beide Strömungen, die utilitaristische und die metaphysische, waren also noch eng miteinander verwoben.

Ein gutes Jahrhundert später ging es frühen Chemikern wie Johann Rudolf Glauber, den wir noch als Namensgeber des bitteren, magnesiumhaltigen Glaubersalzes kennen, schon vorwiegend um *Des Teutschlands Wohlfahrt*, wie der Titel eines seiner wichtigsten Bücher aus dem Jahr 1656 lautet, das von der möglichst optimalen (wir würden heute sagen: ressourcen- und energiesparenden) Verwendung der natürlichen Rohstoffe handelt. Aber auch bei Glauber finden wir immer noch den Nachhall einer metaphysischen Stoffbetrachtung, etwa wenn er sich mit der alchemistischen Herstellung des wunderkräftigen »aurum potabile«, des Trinkgoldes also, befasst, oder allgemein mit dem »miraculum mundi«, mit dem Wunderwerk der ganzen Welt der Stoffe und Kräfte, ja sogar mit den »drei Wurzeln der Metalle«, d.h. mit den drei alchemistischen Urqualitäten, die alle Stoffe der materiellen Welt in unterschiedlichen Anteilen konstituieren. Daneben schreibt er aber höchst nüchterne Werke über die »furni novi«, d.h. über neuartig konstruierte chemische Öfen – wir würden heute sagen: Reaktoren –, in denen chemische Prozesse besonders effizient durchzuführen seien.

Dieser Effizienzgedanke trat nun immer stärker in den Vordergrund und führte schließlich zu den chemischen Fabriken des späten 19. Jahrhunderts und weiter zu den weltweit verflochtenen, oligarchischen Chemiemultis, welche die Effizienz ihrer Arbeit heute in letzter Konsequenz nicht mehr an der Perfektion der chemischen Prozesse, sondern in der Perfektion des ökonomischen Erfolges messen, in der Maximierung des Shareholder-Value, im Höhenflug der Aktienkurse. Auf paradoxe Weise bedeutet diese Entwicklung, über die man im zweiten Teil von Goethes *Faust* viel lernen kann, wieder eine Art von Entmaterialisierung der Chemie, deren mentales Zentrum sich aus den Retorten und Reaktoren heraus in die zuckenden, blinkenden Linien und Kurven der Analystencharts verlagert. Kein Wunder, dass an der Spitze der großen Chemiekonzerne heute meist keine ausgebildeten Chemiker mehr stehen, sondern Ökonomen oder Juristen.

Bedingungen und Folgen chemischer Umwandlungen

Unter welchen Umständen verwandeln sich die Stoffe?

Wenn die Stoffe aus ihrer Stabilität in die Dynamik der stofflichen Verwandlung gestoßen werden, kommen wir also in das eigentliche Reich der Chemie. Da dieses Anstoßen mit dem Ziel der stofflichen Umwandlung gewissermaßen das Urphänomen der Chemie darstellt, aus dem heraus sich alles andere entwickelt, muss dieser Akt uns besonders interessieren. Wer ihn versteht, besitzt einen Schlüssel für das Verständnis der Chemie insgesamt.

Zum Einstieg wollen wir uns überlegen, warum sich die meisten Stoffe kaum verändern, wenn sie nicht von außen dazu gezwungen werden. Was bedeutet es eigentlich, einen Stoff wie Rohrzucker als »stabil« zu bezeichnen? Zunächst bedeutet es einfach, dass Zuckerkristalle jahrelang in der Zuckerdose liegen können, ohne sich in ihren chemischen Eigenschaften wesentlich zu verändern. Wir können diese Nicht-Veränderung leicht überprüfen, nämlich mit einem Analysegerät, das wir ständig mit uns herumtragen: unserer Zunge. Der Geschmack des

Zuckers, der sich aufgrund der chemischen Identität der Zuckermoleküle auf unserer Zunge einstellt, bleibt noch nach Jahren vollkommen gleich.

Aber *warum* verändern sich die Zuckerkristalle nicht? Die Antwort erscheint trivial, hat aber einen tiefen physikalisch-chemischen Sinn: *Sie haben keinen Grund zur Veränderung.* – Wissenschaftlicher ausgedrückt: Die meisten Stoffe bleiben deshalb »stabil« und damit chemisch unverändert, weil sie in ihrer jeweiligen Umgebung einen *Zustand relativ geringsten Energiegehalts* eingenommen haben.

Zustände relativ geringsten Energiegehalts kennen wir im Alltag viele. Jeder Ball, der irgendwo unbewegt liegt, befindet sich in einem solchen Zustand. So wie dieser Ball an einem Hang in einer kleinen Mulde zur Ruhe gekommen ist und ohne äußeren Anstoß – d. h. ohne Zufuhr neuer Energie – nicht weiter den Hang herabrollt (oder auch den Hang wieder hinaufrollt, wenn er mit einem ausreichend »energischen« Fußtritt dazu veranlasst wird), so sind auch die Zuckerkristalle in einer »energetischen Mulde« angekommen, in der sie praktisch auf Dauer verbleiben, wenn ihnen nicht von außen ein Anstoß gegeben wird. Chemiker verwenden übrigens statt des Begriffs »energetische Mulde« den kaum weniger bildlichen Begriff »Potenzialtopf«. Ob »Topf« oder »Mulde« – jedenfalls finden die stabilen Stoffe dort einen Ort relativer Beständigkeit.

Die Welt wäre ein ausgesprochen langweiliger (und übrigens auch unbelebter) Ort, wenn es nicht ständig Anstöße für die Stoffe gäbe, sich zu verwandeln – im Muldenbild: ihre angestammte Energiemulde zu verlassen und auf dem Energiehang eine andere Position einzunehmen: weiter oben, weiter unten, seitwärts – die Zahl der Möglichkeiten ist für die meisten Stoffe groß. Und damit sind wir bei der Kunst, welche die Chemikerinnen und Chemiker auf der ganzen Welt beherrschen: Viele von ihnen versuchen den ganzen Tag nichts anderes, als die Moleküle der Stoffe aus einer energetisch relativ stabilen Lage herauszubugsieren, und zwar möglichst so, dass sie genau in diejenige andere »Mulde« gelangen, in die sie nach der Vorstellung des Chemikers auch wirklich gelangen sollen. Anders ausgedrückt: Chemiker zwingen Stoffe, die sich freiwillig (d.h. ohne äußeren Anstoß) nicht verwandeln würden, zu einer erwünschten Verwandlung, die genau das stoffliche Ergebnis liefert, für das ihre Kunden zu zahlen bereit sind.

Chemische Verwandlungen und Energie

Mit welchem Kniff gelingt es nun den Chemikern, die Stoffe in ihrem Laboratorium dazu zu bewegen, sich in andere Stoffe zu verwandeln? Der Schlüssel ist: gezielte Energiezufuhr. Wenn ich nämlich dem Stoff, der es sich bequem in seiner Energiemulde eingerichtet hat, so viel Energie von außen zuführe, dass er gerade den Rand der Mulde überwinden kann, dann steht ihm grundsätzlich die Welt wieder offen – er kann, energetisch gesehen, zahlreiche andere Energiemulden erreichen und dort wieder zur Ruhe kommen.

Die Energie, die ich aufwenden muss, damit ein Molekül gerade genau bis zum Rand seiner Energiemulde bzw. seines Potenzialtopfes kommt, heißt passenderweise »Aktivierungsenergie«. Wenn ich nicht mindestens diese Energie aufwende, bleibt alles beim Alten: Das Molekül nimmt zwar »Anlauf« für eine chemische Umwandlung, »rollt« aber mangels ausreichender Aktivierungsenergie wieder in seine angestammte Mulde zurück. Diese »Mulde« ist natürlich keine wirkliche Vertiefung im Raum, sondern nur ein plastisches Bild, das uns die Energieverhältnisse (genauer: Potenzialverhältnisse) bei chemischen Umwandlungen besser verständlich machen soll – also ein Modell der Wirklichkeit.

Ein praktisches Beispiel: Eine gewöhnliche Haushaltskerze besteht, chemisch gesehen, aus Paraffinen. Das sind Stoffe, die als atomare Bestandteile lediglich Kohlenstoff und Wasserstoff enthalten. Die Paraffinkohlenwasserstoffe in der Kerze sind chemische Substanzen, die sich in ihrer Energiemulde ziemlich bequem eingerichtet haben – was wir z. B. daran erkennen können, dass Paraffinkerzen jahrzehntelang ohne besondere Vorkehrungen gelagert werden können, ohne sich im Geringsten chemisch zu verändern. Bei ausreichender Energiezufuhr – z. B. durch die Flamme eines Streichholzes – sind die Moleküle der Paraffinkerze jedoch in der Lage, ihre sichere Mulde hoch am Energiehang zu verlassen und sich in Sekundenschnelle in andere Stoffe zu verwandeln.

Von außen betrachtet, sieht diese Verwandlung so aus: Das Paraffin der Kerze verbrennt, die weißliche Substanz des Kerzenwachses verschwindet scheinbar ins Nichts. Dabei wird eine große Menge Energie freigesetzt, die sich in Form von Licht und Wärme der Kerzenflamme bemerkbar macht. Von innen, d.h. der Chemie der Stoffe aus betrachtet, verbinden sich die Moleküle des Paraffins in einer chemischen Reaktion mit dem Sauerstoff der Luft und verbrennen dabei zu Kohlendioxid und Wasser. Die Reaktionsprodukte Kohlendioxid und Wasser sind – im Vergleich zum Paraffin – sehr einfache Moleküle mit einem sehr viel niedrigeren Energiegehalt. Vereinfacht ausgedrückt: Die Differenz im Energiegehalt zwischen den Ausgangsstoffen (Paraffin und Sauerstoff) und den Endprodukten (Kohlendioxid und Wasser) wird in Form von Wärme und Licht freigesetzt. Wieder anders formuliert: Die Tatsache, dass das Paraffin der Kerzen eine relativ hoch gelegene Energiemulde besetzt, macht die Kerze zu einem guten Energiespeicher, denn ich kann die gespeicherte Energie leicht freisetzen, einfach indem ich die Kerze anzünde.

Die Funktion des Zündholzes wird nun auch verständlicher: Es dient lediglich dazu, am Anfang die notwendige »Aktivierungsenergie« zu liefern, damit einige Moleküle des Kerzenwachses ihre Energiemulde verlassen und sich »den Energieberg herabstürzen« (d.h.: verbrennen). Dabei wiederum wird so viel neue Energie frei, dass ich das Streichholz nicht ständig an die Kerze halten muss: Die anfangs freiwerdende Energie reicht aus, um weitere Moleküle über den Muldenrand zu hieven, die sich dann wiederum herabstürzen, dabei neue Energie freisetzen – und immer so weiter, bis das Wachs aufgebraucht ist.

Nun ist die Verbrennung einer Kerze zwar eindeutig eine Umwandlung von Ausgangsstoffen in andersartige Endprodukte und damit eine chemische Reaktion. Ich kann sie durch die einfache Reaktionsgleichung: »Paraffin plus Sauerstoff gleich Kohlendioxid plus Wasser plus Wärme/Licht« beschreiben. Aber zu dieser Reaktion bedarf es nicht der Kompetenz von Chemikern – jedes Kind kann sie ohne Hilfe und chemische Kenntnisse bewerkstelligen. Es ist nämlich keine Kunst, aus relativ energiereichen Molekülen relativ energiearme herzustellen. Fast jede Verbrennung, jede Zersetzung ist ein derartiger Vorgang.

Chemikerkunst besteht normalerweise in etwas anderem: aus – energetisch gesehen – relativ hochstehenden Molekülen durch chemische Umwandlung andere Moleküle herzustellen, die energetisch entweder etwa gleich hoch oder sogar noch höher angesiedelt sind. Einmal nicht energetisch, sondern strukturell betrachtet: In der Chemie kommt es meistens darauf an, Ausgangsstoffe von geringer oder mittlerer struktureller Komplexität in Endprodukte mittlerer oder höherer Komplexität umzuwandeln. Ein Stoff gilt dabei näherungsweise als strukturell umso komplexer, je mehr einzelne Atome und Atomgruppen in einem Molekül miteinander verbunden sind. Komplexe Moleküle sind also in der Regel größer und schwerer (und wertvoller) als weniger komplexe Moleküle. Wenn wir wieder zu der einfachen energiebezogenen Betrachtung zurückkehren, können wir feststellen: Chemiker sind Jongleure, die chemische Stoffe geschickt von einem Potenzialtopf zum anderen bugsieren und dabei möglichst vermeiden, dass die Stoffe – wiederum natürlich nur energetisch und bildlich betrachtet – in einen unerwünschten Potenzialtopf fallen. »Stoff im falschen Potenzialtopf gelandet« bedeutet nämlich für den Chemiker nichts anderes als: Statt des gewünschten Produktes habe ich Abfall produziert.

Der Preis der Umwandlung: chemische Abfall- und Nebenprodukte

Damit sind wir bei einem der zentralen Probleme angelangt, welche die Chemie auch in mehr als 150 Jahren wissenschaftlich-industrieller Entwicklung nicht zu beseitigen vermochte: die Entstehung unerwünschter Neben- und Abfallprodukte im Verlauf einer chemischen Reaktion. Das Dilemma liegt darin, dass die heutigen, im Regelfall immer noch sehr groben Methoden der Chemie nicht in der Lage sind, dem Molekül die notwendige »Flucht«-Energie so wohldosiert, sparsam und gezielt zuzuführen, dass es seinen Potenzialtopf ohne überschüssigen Energiegehalt verlassen könnte. Weiterhin sind diese Methoden kaum in der Lage, das Molekül nach dem Verlassen des Potenzialtopfes so behutsam zu lenken, dass es unerwünschte Nachbartöpfe umschifft und alle Moleküle ausschließlich und restlos im Zieltopf des gewünschten Endprodukts landen.

Statt des gewünschten behutsamen, optimierten und gesteuerten Verfahrens werden die Ausgangsstoffe für chemische Synthesen heute meist auf eine ganze andere, »brutale« Art aus ihrem Potenzialtopf herausgestoßen. Ein gängiges Mittel dazu ist das chemische Element Chlor. Es ist ausgesprochen aggressiv – übrigens auch der Grund dafür, dass Chlorgas in der Biosphäre nicht frei vorkommt. Wo es in freier Form entsteht, würde es sich sofort auf die umliegenden organischen Moleküle stürzen und sich mit ihnen zu »chlorierten Verbindungen« vereinigen.

Diese Eigenschaft ist es jedoch gerade, die Chlor als universellen »Aufmischer« in der Chemie so attraktiv macht. Fast jeden der vielen, ziemlich reaktionsträgen Inhaltsstoffe von gewöhnlichem Erdöl kann das hochreaktive Element Chlor »auf Trab« bringen – einfach, indem es sich mit dem Stoff chemisch verbindet. Aus dem sehr hohen Energiegehalt des Chlors kann dieses chemische Element nämlich seinem trägen Reaktionspartner immer noch so viel abgeben, dass aus dem müden Erdölkohlenwasserstoff ein ziemlich munterer Chlorkohlenwasserstoff wird.

Chemiker sagen, der träge Kohlenwasserstoff sei durch die Verbindung mit Chlor »funktionalisiert« worden. Die solcherart entstandenen chlorierten Kohlenwasserstoffe können nämlich aufgrund der erhöhten Reaktivität an ihren funktionalisierten (in diesem Fall: chlorierten) Molekülteilen wiederum zu zahlreichen anderen Produkten umgesetzt werden.

Woher hat das freie Element Chlor nun überhaupt seine hohe chemische Aggressivität (in physikalisch-chemischer Terminologie: seinen hohen Gehalt an freier Energie), die es zu seiner Stellung als »Allerweltsrüpel« der Chemie befähigt? Die Antwort ergibt sich aus dem Herstellungsprozess von Chlor. Dabei wird nämlich der träge Stoff Kochsalz mit einer der konzentriertesten Energieformen traktiert, die wir kennen: mit elektrischem Gleichstrom. In riesigen Anlagen zur »Chloralkali-Elektrolyse« wird, wie der Name schon aussagt, aus gewöhnlichem Kochsalz durch chemische Zersetzung mithilfe elektrischer Energie (Elektrolyse) sowohl Chlorgas als auch Alkali – genauer: Natronlauge – hergestellt. Die großen Energiemengen, die ich mit dem elektrischen Strom in das System hineingepumpt habe, bleiben teilweise als Reaktivität in den Folgeprodukten Chlor und Natronlauge erhalten.

Es gibt neben dem Chlor noch einige weitere »chemische Rüpel«, die fast jeden reaktionsträgen organischen Rohstoff auf Trab bringen können: konzentrierte Salpetersäure, Ozon, sogar Gleichstrom, der direkt auf bestimmte Rohstoffe einwirkt. Bei diesen entstehen in einem ersten Schritt aus den relativ trägen Ausgangsverbindungen dann statt chlorierter z. B. nitrierte Kohlenwasserstoffe, wenn statt Chlor Salpetersäure zur »Aktivierung« eingesetzt wird. Die Ausgangslage und die Konsequenzen bleiben gleich: Auch zur Herstellung der Salpetersäure sind riesige Mengen Energie erforderlich (in diesem Fall zur Synthese von Ammoniak aus Wasserstoff und dem sehr trägen Stickstoff; Ammoniak wiederum wird mit Sauerstoff zu Salpetersäure oxidiert), und die nitrierten Verbindungen, die bei diesem ersten Schritt entstehen (z. B. Nitro-Toluol), sind unter ökologischen und gesundheitlichen Gesichtspunkten ähnlich problematisch wie die chlorierten organischen Verbindungen.

Was ist aber nun die chemische Konsequenz dieser enormen Energie, die durch Chlor, Salpetersäure oder einen der anderen gängigen Aktivierungstoffe in die Rohstoffmoleküle hineingetragen wird? Die Antwort ist so einfach wie beunruhigend: Durch diese aggressiven Reaktanden wird in jedem Fall sehr viel mehr Energie in das System hineingepumpt, als es »verdauen« kann. Im Bild unserer Potenzialtöpfe: Den Ausgangsmolekülen wird eben nicht nur so viel (Aktivierungs-)Energie zugeführt, dass die den Rand ihrer Energiemulden gerade erreichen, sondern ungleich mehr. Aufgrund des riesigen Überschusses an Energie »rollen« die Moleküle dann natürlich nicht bedächtig aus ihren Potenzialtöpfen heraus, sondern werden geradezu explosionsartig aus ihren Töpfen herausgeschossen. Mit einem weiteren plastischen Bild: Es ist, als wenn ich die Suppe nicht vorsichtig über den Rand des Suppentopfes in die Teller gieße (auch dabei geht ja immer schon etwas daneben), sondern als wenn ich einen Chinaböller in den Topf werfe in der Hoffnung, dass bei der folgenden Explosion auch etwas Suppe auf den Tellern und nicht nur »daneben« landet.

Genau dies passiert, wenn ich mit Stoffen wie Chlor auf reaktionsträge Ausgangsmoleküle losgehe: Es »landen« zwar immer auch etliche Moleküle an den Orten (in den Potenzialtöpfen), an denen ich sie gern hätte, aber sehr viele landen eben woanders. Da »woanders« aber nicht das Ziel der Reaktion war, müssen diese Reaktionsprodukte bestenfalls als unerwünschte Nebenprodukte, schlimmstenfalls als chemischer Abfall gelten. Da ein Teil des ursprünglichen Energieüberschusses in den Reaktionsprodukten erster Ordnung stecken bleibt, sind auch die Folgereaktionen, die ich mit diesen aktivierten Intermediaten betreibe, mit einem ähnlichen Problem behaftet: Selten oder nie entstehen zu 100 Prozent die gewünschten Stoffe.

Beim Weg vom primären Rohstoff zum finalen Endprodukt über eine Kette einzelner, hintereinander geschalteter chemischer Reaktionen bleiben also große Mengen an Abfällen und Nebenprodukten quasi am Wegesrand zurück, weil sich die Verluste jedes einzelnen Reaktionsschrittes summieren. Da die genannte Methodik nach wie vor keineswegs die Ausnahme, sondern die Regel darstellt, hat die Chemie ein Problem am Halse. Die Frage liegt nahe: Muss Chemie so sein? Kann man nicht wertvolle Stoffe auch auf andere Art herstellen? Die Antwort ist: Es gibt andere Methoden, und sie funktionieren noch dazu seit unglaublich langer Zeit völlig reibungslos.

6 Stoff-Wechsel auf die geniale Art: »Solare Chemie«

Chemie mit Langzeit-Zertifikat

Seit Milliarden Jahren gibt es auf unserem Globus in großem Stil »Chemie«[1], und das ohne umwelt- oder gesundheitsschädliche Nebenwirkungen.[2] Offensichtlich hat die Natur im Lauf der Evolution Verfahren entdeckt, erprobt und perfektioniert (ob durch Schöpfung oder durch zufallsgesteuerten Versuch und Irrtum, brauchen wir hier nicht zu entscheiden), die sehr viel sanfter mit den Stoffen der Welt umgehen als unsere modernen Chemiker mit all ihren brillanten und ausgefeilten Methoden.

Der Prototyp dieser sanften Chemie, die in der Natur stattfindet, ist die Fotosynthese.[3] Dass es dabei um Chemie geht, ergibt sich schon aus dem Wortbestandteil »Synthese«.[4] So nennen Chemiker nämlich den chemischen Aufbau komplexer Stoffe aus weniger komplexen Ausgangsstoffen. Und genau dies passiert bei der Fotosynthese auf geradezu prototypische Weise. Die Ausgangsstoffe dieser Natur-Chemie gehören nämlich zu den einfachsten, d.h. am wenigsten komplexen und strukturierten Stoffen, die wir kennen: Kohlendioxid und Wasser.

Die Moleküle beider Stoffe bestehen jeweils nur aus drei Atomen mit jeweils zwei verschiedenen Elementarten: Kohlenstoff und Sauerstoff im Fall des Kohlendioxids, Wasserstoff und Sauerstoff im Falle des Wassers. Die Endprodukte der Fotosynthese hingegen gehören zu den komplexesten, strukturiertesten und wertvollsten, die wir kennen: Zellulose in Holz, Farbstoffe in Blüten, Duftstoffe in Blättern, Eiweißstoffe in Früchten, Öle in Samen, Wachse auf Stängeln, Zuckerstoffe in Baumsäften – Tausende und Abertausende unterschiedlicher, wertvoller Produkte entstehen aus diesen beiden einfachen Ausgangsstoffen, gelegentlich ergänzt durch geringere Mengen weiterer Stoffe wie Nitrat oder einige Spurenelemente.

Wie aber werden aus diesen simplen Ausgangsstoffen nun all diese komplexen Endprodukte? Eines ist aus den vorherigen Betrachtungen schon klar – ohne Energie läuft auch hier nichts, zumal die Ausgangsstoffe Kohlendioxid und Wasser energetisch gesehen in viel niedrigeren Potenzialtöpfen zu Hause sind als Zucker, Öl, Eiweiß und Co. Dem System muss also Energie von außen zugeführt werden. Woher kommt nun diese Energie? Jedenfalls nicht aus Ölkraftwerken, Kohlekraftwerken, Gaskraftwerken oder Atomreaktoren – all diese gab es nämlich noch lange nicht, als die Fotosynthese schon längst erfolgreich funktionierte.

Das Energie-Patent der solaren Chemie

Die Lösung steckt in dem ersten Bestandteil des Wortes »Fotosynthese«. Die Energie für diese natürliche Art der chemischen Synthese stammt nämlich einfach aus – Licht. Genauer: von der einzigen relevanten Lichtquelle, die der Evolution vor Auftreten des Menschen zur Verfügung stand: der Sonne. Fotosynthese ist also nichts anderes als chemische Synthese mithilfe von Sonnenenergie. Und der erste Schritt dieser Fotosynthese findet natürlich an der Stelle statt, an der das Sonnenlicht und die Pflanze sich bevorzugt begegnen: im grünen Pflanzenblatt.[5]

Warum ist nun aber diese Art der chemischen Synthese so viel sanfter, umweltfreundlicher und lebensschonender als die Synthesemethoden der heutigen Chemiker? Die Antwort darauf ist schwieriger, als Sie denken mögen. Träger der Sonnenenergie sind nämlich die Lichtteilchen (Photonen), die auf der Sonne im Verlauf der gigantischen Kernreaktionen entstehen und mit Lichtgeschwindigkeit, d.h. mit einer Reisezeit von nur etwa 8 Minuten, durch den Weltraum und durch die Atmosphäre hindurch zu uns bzw. zu den Pflanzen auf der Erdoberfläche gelangen.[6] Diese Photonen sind nun, bei Licht besehen, alles andere als sanft.

In Wirklichkeit sind die Energieträger des Sonnenlichts nämlich durchaus auch ziemliche »chemische Kraftmeier«, wenn auch längst nicht vom Kaliber Chlor, Salpetersäure und Co. Immerhin sind diese Energieträger in der Lage, in kurzer Zeit z. B. die chemische Struktur unserer Haut stark zu verändern. Wenn wir Glück haben, zeigt sich diese chemische Veränderung nur als Sonnenbräune. Wenn wir Pech haben, wird das Eiweiß der Haut chemisch so stark verändert, dass wir mit einer Entzündung auf die entstehenden Fremdstoffe reagieren – das nennen wir dann Sonnenbrand. Und wenn wir sehr viel Pech haben, verändern die Energieträger des Sonnenlichts sogar die stofflichen Träger der Erbinformation im Kern unserer Hautzellen so, dass die Zellen entarten – das nennen wir dann Hautkrebs.

Wie ist es nun möglich, dass solche potenten Energieträger eben keine so negativen Folgen bei der von ihnen ausgelösten Fotosynthese zeitigen wie die aggressiven Primärmoleküle bei der chemischen Synthese in der Retorte? Das Geheimnis liegt hier in einem genialen Verfahren, die primäre Energiezufuhr durch das Licht auf die Blattoberfläche so aufzunehmen und zu verteilen, dass keine schädliche Überschussenergie im System wirksam werden kann.

Die Evolution hat zu diesem Zweck ein raffiniertes Konstrukt miteinander verketteter und verzahnter biochemischer Reaktionszyklen entwickelt, vor dem wir – gerade als moderne Chemiker – nur in ehrfürchtiger Bewunderung stehen können. Im Verlauf dieser verflochtenen Zyklen (ein Beispiel ist der bekannte »Zitronensäurezyklus«) entstehen zahllose unterschiedliche Zwischenprodukte, die dann jeweils wieder als Zwischenspeicher von Teilen der einmal in das System eingespeisten Energie oder als Ausgangsstoffe für weitere Folgereaktionen dienen.

Eine wichtige Folge der Einspeisung der primären Solarenergie von den optischen Rezeptororganen der Blattoberfläche zu den zahlreichen vernetzten Teilkreisläufen ist eine wesentliche Erniedrigung der Aktivierungsenergie für die in der Pflanze ablaufenden chemischen Reaktionen. Die Evolution hat hier in Gestalt biologischer Katalysatoren (z. B. Enzyme) raffinierte Mittel und Verfahren entwickelt, um diese Energiehürden zu erniedrigen und dadurch mit geringen Energieüberschüssen ganze Ketten von Reaktionen schonend ablaufen zu lassen.

Die pflanzliche Fotosynthese ist dabei übrigens keineswegs auf maximale Effizienz ausgelegt. Tatsächlich wird nur ein Bruchteil der auf die Blattoberfläche auftreffenden Sonnenenergie so aufgenommen und genutzt, dass die Stoffkaskaden der eigentlichen Fotosynthese in Gang gesetzt werden und Lichtenergie in chemische Energie umgewandelt wird. Der Wirkungsgrad dieses Vorgangs ist mit etwa 1–2 Prozent gering. Selbst ältere Solarzellen erreichen bei der Umwandlung der Lichtenergie in elektrische Energie wesentlich höhere Wirkungsgrade.

Die Evolution der Biosphäre hat bei der stofflichen Primärproduktion durch Fotosynthese offensichtlich andere Optimierungsschwerpunkte gesetzt als die Maximierung des Wirkungsgrads. Eine Optimierung der Stabilität des Gesamtsystems durch hohe Diversität, der Aufbau fein aufeinander abgestimmter Beziehungen zwischen den verschiedenen Tier- und Pflanzenarten und Mikroorganismen im Sinne einer wechselseitigen Unterstützung, die Elastizität und Anpassungsfähigkeit des Gesamtsystems Biosphäre an rasch wechselnde Umweltbedingungen – all diese eher »weichen« Parameter hatten im Verlauf der Entwicklung offensichtlich Vorrang.

Für uns auf kurzfristige Erfolgsmaximierung getrimmte moderne Menschen ist dieser fast nonchalante Umgang der Biosphäre mit der auf der Erdoberfläche ja nicht unbegrenzt zur Verfügung stehenden Ressource Sonnenenergie nur schwer nachzuvollziehen. Wir müssen uns jedoch eher fragen, wie es mit der Langzeitstabilität unseres eigenen Produktions- und Wachstumsmodells bestellt ist und ob die Evolution nicht gute Gründe dafür hatte, nicht aus allem immer das Höchstmögliche »herausholen« zu wollen.

Aus ähnlichen Gründen geben auch die – wissenschaftlich durchaus interessanten und von hoher Kreativität zeugenden – Überlegungen und Versuche Anlass zur Skepsis, in einer Art »Biomimetik« das Prinzip der Fotosynthese statt im lebenden grünen Blatt in einer technischen Apparatur zu vollziehen und dabei höhere Wirkungsgrade bei der Umwandlung der Lichtenergie in chemische Energie zu erzielen. Solange wir die bewährten und optimierten Prinzipien der lebenden Pflanzen noch nicht für unsere alltagschemischen Bedürfnisse umfassend zu nutzen gelernt haben, erscheinen Bestrebungen, diese Prinzipien durch technische Lösungen »überholen« zu wollen, müßig.

Doch zurück zu den komplexen Stoffketten, die sich aus dem Primärprozess eines erfolgreich absorbierten Lichtquants auf der Oberfläche des grünen Blatts ergeben. Am Ende der miteinander verwobenen Stoffzyklen stehen jedenfalls dann diejenigen Pflanzeninhaltsstoffe, die den vielfältigsten Zwecken – von Ernährung über Kleidung, Baumaterial, Schmuck, Brennstoff bis zum Schreibmaterial – dienen können. Und nirgendwo im Verlauf dieser ineinander verwobenen chemischen Prozesse entsteht auch nur die geringste Menge an Sondermüll oder gesundheitsschädlichen Nebenprodukten. Wenn einer der Pflanzeninhaltsstoffe für uns Menschen giftig ist, dann ist diese Giftigkeit eben nicht Folge eines chemischen »Störfalls«, sondern dient einem gezielten Zweck, z.B. der Abschreckung von Fraßfeinden.

Und ebenso wenig entstehen bei dieser Fotosynthese Produkte, die sich hartnäckig einer Wiedereingliederung in den Kreislauf der Stoffe widersetzen. Im Gegenteil: Alles, was auf diese natürliche Weise aufgebaut worden ist, kann auch auf natürliche Weise – durch biologischen Abbau – wieder in seine Ausgangsbestandteile zerlegt werden. Mehr noch: Die stofflichen Ergebnisse dieser biologischen Zerlegung (zumeist durch Mikroorganismen, die daraus ihre Nahrung beziehen) stellen zugleich die perfekten Ausgangsstoffe für den nächsten Produktionszyklus durch Fotosynthese dar – der Kreislauf ist zu 100 Prozent geschlossen. Für die heute bereits praktizierten und erprobten Anwendungsbeispiele solarer Grundstoffe ist es ein entscheidender Marktvorteil, sich diese perfekte Kreislaufführung der solarchemisch erzeugten Stoffe zunutze machen zu können.

Wertschöpfung aus Licht, Luft und Wasser

Die Entstehung der Pflanzenstoffe durch Fotosynthese ist uns so selbstverständlich, dass wir sie nur selten bewusst wahrnehmen. Wir registrieren vielleicht das jährliche Wachstum der Bäume im Wald oder vor dem Haus, wir bemerken die Verwandlung der kahlen Ackerflächen in wogende Getreidefelder im Frühjahr und Sommer, wir freuen uns über den Überfluss an Früchten im eigenen Garten oder dem von Freunden. Aber selten wird uns dabei bewusst, dass wir bei all diesen Vorgängen Zeugen einer gigantischen Wertschöpfung werden.

Bei jedem Pflanzenwachstum, jeder Fruchtbildung werden tatsächlich in großem Stil Werte geschaffen. Die Ausgangsstoffe dieses natürlichen Syntheseprozesses sind allgegenwärtig und praktisch kostenlos, während die Endprodukte (Holz, Zucker, Pflanzenöle, Wachse, Farbstoffe, Duftstoffe, Gummi, medizinische Wirkstoffe usw.) einen vielhundert- oder sogar tausendfach höheren Wert darstellen. Die für diese gigantische Syntheseleistung notwendige Energie liefert die Sonne uns völlig kostenlos.

Dieser enorme Kostenvorteil in Relation zum Energiebedarf der petrochemischen Industrie wird nach und nach dazu beitragen, dass sich die neuen Produkte auf Basis solarchemischer Grundstoffe am Markt durchsetzen. Dass dieser Wirtschaftlichkeitsvorteil noch nicht so klar erkennbar geworden ist, hat zwei Gründe. Zum einen führen die noch geringeren Mengen und Stückzahlen zu einem derzeit noch höheren Fixkostenanteil. Zum anderen zeigen petrochemische Produkte noch längst nicht ihren »wahren« Preis, unter Einschluss aller bislang der Gesellschaft aufgebürdeter Folgekosten. Beide Faktoren verschieben sich jedoch derzeit immer mehr zugunsten der solarchemischen Produkte.

In der Praxis wird diese unglaubliche Wertschöpfung der belebten Natur nur dadurch gemindert, dass wir zur Erzeugung der Pflanzenprodukte einen gewissen Aufwand treiben müssen: für die mechanische Bearbeitung und Düngung des Bodens[7], für das Einbringen der Pflanzensamen oder Setzlinge, für die Pflege der wachsenden Kulturen, schließlich für die Ernte und den Abtransport sowie die Weiterverarbeitung z.B. durch Dreschen, Mahlen, Pressen o. Ä. Dieser ökonomische Minderungseffekt lässt sich jedoch auf vielfältige Weise in engen Grenzen halten. Ein Aspekt dabei ist die Minimierung der Transportaufwendungen durch die Nutzung lokal oder regional verfügbarer Ressourcen.

Diese eher lokal oder regional orientierte Verfahrensweise erfordert sicher ein Umdenken und die Schaffung neuer Strukturen, sie ist aber bereits auf mittlere Sicht unausweichlich und bringt neben den eingesparten Aufwendungen auch andere Vorteile mit sich. Im gegenwärtigen System sind die Land- und Forstwirte vor Ort an den Gewinnen der pflanzlich-fotosynthetischen Wertschöpfung in nur sehr geringem Umfang beteiligt. Der Großteil der Erträge dieser Wertschöpfung landet bei den Herstellern der Kunstdünger und Spritzmittel, bei den industriellen Verarbeitern der pflanzlichen Rohprodukte, bei den weltweit agierenden Händlern und Spekulanten, die sich auf land- und forstwirtschaftliche Erzeugnisse spezialisiert haben, bei den international agierenden Nahrungsmittelkonzernen, welche die pflanzlichen Rohprodukte zu verbrauchernahen Endprodukten verarbeiten, und schließlich bei den großen Einheiten des Einzelhandels, die am Schluss der Kette die Erzeugnisse landwirtschaftlicher Produktion – als Nahrungsmittel oder Non-Food-Artikel pflanzlichen Ursprungs – zum Endverbraucher bringen.

Die gegenwärtige Form dieser weltweit organisierten Nutzungskette frisst einen Großteil der Wertschöpfung der Pflanzenchemie wieder auf. Diese Struktur ist mit ihrem eigenen Ressourcenverbrauch und mit ihrer extremen Machtkonzentration und Intransparenz nicht wirklich zukunftsfähig. Sie ähnelt damit übrigens verblüffend den Strukturen im Bereich der Energieerzeugung und -verteilung.

Die Zukunft liegt daher bei den pflanzlichen Produkten – und damit auch bei der solaren Chemie – in dezentralen, weitgehend autarken Produktions-, Verarbeitungs- und Veredlungseinheiten. Auf diese Weise bleibt nicht nur ein wesentlich größerer Teil der pflanzlichen Wertschöpfung bei den eigentlichen Erzeugern (Land- und Forstwirten sowie den ersten Verarbeitern der so gewonnen pflanzlichen Grundstoffe), sondern es entsteht auch eine ganz neue Autonomie dieser lokalen und regionalen Strukturen – in scharfem Kontrast zur gegenwärtigen nahezu vollständigen Abhängigkeit von überregionalen und meist sogar international organisierten Strukturen.[8] Die neue Chemie auf der Basis solarer Grundstoffe ist daher nicht zufällig derzeit vor allem eine

Erfolgsgeschichte für kleinere und mittelständische Unternehmen, die das Prinzip der Dezentralität viel überzeugender realisieren können als die in der Petrochemie vorherrschenden Großkonzerne.

Natürlich stellt auch die petrochemische Stoffkette – d. h. die Herstellung von chemisch-technischen Alltagsprodukten auf der Basis von Erdöl und teilweise Erdgas – einen bedeutenden Wertschöpfungsprozess dar. Diese Wertschöpfung hat aber gleich mehrere Haken. Der erste liegt im Preis des Erdöls, der sich aus einer völlig undurchsichtigen Kombination von Förderkosten, Aufschlag der Förderunternehmen und -länder und hochspekulativen globalen Handelsstrukturen ergibt. Jedenfalls hat dieser Preis, wie sehr er auch schwanken mag, nichts mit den Wiedergewinnungskosten zu tun, die bei der land- und forstwirtschaftlichen Produktion den wesentlichen Anteil des Rohstoffpreises darstellen – ganz einfach, weil eine Wiedergewinnung von Erdöl ohne absurd hohen Aufwand oder unüberschaubaren Zeitbedarf nicht möglich ist. Damit ist jeder Preis für einen nicht erneuerbaren Rohstoff wie Erdöl im Grunde rein fiktiv.

Der zweite Haken ist, dass hohe gesellschaftliche Kosten bei der Herstellung chemischer Produkte auf Erdölbasis die Nettowertschöpfung faktisch gegen null oder sogar ins Negative drücken. Die Verseuchung ganzer Landstriche durch die Ölgewinnung (insbesondere bei der Anwendung sogenannter tertiärer Gewinnungsmethoden), die hohen ökologischen Risiken beim Transport des Rohöls in Pipelines oder über die Weltmeere, der enorme Aufwand an Energie bei der petrochemischen Primärverarbeitung, der abfall- und störfallträchtige Betrieb der industriellen Chemieanlagen, die Beseitigung der Produktionsabfälle und unerwünschter Nebenprodukte und schließlich die Belastung der Umwelt mit den Zersetzungsprodukten nach dem Gebrauch bis hin zum klimaschädlichen Eintrag von Kohlendioxid und anderen Restmolekülen in die Atmosphäre – all diese Faktoren entlang der petrochemischen Kette machen es sehr fraglich, ob bei nüchterner Gesamtbewertung überhaupt ein nennenswerter Nettowertschöpfungseffekt eintritt.

Solare Produktivität im Überfluss

Angesichts der gewaltigen Mengen an chemischen Produkten, die uns umgeben, liegt die Frage nahe: Ist unser Planet denn überhaupt in der Lage, diese Mengen an Stoffen per Fotosynthese zu erzeugen? Tatsächlich ist diese Frage nur mit einer groben Schätzung zu beantworten – die Biosphäre führt eben nicht Buch über ihre Aktivitäten. Genauer weiß man das schon für die konventionelle Chemie, obwohl hier nur länderspezifische Statistiken einigermaßen genau sind und das globale Volumen ebenfalls nur grob abgeschätzt werden kann. Danach beträgt die Menge an petrochemisch erzeugten Chemikalien pro Jahr weltweit etwa 300 Megatonnen (1 Megatonne sind 1 Million Tonnen; eine Tonne sind 1.000 Kilogramm).

Demgegenüber steht, sehr zurückhaltend geschätzt, eine Menge an biogen (durch pflanzliche Fotosynthese) erzeugten Stoffen von etwa 200.000 Megatonnen pro Jahr. Die natürliche Syntheseproduktivität der Biosphäre übersteigt die menschengemachte Produktivität der Chemiefabriken also um fast drei Größenordnungen – und das ohne Ausbeutung endlicher Ressourcen, ohne zusätzlichen Energiebedarf, ohne Störfallrisiken, ohne umwelt- oder gesundheitsschädliche Nebenprodukte, ohne Abfälle oder schwer abbaubare Reststoffe!

Angesichts der zur Neige gehenden Erdölvorräte gilt ohnehin: Selbst wenn es keine Möglichkeit gäbe, die derzeit petrochemisch verbrauchten Rohstoffmengen biogen zu ersetzen (oder wenn die chemische Industrie sich beharrlich weigern würde, die notwendige Chemiewende anzugehen), müsste trotzdem rasch ein Konzept gefunden werden, um den Verbrauch drastisch zu verringern – und zwar nicht um einen Faktor 4 oder 10, sondern auf ein Hundertstel oder eher ein Tausendstel der heute verbrauchten Menge. Es ist offenkundig, dass Erdöl als Rohstoff für die chemische Industrie in Zukunft höchstens noch für Spezialzwecke, aber nicht mehr für Massenprodukte eingesetzt werden kann.

Trotz der beruhigenden Mengenbilanz aufgrund des überreichen globalen Angebots an biogenen Grundstoffen für eine solare Chemie der Alltagsstoffe sollten wir uns nicht der Versuchung hingeben, eine Konversion der heutigen petrochemischen zu pflanzenchemischen Produkten im Verhältnis 1 : 1 anzustreben. Denn die mit einer solchen Konversion verbundenen Anpassungsprobleme – vom Flächenverbrauch und den Transportaufwendungen bis hin zu den Investitionen in neuartige Produktionsanlagen – werden erheblich sein.

Es war schließlich die Illusion von der endlosen Verfügbarkeit des einstmals extrem billigen Rohstoffs Erdöl, der die entwickelten Gesellschaften in einen Materialverschwendungsrausch hineinführte – ein Rausch, aus dem wir erst allmählich, geplagt von einem heftigen »Kater«, wieder erwachen. Wir werden also das Kunststück zu vollbringen haben, die Ausgangsstoffe der Chemie zu wechseln und gleichzeitig mit diesen Ausgangsstoffen und den daraus hergestellten chemischen Produkten ungleich intelligenter und vor allem sparsamer umzugehen. Die bereits verfügbaren solarchemischen Produkte wie Farben, Klebstoffe, Textilien, Wasch- und Reinigungsmittel, Faserverbundwerkstoffe, Biopolymere usw. beweisen, dass das möglich ist. Sie erlauben z. B. im Fahrzeug- und Flugzeugbau wesentlich leichtere Werkstoffe ohne Festigkeitseinbuße, Oberflächenschutz mit einem Bruchteil an Materialverbrauch, sind auf Dauerhaftigkeit konstruiert und verhindern damit den ressourcenfressenden, permanenten Produktaustausch.

Die Biosphäre selbst liefert uns Vorbilder für diesen sparsamen Materialeinsatz. Trotz ihrer überreichen Produktivität hat sie im Lauf der Evolution Prinzipien entwickelt, um mit einem Minimum an Substanz ein Maximum an Leistung oder Wirkung zu erzielen. Obwohl die lebendige Natur sich aufgrund der gigantischen Syntheseleistung von Pflanzen, Algen und Bakterien einen verschwenderischen Umgang mit den Stoffen viel eher leisten könnte, hat sie doch die Elemente »Überfluss« und »Sparsamkeit« auf raffinierte Weise miteinander kombiniert.

Jeder Baum ist dafür ein lebender Beweis. Die Anordnung und räumliche Ausrichtung der Zellulosefasern an einer Verzweigungsstelle ist so optimal gewählt, dass selbst der erfahrenste Statiker mit seiner ausgefeilten »Finite-Element«-Software es nicht besser und material-sparender gestalten könnte. Das Gleiche gilt für jeden Grashalm: Nur das absolut Notwendige an Substanz wird in die reine Tragfähigkeit investiert, ein Maximum hingegen in die Oberfläche und Ausstattung der lichtsammelnden Blätter. Diese Blätter selbst wiederum sind ein Wunder an Sparsamkeit: Nur eine hauchdünne Schicht wachsartiger Substanzen an der Oberfläche schützt die Blattoberfläche sowohl vor Austrocknung und also auch vor Auslaugung durch Regen. Eine winzige Menge Stoff, arrangiert in einer optimal wasserabweisenden Struktur, reicht aus, um den gewünschten hydrophoben Effekt zu erzielen. Moderne solarchemische Produkte, die bereits am Markt erhältlich sind (z. B. Holzbehandlungsmittel auf Pflanzenwachsbasis), setzen diesen Effekt schon heute ein – und reduzieren den Materialaufwand und damit auch die Materialkosten auf ein Minimum.

Güter verprassen kann jeder – wenn er genug Vorräte hat. Die Ausbildung der in der Chemie Tätigen hingegen ist schon heute im Grunde gegenteilig ausgerichtet: Gerade weil Chemiker um die Unerbittlichkeit der Mengenbilanzen wissen (kein Milligramm Materie geht verloren oder wird aus dem Nichts erzeugt) und weil die erlernten Fähigkeiten so breit angelegt sind, hat dieser Berufsstand beste Voraussetzungen für einen ökonomischen und damit sparsamen Umgang mit den eingesetzten Stoffen.

Dass wir über Jahrzehnte die von ihnen aus dem Rohstoff Erdöl hergestellten chemischen Produkte dennoch verprasst haben, ist demnach nicht den Chemikerinnen und Chemikern anzulasten, sondern einer leider weitverbreiteten Mentalität von Gedankenlosigkeit und Verschwendung im Umgang mit Stoffen und Energie, deren Konsequenzen wir nun umso nachdrücklicher zu spüren bekommen: auf der Rohstoff-Vorratsseite durch sich erschöpfende Ressourcen, auf der Produktseite durch einen Planeten, der zum »Plastic Planet« verkommen ist.

Die unerreichte Vielfalt solarer Grundstoffe

Was für ein unglaublicher Kontrast: Die gegenwärtige Chemie muss mit einem einzigen Rohstoff (Erdöl, mit recht geringfügigen Varianten je nach Herkunft) auskommen – die neue Chemie auf solarer Basis kann aus dem Vollen schöpfen, da ihr Hunderttausende ganz verschiedenartiger Grundstoffe aus Zigtausenden verschiedener Pflanzenarten zur Verfügung stehen. Wenn es irgendwo einen scharfen Gegensatz zwischen Monotonie und Vielfalt gibt, dann hier.

Bereits das Reich der Pflanzen selbst ist von unerhörter biologischer Diversität. Vorsichtige Schätzungen gehen von etwa 500.000 verschiedenen Pflanzenarten aus. Allerdings werden ständig neue Spezies entdeckt, sodass es durchaus noch viel mehr sein könnten. Als Lieferant von Stoffen ist jede Pflanzensorte einzigartig; allein aus der großen Anzahl ergibt sich also eine schier unerschöpfliche Diversität.

Jede einzelne Pflanzenart wiederum synthetisiert in ihrem Primär- und Sekundärstoffwechsel[9] ganz unterschiedliche chemische Substanzen in unterschiedlichen Mengen. Manchmal wird uns diese Unterschiedlichkeit der in der Pflanze hergestellten »Chemikalien« sofort erkennbar, z. B. wenn wir die Vielzahl der Blütenfarbstoffe betrachten oder wenn wir die unterschiedlichsten Duftstoffe riechen, die den verschiedenen Pflanzensorten entströmen. Wenn es sich um essbare Pflanzen handelt, kommen noch unterschiedliche Geschmacksstoffe und Texturen hinzu.[10]

So kann eine Pflanze beispielsweise in relevanten Mengen Zellulose, Harze und Latex in ihren Stängeln, Farbstoffe in ihren Wurzeln, Blättern und Blüten, Wachse auf der Blattoberfläche, Fette und Eiweiße in ihren Früchten sowie Duftstoffe und Nektar in ihren Blüten erzeugen – und jeden einzelnen dieser Stoffe wiederum nicht als chemisch reine Monosubstanz, sondern in einem großen Spektrum verschiedener chemischer Identitäten.

Pflanzen bringen also das Kunststück fertig, aus einem extrem begrenzten Reservoir an Basisatomen und -molekülen in ihrem sekundären Stoffwechsel eine enorme stoffliche Diversität zu erzeugen: Man kennt heute schon etwa 10.000 genauer, aber die Gesamtzahl chemisch unterschiedlicher Pflanzenstoffe beträgt ein Vielfaches davon. Vermutlich sind viele Naturstoffe sogar noch völlig unbekannt und warten darauf, entdeckt, erforscht und vielleicht genutzt zu werden. Auch in dieser Hinsicht ist das weite Feld der solaren Grundstoffe wie eine »Sleeping Beauty«, von der Bedeutung für das künftige Leben der Menschheit jedoch eher ein »schlafender Riese«.

In ein und derselben Pflanze finden sich chemische Substanzen sehr unterschiedlicher Art vor allem in den verschiedenen Pflanzenteilen. Schon auf bloßen Augenschein ist die verschiedene stoffliche Zusammensetzung der Wurzeln, der Stängel, der Blätter und der Blüten erkennbar. Jedes dieser Pflanzenelemente wiederum besteht aus ganz unterschiedlichen Stoffen: an einer Blüte erkennen wir das sofort am Unterschied zwischen Blütenblättern, Staubgefäßen, Fruchtknoten. Bei den Blättern bemerken wir den offensichtlichen Unterschied zwischen Stiel, Blattadern und Blattfläche. Aber auch die Blattfläche ist nicht gleichförmig: Wir erkennen schon mit bloßem Auge und durch Ertasten den unterschiedlichen stofflichen Charakter von Blattinnerem und Blattoberfläche. Die Oberfläche kann wiederum auf der Ober- und auf der Unterseite des Blattes ganz verschieden gestaltet sein, was auf unterschiedliche Substanzen hinweist: auf der Oberseite z. B. meist dickere Schichten wasserabweisender, wachsartiger Stoffe.

Was wir bisher aus dieser Vielfalt schon erfolgreich nutzen, ist beeindruckend genug. Die Zahl der Pflanzenstoffe, die bereits heute in solarchemischen Produkten enthalten sind, geht in die Hunderte (siehe Kapitel 7 und 8). Mit diesen Anwendungen konnte schon ein nennenswerter Teil von bisher petrochemisch entstandenen Alltagsprodukten durch biogene Produkte ersetzt werden – und die Zuwachsraten sind beeindruckend, z. B. beim Einsatz von nachwachsenden Polymermaterialien im Automobilbau. Es ist aber ausgesprochen beruhigend zu wissen, dass damit das Ende der Fahnenstange noch nicht einmal in Sicht ist:

In Zukunft könnte die hohe chemische Funktionalität Abertausender solarer Grundstoffe in anspruchsvollen Produkten eingesetzt werden. Angesichts dieser vielfältigen Qualitäten jeder einzelnen Pflanze ist es umso bedrückender, dass weltweit jeden Tag Hunderte von Arten als »Unikate des Lebens« (Edward O. Wilson) unwiederbringlich verloren gehen. Die Entwicklung dieser Unikate zu ihrer heutigen Perfektion hat jeweils Jahrmillionen benötigt. Jedes dieser Unikate ist auch ein Unikat chemischer Produktivität – ob wir diese als Menschen nutzen oder (noch) nicht.

Hightech-Stoffe aus der Kraft der Sonne

Biogene Hochleistungsmaterialien

Wir nähern uns den Grundstoffen pflanzlicher Herkunft heute mit einem anderen Verständnis als unsere Vorfahren. Waren es früher die von Generation zu Generation weitergegebenen Erfahrungen bei der Gewinnung, Zurichtung und Verwendung solcher Materialien, so gehen wir heute vor allem mit wissenschaftlich-technischem Sachverstand an die solaren Grundstoffe heran. Und je intensiver wir uns mit ihnen befassen, umso mehr kommen wir als moderne Naturforscher ins Staunen, welche große Leistungsfähigkeit solche Materialien auch unter rein technischen Aspekten aufweisen.

Es geht mit dem »Stoff-Wechsel« eben nicht zurück in die Vergangenheit, sondern viele solare Materialien können als echte »Hightech«-Stoffe gelten. Die Natur hat im Lauf der Evolution nicht nur eine perfekte Biosphärenverträglichkeit der Pflanzenstoffe hergestellt, sondern auch ihre Leistungsfähigkeit gesteigert. Evolutionäres Ziel war dabei vermutlich eine möglichst große Materialeffizienz, d.h. hohe Leistung bei niedrigem Materialeinsatz, durch die sich im Wettbewerb mit anderen Materialien ein Vorteil einstellte.

Natürlich war dieses technische Leistungsvermögen nicht der einzige Gesichtspunkt in der evolutionären Optimierung: Zusätzlich musste auch ein Optimum an Wiedereingliederungsfähigkeit in den ökologischen Kreislauf und eine bestmögliche Verträglichkeit mit allen anderen Elementen der Biosphäre (Boden, Luft, Wasser, andere Organismen) gewährleistet sein.

Die Leistungsfähigkeit eines pflanzlichen Naturstoffs entsteht vor allem durch den Aufbau komplexer Molekülstrukturen. Die durch Fotosynthese und nachfolgenden Sekundärstoffwechsel in den Pflanzen gebildeten Moleküle besitzen nicht selten Dutzende, manchmal sogar Hunderte von Kohlenstoffatomen, die miteinander – und oft noch mit Atomen anderer Elemente wie Stickstoff, Sauerstoff, Wasserstoff (und Spurenelementen wie Magnesium, Eisen, Kobalt, Kupfer, Zink usw.) – zu einer neuen Einheit verknüpft werden. An Komplexität stehen diese Naturstoffe den im Labor entstandenen Molekülen häufig in nichts nach – im Gegenteil: In Pflanzen, Algen, Pilzen, Mikroorganismen und natürlich auch niederen oder höheren Tieren auf ganz natürliche Weise (gemäß einem raffinierten, genetisch verankerten »Syntheseplan«) entstehende Naturstoffe (bzw. deren Moleküle) sind nicht selten so kompliziert aufgebaut, dass sich Synthesechemiker noch heute schwer tun, diese Substanzen im Labor »nachzubauen«.

Funktionalität: der Riesenvorsprung der Pflanzenstoffe

Die meisten Naturstoffe sind eigentlich nach ihrer Entstehung in der Pflanze bereits in einem Zustand, der jedem Chemiker geradezu paradiesisch vorkommen muss: hochkomplex und mit einer Fülle von »funktionellen Gruppen« (so nennen Chemiker die von ihnen geschätzten molekularen Andockstellen, die sich für weitergehende chemische Modifikationen anbieten) oder anderen Molekülstrukturen ausgestattet, an denen die Reaktionswerkzeuge der Chemiker ansetzen können. Überall an den Molekülen dieser Naturstoffe stehen Säuregruppen, Carbonylgruppen, Phenolgruppen, Aminogruppen, Glykosidreste, Doppelbindungen und viele andere reaktionsfähige Strukturelemente bereit und warten nur darauf, dass Kreativität und chemischer Sachverstand etwas »daraus machen«.

Beispiele für eine solche Nutzung des funktionellen Potenzials der pflanzlichen Naturstoffe gibt es bereits seit längerer Zeit. So werden heute schon zahlreiche Duft- und Aromastoffe sowie Medikamente in wenigen Modifikationsschritten aus den fast allgegenwärtigen Terpen-kohlenwasserstoffen hergestellt, die wir unter anderem vom ausgeprägten Duft der Kiefernnadeln, des frisch geschlagenen Fichtenholzes oder von den Schalen der Zitrusfrüchte kennen. Allein diese Stoffgruppe der Terpene ist fast unübersehbar groß, und jedes Mitglied dieser weitverzweigten Familie steht dem Chemiker prinzipiell zur Verfügung, wobei die bereits in der Pflanze entstandene komplexe Molekülstruktur abgewandelt und zu weiteren nützlichen chemisch-technischen Alltagsprodukten verarbeitet werden kann.

Eine andere große Gruppe von Pflanzenstoffen mit fast ebenso zahlreichen Familienmitgliedern kann mit überschaubaren chemischen Methoden und ohne allzu große Eingriffe in die pflanzlich vorgebildeten Molekülstrukturen zu ausgezeichnet waschwirksamen Stoffen für Wasch-, Putz- und Reinigungsmittel umgewandelt werden. Die Rede ist von den natürlichen Fetten und Ölen, die aus einer riesigen Palette von Pflanzensamen wie z. B. Leinsamen, Sonnenblumenkernen, Kokosnüssen, Rapssaat usw. gewonnen werden. Sie besitzen in ihrem Molekülaufbau sowohl die später für die Reinigungswirksamkeit nötigen Strukturen und ebenso die Andockstellen, die für eine schonende Modifikation der Moleküle gebraucht werden.

Viele Naturstoffe bedürfen jedoch ohnehin kaum noch eines chemischen Eingriffs. Sie sind nicht selten bereits so, wie sie aus den Pflanzen gewonnen werden, für eine Vielzahl von chemisch-technischen Einsatzzwecken »ready to use«, gebrauchsfertig. Allenfalls müssen sie noch sortiert, klassiert oder gereinigt werden – aber das sind keine chemischen, sondern allenfalls physikalische Aufbereitungsschritte. Zu diesen Pflanzenprodukten mit komplexer Molekülstruktur gehören beispielsweise die in vielfältigsten Formen und Varietäten vorkommenden Pflanzenfasern wie Hanffasern, Baumwollfasern, Brennnesselfasern usw. Solche Naturfasern finden nicht nur im wohlbekannten textilen Bereich Verwendung, sondern heute auch schon als leistungsfähige Armierungsstoffe in hochbelastbaren und leichtgewichtigen Verbundwerkstoffen.

Aber auch pflanzliche Farbstoffe, ätherische Öle, Pflanzenwachse, pflanzliche Proteine, Pflanzenharze und viele weitere solare Grundstoffe können ohne chemische Modifikation für zum Teil sehr anspruchsvolle technische Anwendungen eingesetzt werden. In solchen Fällen hat die chemische Fabrik in der Pflanze bereits ganze Arbeit geleistet, und eine chemische Nachjustierung ist überflüssig.

Chiralität: das »verdrehte« Geheimnis der Natur

Zu den mühevollsten, nebenproduktreichsten und damit abfallträchtigsten Aufgaben heutiger Synthesechemiker zählt die Herstellung sogenannter chiraler Moleküle. Der Begriff »chiral« ist von dem griechischen Wort χειρ = Hand abgeleitet (und hat damit z. B. auch dem Chirurgen mit dessen feiner Handarbeit seine Berufsbezeichnung verliehen). Die »Händigkeit« eines Moleküls bedeutet, dass die Anordnung seiner Atome im Raum eine von zwei möglichen Konfigurationen bildet, die sich wie Bild und Spiegelbild verhalten – genauso wie unsere Hände, die auch eine spiegelbildliche Anordnung im Raum besitzen. Zwei solcher »chiralen« Objekte können trotz sonstiger Identität nicht zur Deckung gebracht werden, so wie ein linker Handschuh auch nicht an die rechte Hand passt und umgekehrt.

Chiralität von Molekülen ist eines der wichtigsten chemischen Prinzipien überhaupt – die Mehrzahl der in der Natur existierenden Moleküle sind chiral. Zwei sich wie linke und rechte Hand entsprechende Moleküle (sogenannte Enantiomere) sind in ihren physikalischen[11] und chemischen Grundeigenschaften weitgehend identisch – und können trotzdem in ihrer biologischen Umgebung völlig unterschiedliche Funktionen und Wirkungen ausüben. Dabei gibt es seltsame Erscheinungen. Zum Beispiel kann eine Substanz, die aus einem der beiden möglichen Spiegelbilder besteht, intensiv riechen – der spiegelbildliche Stoffzwilling hingegen, der seinem Partner ansonsten absolut gleicht, riecht überhaupt nicht oder ganz anders. In anderen Fällen schmeckt das eine Enantiomer süß, das andere bitter. In besonders dramatischen Fällen ist die eine Molekülform sogar physiologisch harmlos, die spiegelbildliche hingegen sehr giftig!

In ihrer biologischen Aktivität und Funktion können sich chirale

Moleküle also völlig unterschiedlich verhalten – das eine Molekül wirkt, das andere, spiegelbildliche wirkt nicht oder anders. Diese unterschiedliche Wirkung hängt damit zusammen, dass die in den lebenden Organismen vorhandenen Andockstationen für chemische Stoffe – seien es Botenstoffe, Geruchsstoffe, Enzyme oder andere biologisch aktive Substanzen – ebenfalls über eine »händige« oder chirale räumliche Struktur verfügen. Da passt dann eben nur der eine von beiden chiralen Molekülpartnern in diese Andockstationen wie der »richtige« Schlüssel in sein Schloss. Infolge dieser biologischen Unterschiedlichkeit treten viele komplexere Naturstoffe nur in einer der beiden möglichen Enantiomerformen auf.

Diese ausgeprägte »Händigkeit« in der Natur bereitet Chemikern seit Jahrzehnten Kopfzerbrechen. Mit den üblichen, eher brachialen und groben Methoden der chemischen Synthese ist es nämlich nur schwer möglich, gezielt ein »linkes« oder »rechtes« Molekül zu synthetisieren. Es entstehen vielmehr beide Molekülarten, d.h. Bild und Spiegelbild, in gleichen Verhältnissen – man nennt eine solche Mischung auch »Racemat«. Es gibt zwar Methoden, aus dieser Mischung eines der Enantiomere gezielt herauszulösen, und Chemiker haben seit einigen Jahrzehnten auch Methoden entwickelt, bereits bei der Synthese z. B. von Arzneistoffen von Anfang an auf die Herstellung nur der einen Molekülvariante abzuzielen (enantiomerselektive Synthese), aber der Aufwand dabei ist oft sehr hoch – entsprechend teuer können die so synthetisierten reinen Enantiomerprodukte sein.

Wie elegant und mühelos gelingt diese enantiomerselektive Synthese hingegen in der Natur! Hier ist die Herstellung der »richtigen« Variante Alltag und funktioniert seit Millionen von Jahren problemlos. Auch hier hat sich offensichtlich das Prinzip der Koevolution der Bakterien, Pilze, Pflanzen und Tiere im Verlauf langer Zeiträume als perfektes Prinzip einer wechselseitig fruchtbaren Optimierung bewährt. Wo beispielsweise eines der beiden Enantiomere im sekundären Pflanzenstoffwechsel gebildet wird, da haben die Mikroorganismen, die am Ende des Lebenszyklus für den biologischen Abbau sorgen sollen, die entsprechende »enzymatische Schere« mit der passenden Chiralität zur Hand.

Wenn es um den synthetischen Aufbau besonders komplizierter Moleküle geht, bei denen das Prinzip der Chiralität im Molekül sogar mehrfach vorhanden ist, nutzen Chemiker zur Vereinfachung ihrer komplizierten Synthesearbeit häufig die »chirale Vorleistung« der Natur und bauen die letzten Syntheseschritte auf natürlichen, bereits chiralen Vorprodukten wie Aminosäuren, Kohlenhydraten, Terpenen, Alkaloiden oder Steroiden auf. Aber auch in diesem Fall wird die Leichtigkeit, Eleganz und Abfallfreiheit der natürlichen Prozesse bei der Synthese von chiralen solaren Grundstoffen nicht annähernd erreicht. Allerdings hat die Biosphäre ja auch einen Entwicklungsvorsprung von einigen Millionen Jahren.

Abfälle und Nebenprodukte der solaren Chemie

Einen ähnlichen Vorbildcharakter besitzen die solaren Grundstoffe auch auf dem Gebiet der Abfallvermeidung. Während in der konventionellen synthetischen Chemie praktisch bei jedem Syntheseschritt unerwünschte Nebenprodukte entstehen, kennt die solare Chemie diese Kategorie einfach nicht. Es ist allenfalls der auf maximale Ausbeute fixierte Tunnelblick des Pflanzennutzers, der es nur auf einen ganz bestimmten Inhaltsstoff der pflanzlichen Synthese abgesehen hat (z.B. bei der Zuckerrübe den Inhaltsstoff Saccharose oder Rübenzucker, der etwa 16 Prozent der Rübenmasse ausmacht) und den ganzen »Rest« der Pflanze als unnützes Nebenprodukt betrachtet.

Aus der Perspektive der Pflanze selbst, d.h. mit Blick auf ihr Wachstum und ihre Vermehrung, sind hingegen alle Pflanzenteile gleichermaßen wichtig – sonst wären diese im Verlaufe der Evolution längst als Kraft und (Sonnen-) Energie zehrende Überflüssigkeiten verkümmert und schließlich weggefallen. Die Chemie der Pflanze kennt also keine Nebenprodukte – alles ist Hauptprodukt in mehr oder minder großen Anteilen, und selbst der winzigste Bestandteil hat noch einen biologischen oder biochemischen Sinn, auch wenn wir mit unserem eingeschränkten Blick auf die Pflanze diesen Sinn möglicherweise noch nicht erkennen oder nicht begreifen. Die »Klugheit« der Evolution des Lebendigen ist eben höher als jede menschliche Vernunft – es ist allerdings auch eine Form der Klugheit, die nach den Maßstäben der menschlichen Lebensdauer quasi unendlich viel Zeit zur Optimierung hatte.

Selbst die Produkte des Pflanzenwachstums, die wir noch am ehesten als »Abfall« ansehen würden – die im Herbst welkenden Blätter, die keine Samen mehr enthaltenden Kiefernzapfen, die abfallenden Blütenblätter –, sind alles andere als Abfall. Sie sind vielmehr wertvoller und unverzichtbarer Rohstoff für Folgegenerationen von Pflanzen, denen diese Reste im wahrsten Sinne des Wortes wieder »den Boden bereiten«. Während sich der Gartenbesitzer über das Herbstlaub auf seinem Rasen ärgern mag, besitzt das niedergesunkene Pflanzenmaterial in Wahrheit als Bodenbedeckung und künftiger Nährstoff eine wichtige Funktion und bietet zudem vielen anderen Lebewesen – wie z. B. Käfern und anderen Insekten – Schutz, Lebensraum, Klimakammer und Nahrung.

Ein besonders interessantes Beispiel der völlig unterschiedlichen Perspektiven des Menschen und der Natur selbst bilden die in einem Naturwald umgestürzten Bäume. Manche hat der Borkenkäfer geschwächt und dann der Wind umgestürzt, manche vielleicht ein Blitz getroffen, wieder andere sind einfach aus Gründen hohen Alters, veränderten Mikroklimas oder durch andere Einflüsse umgestürzt und stellen nun »Totholz« dar. Ein Waldspaziergänger, der das Ideal seines aufgeräumten und penibel staubgesaugten Wohnzimmers im Wald wiederzufinden sucht, ärgert sich vielleicht über diese »Verschwendung« wertvollen Holzes.

Glücklicherweise hat sich unser Blick auf solche Naturprozesse inzwischen zu wandeln begonnen. Mit besserer Kenntnis der dynamischen Zusammenhänge und Zyklen in der Natur sehen wir heute ein solches »Totholz« als das genaue Gegenteil – es ist in Wirklichkeit ein »Lebensholz« par excellence. Schaut man nämlich etwas genauer auf einen solchen toten Baumstamm, so wird man leicht erkennen, dass es sich dabei um nicht weniger als um den Kreißsaal, die Wiege und die Kinderstube für eine Unmenge von Organismen handelt – vom Pilz über den Wurm und Käfer bis hin zum Moos, Farn und kleinen Bäumchen. Statt in dumpfen Klassenräumen sollte ein lehrreicher Schulunterricht – und zwar in allen Klassenstufen und auch noch für Studierende – so oft wie möglich um ein solches Exemplar von »Totholz« herum stattfinden.

Und doch gibt es bei näherer Betrachtung noch ein echtes »Abfallprodukt« der pflanzlichen Fotosynthese – wenn wir nämlich unter Abfall einen Stoff verstehen, der für die Pflanze selbst, für ihr Wachstum, ihre Vermehrung und Fortpflanzung und auch für künftige Generationen dieser Pflanze keine Funktion zu haben scheint und daher scheinbar wirklich »überflüssig« ist. In der Tat entsteht unvermeidlich bei jeder[12] Fotosynthesereaktion ein solcher Abfallstoff: Wir nennen ihn Sauerstoff. Er wird von der Oberfläche des Pflanzenblattes an die Umgebungsluft abgegeben.

Im übertragenen Sinne sind die Kohlenhydrate und deren Folgeprodukte aus Sicht der Pflanzen nämlich die eigentlichen Zielprodukte der Fotosynthese, während der gebildete Sauerstoff »als Abfall entsorgt« wird. Nun wissen wir allerdings, dass genau dieser Abfall der Fotosynthese für Tiere und Menschen ein unverzichtbares Lebenselixier darstellt, da unsere Atmung und damit unser gesamter Stoffwechsel auf der Einatmung und Nutzung dieses Sauerstoffs beruht. Sauerstoff ist also in dieser Hinsicht kein Abfall, sondern ein uneigennütziges Geschenk der Pflanzen an Tiere und Menschen. Pflanzen und Tiere leben in einer perfekten Symbiose, stofflich vermittelt durch die beiden Austauschagenzien Kohlendioxid und Sauerstoff.

Der von den Pflanzen gebildete Sauerstoff hat aber noch eine weitere, verborgenere Funktion in der Biosphäre. Sie spielt sich jedoch nicht in der Nähe der Lebewesen, sondern ein oder mehrere Dutzend Kilometer über ihnen in den höheren Teilen der Atmosphäre (Stratosphäre) ab. Ein Teil des Sauerstoffs in dieser Atmosphäre wird nämlich durch die besonders energiereichen (ultravioletten) Anteile des Sonnenlichts von seiner normalen, zweiatomigen Form in die dreiatomige Form verwandelt, die Ozon genannt wird. Die Ozonmoleküle wiederum absorbieren ebenfalls energiereiche UV-Strahlen und werden dabei wieder in normalen Sauerstoff umgewandelt. Als Gesamteffekt dieses komplexen Gleichgewichts zwischen normalem Sauerstoff und Ozon wird ein großer Teil der besonders energiereichen, chemisch aggressiven ultravioletten Strahlung zu harmloser Wärmestrahlung.

Die Atmosphärenregion, in der sich diese Prozesse abspielen (»Ozonschicht«), wirkt wie ein hochwirksamer UV-Filter und schützt damit die Lebewesen der Biosphäre vor den zu starken chemischen Wirkungen der UV-Strahlung. Wirklich bewusst geworden ist den meisten Menschen diese segensreiche Wirkung der Ozonschicht erst, als sie ab den 1980er-Jahren durch menschliche Einwirkung z.B. in Gestalt der synthetisch hergestellten Fluorchlorkohlenwasserstoffe (FCKWs), stark angegriffen wurde (»Ozonloch«) und daher ihre schützende Wirkung nicht mehr oder nur noch unvollkommen entfalten konnte. Da auch Pflanzen, vor allem deren für die Fotosynthese entscheidenden Blätter, durch ein Übermaß an UV-Strahlung geschädigt werden, haben die Pflanzen durch ihre Sauerstoffproduktion letztlich einen perfekten Schutzschild aufgebaut, der nicht nur sie selbst, sondern auch noch die anderen Lebewesen der Biosphäre mit schützen kann. Die Bildung des »Abfallprodukts« Sauerstoff durch die solarchemische Aktivität der Pflanzen ist also in mehrfacher Hinsicht die entscheidende Voraussetzung für das Leben der höheren Organismen auf der Erde.

Alles auf Anfang: perfekte Kreislaufbildung

Der komplette Lebenslauf einer chemischen Substanz, die auf der Basis von Erdöl hergestellt wird, ist immer eine Geschichte ohne Wiederkehr. Jedes Kohlenstoffatom, das aus Erdöl stammt, dann in einer petrochemischen Raffinerie Bestandteil einer organischen Grundchemikalie wird, im weiteren Verlauf in einem Chemiewerk zum Bestandteil eines Alltagsprodukts umgewandelt wird und auf diesem Wege zu uns Verbrauchern gelangt – jedes Kohlenstoffatom dieser Art tritt einen Weg an, der aus dem Inneren der Erde nach außen in die Biosphäre führt. Eine Rückkehr ist ausgeschlossen.

Im Reich der Biosphäre besitzt der Lebenslauf eines Kohlenstoff-atoms eine völlig andere Signatur: die eines echten, bereits über kurze Zeiträume geschlossenen, perfekten Kreislaufs. Jedes Kohlenstoffatom, das einmal Bestandteil einer Pflanze war, kehrt nach dem Durchlaufen seines Lebenszyklus wieder zu einer Pflanze zurück und wird in ihr fotosynthetisch assimiliert.

Die Vorstellung vom Kreislauf der Stoffe hat die Menschen seit je-her fasziniert. Sie taucht bereits im Alten Ägypten als Bild des Ourobo-ros auf, einer Schlange, die sich in den Schwanz beißt und dadurch ei-nen in sich geschlossenen Kreis bildet. Im hellenistischen Ägypten erscheint dieses Symbol dann in den geheimnisvollen alchemistischen Zauberpapyri und bleibt in der Gedankenwelt der Alchemisten bis in die Frühe Neuzeit gegenwärtig. Der Ouroboros ist damit das Urbild des in sich geschlossenen Kreislaufs der Stoffe, die trotz ihrer immerwäh-renden Wandlungen durch chemische Prozesse immer wieder zu ihrem Anfang zurückkehren. Diesem Urbild entspricht der Kreislauf der Stof-fe und insbesondere der Kreislauf des Kohlenstoffs in der Biosphäre. Sein Gegenbild wäre dann die »petrochemische Schlange« als Lebens-lauf der aus Erdöl hergestellten Substanzen, die nicht in der Lage sind, an ihren Ursprungsort zurückzukehren.

Das Ideal eines Kreislaufs der Stoffe beweist mit dem Werden und Vergehen in der Sphäre des Lebendigen seine Funktionsfähigkeit. Da-mit war es für viele Techniker und Ingenieure ein Vorbild. Mit zuneh-mender Erkenntnis der Endlichkeit der Ressourcen seit den 1970er-Jah-ren wurde daher der Versuch unternommen, den entscheidenden Nachhaltigkeitsmangel vieler Stoffströme – die einseitige Richtung von der Gewinnung über die Aufbereitung, Verarbeitung und Nutzung zu den Hinterlassenschaften in Form von Abfall – quasi zu heilen.

Als Mittel dieser Heilung bot sich das alte Bild vom Kreislauf der Stoffe fast von selbst an. Die Idee des »Recycling« (dessen Wortstamm den cyclus = Kreis enthält) ist der Versuch einer Nachahmung des natürlichen Stoffkreislaufs mit technischen Maßnahmen. Erfolgreich waren solche Recyclingsysteme vor allem als Mittel der Politik und Öf-fentlichkeitsarbeit – erweckten sie doch den Eindruck, als sei der Nachhaltigkeitsmangel fossiler Stoffketten tatsächlich dadurch beseitigt worden, dass man die Reststoffe sammelt, trennt und dann einer »Wiederverwertung zuführt«. Leider halten die allermeisten dieser technischen Recyclingsysteme bei genauer Betrachtung einem Vergleich mit dem tatsächlichen Kreislauf der Stoffe in der Biosphäre nicht stand.

Technisches Recycling erfordert sehr viel Energieaufwand: Die Abfallstoffe müssen gesammelt, sortiert, getrennt und aufgearbeitet werden, bevor sie in einen stofflichen Zustand gelangen, der eine Weiterverwertung überhaupt ermöglicht. Ganze Industriezweige entstanden, um diese Prozesse zu organisieren und durchzuführen. Nur in seltenen Fällen entsteht am Ende des angeblichen Recyclingprozesses wieder ein Stoff gleicher oder einer ähnlicher Qualität. Am ehesten funktioniert das noch mit Produktionsabfällen, die keiner weiteren chemischen Umwandlung unterworfen wurden, z.B. Stanzabfälle vom Autokarrosseriebau, Papier- und Kartonschneidereste, die direkt wieder in den Herstellungsprozess zurückgeführt werden können.

In dem Augenblick jedoch, wo die Produkte tatsächlich bestimmungsgemäß z.B. als Verpackung genutzt wurden und dadurch mit fremden Stoffresten behaftet sind, funktioniert dieses qualitätserhaltende Recycling nicht mehr. Wenn dann stofflich wiederverwertet wird, ergibt sich eine mehr oder weniger große Qualitätsminderung des Materials, sodass faktisch von einem »Downcycling« statt einem echten »Recycling« gesprochen werden muss. Das klassische Beispiel dafür sind die berühmten Parkbänke oder Fußmatten, die aus Plastikabfällen hergestellt werden, weil eine hochwertige Folgenutzung aufgrund der bei der Aufarbeitung entstandenen Qualitätsminderung nicht mehr möglich ist.

Besonders schwierig wird die stoffliche Wiederverwertung bei einer Vermischung verschiedener Abfallarten, die auch bei sorgfältiger Mülltrennung unvermeidlich auftritt – selbst penibel getrennte »Kunststoffabfälle« bestehen aus einem großen Spektrum von Plastikarten unterschiedlichster Färbung und mit verschiedenartigsten Hilfsstoffen (Weichmacher, Stabilisatoren etc.), sodass die Erzeugung eines Aufarbeitungsprodukts mit guten, sauber definierten chemischen und technischen Eigenschaften praktisch unmöglich ist. Wenn dann noch die einzelnen Kunststoffe selbst wieder aus nicht mehr trennbaren Materialverbünden bestehen (z.B. metallbedampfte Kunststofffolien), wird jeder stoffliche Kreisschluss vollends zur Illusion.

Nicht zuletzt diese Probleme führen in der Praxis dann sehr oft zur Ultima Ratio der Abfallverwertung: zum Verheizen in Müllverbrennungsanlagen. Dort sind Kunststoffe aufgrund ihres hohen Energiegehalts ausgesprochen begehrt: Man wird nicht nur für die »Entsorgung« bezahlt, sondern spart auch noch teuren Brennstoff. Spätestens mit der Verbrennung der organischen Produktabfälle petrochemischer Herkunft löst sich das Ziel eines Kreisschlusses, ganz im Wortsinne, in Rauch auf. Leider erfahren die Verbraucherinnen und Verbraucher von diesem Weg, den die meisten ihrer mühsam gesammelten, getrennten und zum »Recycling« gebrachten Verpackungsabfälle gehen, nichts – sie werden in dem Glauben belassen, mit ihrer Mülltrennung zu einem Kreislauf der Stoffe beizutragen.

Ähnlich irreführend ist – auch hier wieder im Wortsinn – die aktuelle »Ressourcen-Debatte«. Was die meisten Fachleute, die über die Ressourcenfrage diskutieren, nämlich nicht beachten, ist die Herkunft des Wortes »Ressource«. Es hat seinen Ursprung in dem lateinischen Verb »resurgere«, das »hervorquellen« bedeutet. Wer also von »Ressourcen« spricht, appelliert dabei – bewusst oder unbewusst – immer an die Wortwurzel von der »Quelle«. Eine echte Quelle ist jedoch dadurch gekennzeichnet, dass sie – außer beim Eintreten katastrophaler Elementarereignisse wie Erdbeben oder Vulkanausbrüche – nie versiegt. Ihr Stoffstrom ist eingebunden in den großen, sich immer wieder erneuernden Kreislauf der Stoffe. Auch beim globalen Wasserkreislauf, der von der Quelle zum Meer und über Wolken und Regen wieder zurück zur Quelle führt, ist die treibende Kraft dieser Zirkulation die Sonne.

Echte Quellen sind also immer erneuerbar. Ihr Stoffstrom endet nie, weil er sich solar immer aufs Neue regeneriert. Eine Diskussion etwa um »Ressourcen der Erdölchemie« ist folglich ein Widerspruch in sich. Das Bohrloch in Saudi-Arabien oder Alaska ist keine Quelle, auch wenn aus ihm Erdöl sprudelt. Erdöl und dessen Folgeprodukte sind

nicht Teil des sonnengetriebenen Kreislaufs der Stoffe, insofern fehlt ihnen der Quellencharakter. Eine »Ressourcen-Debatte« im Umfeld der
fossilen Rohstoffe hat keine reale Grundlage und ist daher irreführend.
Es bleibt natürlich trotzdem vernünftig, über den sparsamen, schonenden Umgang mit nicht erneuerbaren Rohstoffen nachzudenken, solange sie noch nicht vollständig durch echte »Quellenstoffe« ersetzt sind.

Pflanzenchemie mit eingebauter Monopolisierungsbremse

Die sehr ungleichmäßige Verteilung der Erdöllagerstätten über den
Globus ist problematisch und riskant. Das Problem wird durch die extreme Zentralisierung der Strukturen verschärft, die sich zur Gewinnung und Vermarktung von Erdöl herausgebildet haben: Einige wenige
multinationale Konzerne können darüber entscheiden, welche Mengen
zu welchen Preisen auf den Markt gelangen – oder auch nicht. Dass sich
aus dieser monopolartigen Struktur ein hohes Potenzial für Manipulationen ergibt, hat der erdölsüchtige Teil der Menschheit seit den
1970er-Jahren immer wieder leidvoll erfahren müssen. Auch heute fällt
es schwer, an rational begründbare Mechanismen für die Preisbildung
von Erdöl und seiner Folgeprodukte zu glauben.

Pflanzenchemische Grundstoffe schaffen hier eine völlig andere, geradezu befreiende Situation. Für das Wachstum der Pflanzen gibt es –
von den unbewohnten Polarzonen einmal abgesehen – nahezu keine
ungeeigneten Regionen auf der Welt. Wo immer eine ausreichende Ein-
strahlung an Sonnenenergie vorliegt, kann Fotosynthese und damit
Pflanzenwachstum und Grundstoffproduktion stattfinden. Selbst in kli-
matisch ungünstigen Gebieten können Pflanzen wachsen. Bei Außen-
temperaturen, die für ein ausreichendes Pflanzenwachstum zu niedrig
sind, kann durch Gewächshäuser ein günstigeres Kleinklima geschaffen
werden. Mit Hochisolationsgläsern benötigen diese kaum Fremdener-
gie – falls im klimatischen Extremfall doch einmal nötig, kann diese
durch einen kleinen Teil der produzierten Biomasse erzeugt werden.

Selbst in Wüstengebieten ist es möglich, die äußeren Bedingungen so zu verändern, dass die Kultivierung zahlreicher Pflanzenarten gelingt.

Dieser nahezu globalen Verfügbarkeit von Flächen, die für eine land- und forstwirtschaftliche Nutzung geeignet sind, steht die sehr ungleiche Verteilung der fossilen Rohstofffördergebiete gegenüber. Eine extreme Zentralisierung, wie wir sie in der Erdölbranche vorfinden, ist bei der Erzeugung solarer Grundstoffe also nicht zu befürchten. Es muss allerdings verhindert werden, dass die land- und forstwirtschaftlichen Anbauflächen auf unserem Globus nach dem schlechten Vorbild der Petrochemie durch großflächigen Aufkauf ganzer Anbauregionen doch wieder in die Hände multinationaler Konzerne gelangen, die dann eben nicht Petromultis, sondern Agrarmultis sind. In einigen Regionen Afrikas sind leider solche Tendenzen zu beobachten. Eine Ausweitung dieses Prinzips würde einen wesentlichen strukturpolitischen Vorteil der solaren Grundstoffproduktion gefährden. Es wäre daher wichtig, dass die Regierungen der betreffenden Länder auf gesetzlichem Wege eine solche Bildung unpassender und auf Dauer auch kontraproduktiver Strukturen bereits im Ansatz verhindern.[13]

Die globale Verteilung der Anbauflächen schafft auch eine wesentlich höhere Versorgungssicherheit als beim Erdöl. Wetterbedingte Schwankungen von Qualität und Quantität der Ernten treten in aller Regel regional auf und können daher durch die Erträge anderer Regionen ausgeglichen werden. Ein Erpressungspotenzial, wie es ein Kartell einiger weniger Förderländer aufbauen kann, ist hier praktisch ausgeschlossen.

Jede Anbauregion kann außerdem auf ein enormes Spektrum von Pflanzenarten zurückgreifen, die in dieser Region besonders gut gedeihen. Zwar gibt es immer wieder Versuche, ganze Landstriche mit dem Anbau nur einer oder sehr weniger Pflanzenarten zu überziehen (Beispiele: großflächiger Anbau von Soja oder Mais für Biogasanlagen), aber solche Monokulturen widersprechen dem Dezentralitäts- und Diversitätsprinzip, das sich in der Evolution der Pflanzenwelt als ausgesprochen erfolgreich erwiesen hat. Die Quittung für solche Anbaumethoden folgt in der Regel rasch: hoher Schädlingsdruck, spürbare

Minderung der Bodenfruchtbarkeit, starker Rückgang der Artenvielfalt sind in dergestalt missbrauchten Regionen allgegenwärtig.

Dabei zählt gerade die Vielfalt des Anbaus zu den großen Vorteilen der solaren Grundstoffproduktion. Diese Vielfalt ist gleich doppelt vorhanden. Zum einen können auf denselben Ackerflächen nacheinander ganz unterschiedliche Pflanzenarten kultiviert werden. Schon durch eine solche Variabilität der Fruchtfolge werden die negativen Begleiterscheinungen pflanzlicher Monokulturen vermieden: Der Schädlingsdruck nimmt ab, die Bodenfruchtbarkeit nimmt ebenso zu wie die Biodiversität im gesamten Umfeld.

Zum anderen können die wichtigsten Klassen von biogenen Grundstoffen aus ganz unterschiedlichen Pflanzenarten gewonnen werden. Zahlreiche Pflanzenarten sind z.B. zur Gewinnung von Pflanzenöl geeignet; Gleiches gilt für die Gewinnung von Pflanzenfasern, Farbstoffen, Pflanzeneiweiß, Süßstoffen, Polysacchariden, Polymeren usw. Jede dieser Grundstoffarten kann aus Hunderten, vermutlich sogar Tausenden verschiedener Pflanzenarten gewonnen werden, die dafür grundsätzlich geeignet sind und untereinander austauschbar sind, was den Mengendruck auf die einzelne Pflanzenart mindert.

Auch auf diese Weise werden Abhängigkeiten vermieden. Ein alter Grundsatz der Systemtheorie lautet: Systeme sind umso stabiler, je höher in ihnen die Vielfalt (systemtheoretisch: die Zahl der Freiheitsgrade) ausgeprägt ist. Nur Systeme mit hoher Diversität sind strukturell elastisch genug, um negative Einwirkungen von innen oder außen, die in jedem System jederzeit auftreten können, auszugleichen und damit den Erhalt des Gesamtsystems zu gewährleisten. Die Biosphäre hat dieses Prinzip der regionalen und artenbezogenen Vielfalt zum erfolgreichsten System auf dem Globus entwickelt. Der Anbau solarer Grundstoffe sollte dem Diversitätsprinzip daher unbedingt Rechnung tragen.

Fortschrittliche Wissenschaftler, Ökonomen und Naturschützer sehen heute eine möglichst hohe Biodiversität als notwendige Voraussetzung für jede Art von Wertschöpfung auf unserem Planeten[14] und damit für erfolgreiches Wirtschaften. Nur eine globale und regionale Vielfalt an Arten wird in der Zukunft noch stabile Modelle wirtschaftlichen

Handelns ermöglichen. Immer mehr Wirtschaftsunternehmen erkennen daher ihre Verantwortung für den Erhalt dieser Vielfalt. Wirtschaftliches Handeln, das diese Vielfalt gefährdet, zerstört die Zukunft des weiteren wirtschaftlichen Handelns. Es liegt also im ureigensten Interesse aller Unternehmen, ihre Konzepte, Produkte, Verfahrenstechniken und Sortimente auf eine optimale Förderung von Biodiversität auszurichten. Viele innovative und erfolgreiche Leiter gerade mittelständischer Unternehmen sind tatsächlich bereits heute mit ganzem Herzen und Leidenschaft im Natur- und Artenschutz engagiert.

In dem erfolgreichen Prinzip der Diversität steckt übrigens auch das entscheidende Argument gegen die Anwendung gentechnischer Verfahren auf land- und forstwirtschaftliche Produkte. Die Einführung der Gentechnik birgt nicht nur unkalkulierbare Risiken, da jede Langzeiterfahrung fehlt. Sie führt auch strukturell wieder zu den altbekannten Monopolen und Abhängigkeiten. Das gentechnisch veränderte Saatgut bleibt in der Verfügungsgewalt einiger Weniger. Es nimmt daher kaum wunder, dass die Hauptantriebskräfte für die Einführung der sogenannten »grünen Gentechnik« (ein Begriff von perfidem Euphemismus) von den großen multinationalen Agrar- und Chemiekonzernen ausgehen. Als Nebeneffekt wollen diese auch noch die Monopolisierung ihrer Schädlingsbekämpfungsmittel erreichen, die ja ganz spezifisch auf die jeweiligen gentechnisch veränderten Pflanzenarten ausgerichtet sind.

Gerade Konzerne mit aktiven Gentechniksparten gerieren sich deshalb gern als »Freunde der solaren Grundstoffe«. Sie wissen nur zu genau, dass Erdölchemie als Businessmodell bald ausgedient haben wird, und sind daher auf der Suche nach neuen, lukrativen Geschäftsfeldern. Eine erneute Machtkonzentration würde jedoch die wichtigsten Vorteile einer solaren Grundstoffproduktion aufs Spiel setzen: Vielfalt, Dezentralität, Autarkie und nachhaltige Stabilität. Interessanterweise gibt es im Bereich der erneuerbaren Energien ähnliche Versuche: Große Energiemultis, die noch vor Kurzem nicht genug über den utopischen Charakter der erneuerbaren Energien lästern konnten, haben die Energieerzeugung aus erneuerbaren Quellen als neues, lukratives Geschäftsfeld entdeckt und versuchen, es mit den altbewährten Prinzipien von

Verdrängung durch Kapitalmacht, technologischer Dominanz und der Bildung oligopol- oder monopolartiger Strukturen zu besetzen. Von »Energie- und Stoffautonomie« bliebe dann allerdings nicht mehr viel übrig.

Solarchemie und Flächenkonkurrenz

Bei jeder Diskussion um die Zukunft der solaren Grundstoffe stellt sich früher oder später die Frage nach der »Flächenkonkurrenz«. Verdrängen solche Grundstoffe vom Acker nicht zwangsläufig den notwendigen Anbau von Nahrungsmitteln? Mit der Antwort auf diese Frage darf man es sich nicht zu leicht machen – weder in die eine Richtung (»kein Problem, die Biosphäre liefert doch sowieso tausendfach mehr Stoffe, als gebraucht werden«) noch in die andere (»damit wir genug Nahrungsmittel anbauen können, müssen wir eben weiter unsere Stoffbedürfnisse aus Erdöl befriedigen«).

Eins ist sicher unstrittig: Den Maßstab für die Menge nachhaltig erzeugbarer Stoffe liefern zwei Grundparameter; zum einen die auf unserem Globus verfügbare land- und forstwirtschaftlich nutzbare Fläche, zum anderen die solar eingestrahlte Energiemenge, die auf dieser Fläche zur Verfügung steht. Doch schon die erste Einschränkung stimmt nicht genau: Auch die Weltmeere, die ja den größtenTeil der Erdoberfläche bilden, können einen wichtigen Beitrag zur nachhaltigen Stofferzeugung leisten. Begrenzt wird dieser Beitrag allerdings durch die schwierigeren Kultivierungs- und Erntebedingungen in den Meeren und vor allem durch die hohe ökologische Sensibilität dieses Teils der Biosphäre.

Ungeachtet solcher Entlastungsmöglichkeiten werden aber die vorhandenen Landflächen den Hauptbeitrag zur Versorgung mit Nahrungsmitteln und mit Grundstoffen leisten müssen – insofern stehen beide Nutzungsformen miteinander zunächst wirklich in Konkurrenz, wobei die Nahrungserzeugung natürlich im Zweifel immer Vorrang hat. Und doch gibt es zahlreiche Beispiele einer friedlichen Koexistenz von Nahrungsmittelproduktion und Solarstofferzeugung. Die meisten Pflanzen liefern nämlich gleichzeitig beides – von derselben Fläche, im selben Vegetationszyklus.

Ein Beispiel: Bei der Ernte von Leinpflanzen fällt eben nicht nur Leinsamen und damit Leinöl an, das zu Linoleum-Bodenbelägen verarbeitet werden kann. Die Ernte liefert vielmehr gleichzeitig Leinstroh, das als Quelle von Fasern für Dämmstoffe oder Verbundwerkstoffe dienen kann – also eine echte Doppelnutzung. Und beim Auspressen des Leinöls aus den Leinsamen entsteht nicht nur das Öl, sondern auch ein Presskuchen, der reich an hochwertigem Eiweiß, an Quellstoffen, Anthocyanen und vielen anderen wertvollen Inhaltsstoffen ist und damit ein qualitativ hervorragendes Lebensmittel darstellt – das wäre dann also schon eine Dreifachnutzung.

Jede solche Mehrfachnutzung entlastet die landwirtschaftliche Fläche, reduziert den Konkurrenzdruck, bietet einen enormen ökologischen und strukturellen Vorteil und ist zudem noch ökonomisch sinnvoll, da die gleiche Pflanze mehrere Wege zur Erlöserzielung bietet. Anscheinend sind derzeit aber weder der Flächendruck noch der Erfindungsreichtum groß genug, sonst gäbe es sicher schon mehr solcher höchst sinnvollen Beispiele für eine landwirtschaftliche Mehrfachnutzung. Das wird sich schlagartig ändern, wenn wir uns einmal auf der stark abschüssigen Flanke der Förderkurve von Erdöl befinden – ein Stück hinter »Peak Oil«, und das wird nicht mehr lange dauern. Es wäre natürlich viel sinnvoller, solche Konzepte jetzt schon genauer auszuarbeiten und zu einem Zeitpunkt zu erproben, an dem die Verfügbarkeitsprobleme scheinbar noch erträglich sind.

Eine weitere Variable ist die landwirtschaftlich verfügbare Fläche selbst. Tatsächlich nutzen wir heute nur einen Bruchteil der weltweiten Landfläche als Ackerfläche, d.h. für den gezielten Anbau von Nutz- und Nahrungspflanzen. Allein die sogenannten »degradierten Flächen«, die derzeit als nicht hochwertig genug angesehen werden, machen mehr als das Doppelte der heutigen Ackerflächen aus. Nutzpflanzen zur Herstellung solarer Grundstoffe sind jedoch meist anspruchslose Pflanzen, die – wie z.B. die Färbepflanze Reseda – auch auf degradierten Flächen sehr gut gedeiht. Eine solche Rekultivierung verlorener Anbauflächen würde das – derzeit noch theoretische – Problem der Flächenkonkurrenz zwischen solaren Grundstoffen und Nahrungsmitteln stark vermindern. Es wäre dann sogar möglich, zusätzlich eine wichtige Forderung aus dem Natur- und Biodiversitätsschutz zu erfüllen, nämlich weitere Landflächen ganz aus der Nutzung herauszunehmen.

Zur Versorgung der Menschheit mit solaren Grundstoffen können nicht nur einige wenige Pflanzenarten genutzt werden, sondern viele Hunderte, schließlich vielleicht viele Tausende. Auf diese Weise würde die landwirtschaftliche Erzeugung solarer Grundstoffe sogar noch einen Beitrag zur Biodiversitätsentwicklung liefern.

Auch heutige Wüstengebiete könnten einen Beitrag zur Erzeugung von Pflanzenstoffen leisten. Die Rede ist dabei weniger von den »klassischen« Steppen und Wüsten als vielmehr von den »neuen« Wüstengebieten, die durch Vernachlässigung, falsche Landnutzung, Versalzung infolge von Grundwassermissbrauch oder durch Kriegsfolgen erst in den letzten Jahrzehnten entstanden sind. Bei Anwendung moderner Bewässerungsmethoden, einer klugen, standortgerechten Auswahl der angebauten Pflanzenarten, flankierenden Maßnahmen zum Schutz vor Wind und Sandverfrachtung, dem Einsatz intelligenter Steuerungstechnik und weiteren Maßnahmen, die alle bereits heute verfügbar sind, könnten solche Neodesertifikate wieder als »blühende Landschaften« zurückerobert werden.

Die positive Folge wäre nicht nur ein Zugewinn an Fläche zur Gewinnung von Nahrungsmitteln und Grundstoffen, sondern auch eine Verbesserung des Regionalklimas, eine Rückkehr von durch die Wüstenbildung verdrängten Tierarten, die Rückerschließung alter Siedlungsgebiete und damit auch eine Verminderung des Bevölkerungsdrucks auf die jetzigen Siedlungsflächen. Dass solche Maßnahmen keine Utopie, sondern schon gelebte Praxis sind, zeigen Beispiele auf der arabischen Halbinsel, in Israel, in den Wüstengebieten im Südwesten der USA und anderswo. Dass die dort angewendeten Praktiken nicht immer strengen Maßstäben an eine nachhaltige Entwicklung genügen, ist klar. Aber jedes dieser Beispiele ist ausbau- und verbesserungsfähig. Allein durch Einführung neuer, extrem wassersparender Bewässerungstechniken und durch die gezielte Auswahl angepasster Pflanzenarten könnte die Nachhaltigkeit auf vielen dieser entdesertifizierten Anbauflächen schnell verbessert werden.

Auch an anderer Stelle sind große Flächenpotenziale vorhanden, deren Nutzung für die Erzeugung solarer Grundstoffe keineswegs zu Rückschritten in der Umweltqualität führen würde. Die Flächen, die heute als Weiden zur Viehzucht genutzt werden, sind mehr als doppelt so groß wie die derzeit genutzten Ackerflächen. Natürlich will niemand die Viehzucht völlig abschaffen. Aber die Um- oder Rückwidmung auch nur eines Bruchteils der heutigen Weideflächen in Grundstoffkulturflächen – nicht für Monokulturen, sondern in maximaler Kulturenvielfalt – würde riesige Potenziale für die Versorgung der Menschheit mit Nahrungsmitteln und Grundstoffen freisetzen. Die Umwidmung von nur 30 Prozent der heutigen Weidefläche würden die verfügbaren Ackerflächen fast verdoppeln und doch nur eine sehr maßvolle Beschränkung unseres durchschnittlichen Fleischkonsums erfordern, die sich – schon aus gesundheitlichen Gründen – in den entwickelten Gesellschaften ohnehin abzeichnet.

Die großen Waldflächen der Erde machen sogar fast das Dreifache der heutigen Ackerflächen aus – und das soll auch so bleiben. Niemand wird Rodungen in Regenwaldgebieten für den Ölpalmenanbau befürworten – solche Entwicklungen sind ökologisch katastrophal und belasten auch noch die Akzeptanz von nachwachsenden Rohstoffen in der Öffentlichkeit. Doch nichts spricht gegen eine wirklich nachhaltige Nutzung eines kleinen Teils dieser Wälder für die Erzeugung solarer Grundstoffe – die in Waldgebieten ohnehin nur in sehr geringem Umfang in Konkurrenz zur Nahrungsmittelerzeugung stehen würden. Im Kapitel 7 werden einige solcher Grundstoffe aus der Nutzung von Bäumen genauer beschrieben. All diese Stoffe können gewonnen werden, ohne die Lebensfunktionen oder Lebensdauer der Bäume anzutasten oder die ökologischen, anderen ökonomischen oder sozialen Funktionen dieser Wälder zu beeinträchtigen.

Eine solche Mehrfachnutzung von Waldflächen wird zum Teil traditionell bereits seit Jahrtausenden praktiziert, einfach indem die »Stellfläche« einer Pflanze gleichzeitig durch andere Pflanzen genutzt wird. Das funktioniert in einer etagenartigen Anordnung von (hohen) Bäumen, (mittelhohen) Sträuchern und (niedrigen) Kräutern ganz hervorragend. Voraussetzung für eine solche erfolgreiche Etagenwirtschaft ist natürlich eine kluge, auf Erfahrung beruhende Auswahl der Pflanzenarten in der jeweiligen Etage. Die höchsten Pflanzen sollten keine vollständige Beschattung bewirken, die mittelhohen und niedrigen Pflanzen dürfen keinen zu hohen Lichtbedarf haben.

Dann »teilen« sich die Pflanzen in den verschiedenen Etagen einfach die für die Fotosynthese benötigte Sonnenenergie. Sie teilen sich natürlich genauso den Wasserzustrom durch Regen, Tau, Grund- oder Oberflächenwasser. Das funktioniert am besten, was die Mehrfachnutzung des Regens betrifft – er tropft ohnehin von den Bäumen weitgehend in die tieferen Etagen hinab und versorgt dadurch diese Pflanzen auch mit dem Wasser, das sie für Wachstum und Stoffbildung benötigen. Das in einer solchen Etagenwirtschaft ausgebildete Mikroklima, das durch das Wechselspiel von Schattenwirkung, Verdunstung, Wind- und Wetterschutz entsteht, kann die Produktivität auf solchen ohnehin vielfach genutzten Flächen noch weiter steigern.

Die genannten Möglichkeiten betreffen das Ausmaß der nutzbaren Flächen und die Nutzungsintensität. Durch eine geschickte Kombination aller hier aufgezählten Möglichkeiten ließe sich die solare Produktivität für Nahrungsmittel und Grundstoffe gegenüber dem heutigen Stand vervielfachen. Aber es gibt auch andere, dicke Stellschrauben, um eine Balance zwischen Stoffverbrauch und Stofferzeugung herzustellen – und zwar auf der Verbrauchsseite.

Niemand wird behaupten wollen, dass unser heutiger globaler Stoff- und natürlich auch Nahrungsmittelverbrauch auch nur annähernd dem wirklich Notwendigen entspricht. Im Gegenteil: Das Prinzip Verschwendung ist in beiden Bereichen ein chronisches Übel. Eine auch nur geringfügige Verminderung dieser Verschwendung würde den Stoffbedarf der Menschheit leicht um 50 Prozent verringern – ohne jede Einbuße an Komfort. Sie würde zugleich der Verunstaltung, Verkleisterung und Vergiftung von Land und Meeren mit den Überresten von Wegwerfartikeln Einhalt gebieten. Die Verschwendung von Grundstoffen oder daraus hergestellten Artikeln ist bisher einfach noch zu billig. Verschwendung herrscht übrigens auch, wenn Waren bereits nach einmaligem Gebrauch »entsorgt« werden. Dagegen könnte die Mehrfachnutzung von Stoffen in aufeinander folgenden, kaskadenartig angeordneten Nutzungsketten den Stoffbedarf erheblich verringern. Auch hierzu ist eine kluge Materialauswahl nötig. Holz, das in Spanplattenprodukten steckt, ist kaum noch kaskadenartig nutzbar. Holz, das mit giftigen Holzschutzmitteln behandelt wurde, kann nicht einmal mehr verbrannt werden, ist einfach zu Sondermüll geworden. Holz, das intelligent verarbeitet wurde (was nicht immer reines Massivholz bedeuten muss), kann hingegen in mehrfacher Abfolge von Nutzungen immer weiter eingesetzt werden, bis es dann ganz am Ende der Nutzungskaskade immer noch gute Dienste als Energielieferant leistet.

Verschwendung herrscht auch bei der üblichen Überdimensionierung vieler Produkte: Unnötig hohe Wandstärken bei Kunststoffartikeln wie z.B. Rohren, nicht optimierter Materialeinsatz bei Gerätegehäusen, die einfach »überall gleich dick« sind, anstatt je nach statischer Belastung im exakten Optimum dimensioniert zu sein – es gibt unzählige Beispiele für einen Materialverbrauch, der höher ist als unbedingt nötig. In all diesen Fällen gibt es erhebliche Extensivierungspotenziale, die sich oft auch noch kombinieren lassen und so in der Summe gewaltige Materialeinsparungen erzielen. Solare Chemie ist das ideale Mittel zur Erzeugung qualitativen Wachstums bei gleichzeitiger Reduzierung des Materialeinsatzes.

Fazit aus dieser nur bruchstückhaften Auflistung: Die angebliche Flächenkonkurrenz ist in Wahrheit eine Schimäre. Ohne Kritikern Böswilligkeit zu unterstellen, hat man doch bisweilen den Eindruck, dass mit Schlagworten dieser Art, in denen natürlich ein sehr bedenkenswerter Kern steckt, in Wirklichkeit nur die Beibehaltung und Fortschreibung des Status quo propagiert werden soll. Was wäre denn auch die Alternative? Sollen wir, nur um die Flächenkonkurrenz zu vermeiden, »sicherheitshalber« bei der erdölbasierten Chemie bleiben? Das wäre wohl schwerlich eine Lösung der Ressourcen- und Nachhaltigkeitsprobleme, die in wenigen Jahrzehnten auf uns zukommen. Es ist schon kurios, mit dem Schlagwort der »Flächenkonkurrenz« ausgerechnet eine erneuerbare, solare Stofferzeugung desavouieren zu wollen und damit einer Fortsetzung des fossilen Stoffgebrauchs das Wort zu reden.

7 Auf dem Weg zu einem nachhaltigen Gebrauch der Stoffe

Ideenkeime für eine neue Chemie

Einsame Rufer: Alternative Ansätze bis zum Zweiten Weltkrieg

Die Notwendigkeit eines Wandels in unserem Energie- und Stoffgebrauch steht heute schon vielen Menschen klar vor Augen – im Bereich der Energiewende noch etwas deutlicher als bei der Chemie. Diese Wahrnehmung und die Bereitschaft zum Wandel in breiten Bevölkerungskreisen sind relativ junge gesellschaftliche Entwicklungen. Und doch gab es schon bald nach dem Beginn der faktischen Alleinherrschaft der fossil basierten Chemie über unseren Stoffgebrauch Mahner und Visionäre, welche die wachsende Monopolstellung der Teer- und später Petrochemie kritisierten und nach Alternativen suchten.

Zu diesen frühen Mahnern gehörte, schon vor dem Ersten Weltkrieg – und damit noch in einer Phase des ungestümen Höhenflugs der Teerchemie – der Begründer der Anthroposophie, Rudolf Steiner, der bekanntlich auch im Bereich von Pädagogik, Medizin, Kunst und Landwirtschaft viele Ideen vorwegnahm, die erst seit einiger Zeit auch in breiteren Bevölkerungskreisen ernst genommen, ausprobiert und umgesetzt werden. Rudolf Steiner hatte eine sehr fundierte naturwissenschaftlich-technische Ausbildung und konnte daher auch die Entwicklungen im Bereich der synthetischen Chemie mit fachlicher Kompetenz wahrnehmen.

Schon in der Gründungsphase der anthroposophischen Bewegung wurde der Umgang mit den Stoffen als Herausforderung begriffen – beim Bau und der Ausgestaltung von Häusern, bei der Konzeption neuer Medikamente, bei der Behandlung des Bodens und der Pflanzen im Rahmen der biologischen Landwirtschaft, bei den Materialien im

Werk- und Kunstunterricht der ersten Waldorfschulen. Auf all diesen Feldern gab Rudolf Steiner Anregungen und Hinweise zur Auswahl und zum Gebrauch der verwendeten Stoffe.

Materialien aus den Retorten der Teerchemie waren bei diesen Empfehlungen ausgeschlossen. Stattdessen kamen – auch in einer Art ersten Gegenbewegung gegen die um sich greifende Chemisierung und Mechanisierung des Alltags – natürliche Materialien besonders hoher technischer und ästhetischer Qualität zum Einsatz. Für Rudolf Steiner war der Lebensweg (heute würden wir sagen: die Produktlinie) eines Materials für dessen Beurteilung ebenso entscheidend wie seine Qualitätseigenschaften. Mit dieser »dynamisch-biografischen« Sicht auf die Stoffe nahm er eine wichtige Tendenz aktueller Stoffbeurteilung vorweg: Heute ist die Produktlinie in zunehmendem Maß integriertes Element der Produktqualität.

Deutlich wurde dieses Prinzip beim Bau des ersten Goetheanums, das in Dornach bei Basel ab 1913 als eine Art Gesamtkunstwerk in einer Synthese von organischen Formen, organischem Material und dessen künstlerisch-handwerklicher Verarbeitung entstand. Der Grundsatz, wo immer möglich organisches Material zu verwenden, wurde dabei bis ins Detail verfolgt. Der Baukörper selbst – in der Form einer Doppelkuppel – bestand aus einem geschwungenen Holzständerwerk, das innen und außen ebenfalls mit Holz verkleidet und mit Schiefer gedeckt wurde.

Innen waren die Kuppeln mit Korkplatten ausgekleidet, auf die dann zur Raumseite hin ein »flüssiges Papier« aufgetragen wurde. Dieses »flüssige Papier« war ein ausgesprochen innovatives Material und nahm das Prinzip der faserarmierten Dispersionsbeschichtungsstoffe vorweg, die erst Jahrzehnte später auf den Markt kamen. Es wurde dann in einem weiteren Arbeitsgang mit rein pflanzlichen Farbpigmenten und Bindemitteln in künstlerischer Ausgestaltung gestrichen. Im Ergebnis entstand das Bauwerk in zahlreichen Schichten, jede für sich aus organischem – wir würden heute sagen: nachwachsendem – Material.

Das Goetheanum machte auf die Zeitgenossen – nicht nur auf die Mitglieder der anthroposophischen Bewegung – einen enormen Eindruck. Material und Form waren hier zu einer bislang ungekannten harmonischen Verbindung gelangt. Weit über die Bewegung hinaus ließen sich Menschen von dem Form- und Materialkonzept dieses Bauwerks inspirieren. Das erste Goetheanum wurde jedoch, kaum vollendet, in der Silvesternacht 1922 durch Brandstiftung bis auf die Grundmauern zerstört und später durch einen Betonbau ersetzt, der in keiner Weise an die materialästhetischen Vorgaben des Vorgängers anknüpfen konnte. Die Idee eines Baus, der seine Kraft, Wirkung und lebendige Präsenz vor allem aus der regenerativen Dynamik seiner Baustoffe bezieht, ging für Jahrzehnte quasi in den Untergrund.

Erst in der bauökologischen Bewegung, die etwa 50 Jahre später einsetzte, wurden die im ersten Goetheanum verwirklichten Grundsätze wieder aufgegriffen und zur Grundlage von neuen Initiativen für ein menschengerechtes, umweltverträgliches und nachhaltiges Bauen. Viele der Exponenten der frühen baubiologischen Bewegung sahen sich ausdrücklich in dieser Traditionslinie stehend, wenn auch in einer institutionell und ideologisch ungebundenen Weise. Da die Chemisierung gerade im Bauwesen bereits allgegenwärtig geworden war, erschien ihnen eine solche Anknüpfung an eine konsequent ökologische Ausrichtung des Baugeschehens als dringende Zeitnotwendigkeit.

Es gab in der ersten Hälfte des 20. Jahrhunderts aber auch andere Forscher mit völlig anderem ideellen Hintergrund, die sich mit dem Siegeszug der Petrochemie nicht abfinden wollten. Zu diesen gehörten – für viele in diesem Kontext vielleicht überraschend – der Motorenpionier Rudolf Diesel, der Automobilvorreiter Henry Ford und der geniale Erfinder, Konstrukteur und Unternehmer Thomas Edison.

Rudolf Diesel, Erfinder des nach ihm benannten Verbrennungsmotors (erstmals öffentlich vorgeführt 1904 auf der Weltausstellung in Paris), experimentierte beim Treibstoff für seinen Motor erfolgreich auch mit Pflanzenölen (z. B. Nussöl). Diesel war davon überzeugt, dass Pflanzenöle als Motorentreibstoffe eine mindestens ähnlich große Bedeutung erlangen könnten wie die Produkte aus Erdöl oder Steinkohlenteer. Diesels plötzlicher Tod, dessen Umstände bis heute nicht völlig geklärt sind, verhinderte wohl, dass er auf dem Gebiet der biogenen

Treibstoffe für den »Diesel«-Motor weitere Forschungen und Entwicklungen vorantreiben konnte. Zudem war von Anfang an die Erdöllobby auch im Bereich der Treibstoffe ungleich aktiver – und erfolgreicher – als die überschaubare Zahl der Verfechter biogener Treibstoffe.

Erst in unserer Zeit sind Pflanzenöle als Dieseltreibstoffe wieder in den Fokus gerückt und haben sich – bei entsprechender geringfügiger Anpassung der Motoren – sehr gut bewährt. Sie können offenkundig auch zur Minderung unerwünschter Emissionen (Rußpartikel) beitragen. Pflanzenöle passen auch deshalb besonders gut zu dieser Motorenart, weil es ein großes Spektrum potenziell geeigneter Öle gibt (Diversität), sodass die Fehlentwicklungen bei anderen Biotreibstoffen (Herstellung mit hohem technischem Aufwand aus nur wenigen Pflanzenarten wie Zuckerrohr) vermieden werden können. Zudem sind Dieselmotoren aus thermodynamischen Gründen besonders energieeffizient und benötigen daher weniger Treibstoff als andere Motorarten.

Dass sich die biogenen Dieseltreibstoffe noch nicht auf breiter Front durchsetzen konnten, hat auch mit einer seltsamen Präferenz der meisten Motorenentwickler zu tun. Statt den Dieselmotor und seine Nebenaggregate auf den Einsatz von reinen Pflanzenölen zu optimieren (was mit der heutigen Steuerelektronik kein großes Problem wäre), zogen sie es vor, den Motor unangetastet zu lassen und stattdessen die Pflanzenöle chemisch so zu modifizieren, dass sie in den unveränderten Motoren einsetzbar sind.

Dies ist im Grunde ein Abweg: Der hohe Dezentralitäts- und Diversitätsvorteil der Pflanzenöle geht verloren, da die chemische Modifikation (Veresterung) dann doch wieder in zentralen, großen Einheiten stattfindet, sodass monopolartige Strukturen gefördert werden. Die Entwickler von ökologisch wesentlich sinnvolleren Dieselmotoren, die reine Pflanzenöle ohne jede chemische Modifikation nutzen können (z.B. System Elsbett), werden durch eine solche Struktur an den Rand gedrängt. Trotz der grundsätzlich guten Eignung von Pflanzenölen als Dieseltreibstoff stellt sich allerdings die Frage, ob wertvolles Pflanzenöl mit seinen komplexen Molekülstrukturen nicht im Grunde für eine simple Verbrennung – wie sie auch im Dieselmotor stattfindet – zu schade ist. Als Übergangstechnologie können pflanzenölbetriebene Dieselmotoren aber sicher einen wichtigen Beitrag leisten.

Während sich Rudolf Diesel vor allem für biogene Treibstoffe interessierte, ging das Interesse der amerikanischen Erfinder und Unternehmer George Washington Carver, Henry Ford und Thomas Edison an pflanzlichen Grundstoffen sehr viel weiter. Henry Ford, Gründer der gleichnamigen Autofirma und Vorreiter der Serienproduktion von Automobilen (»Tin Lizzy«), hatte sehr früh die Vision, die wesentlichen Teile seiner Fahrzeuge aus erneuerbaren Grundstoffen (vor allem Sojaöl, Hanf und Naturkautschuk) herzustellen (»das Auto vom Acker«). So hat er u.a. die Entwicklung und Herstellung von Karosserieteilen aus einer naturfaserverstärkten Pflanzenölmatrix vorangetrieben. Viele Vorteile, die heute beim Einsatz nachwachsender Rohstoffe im Konstruktionsbereich wieder in den Vordergrund rücken (Gewichtsersparnis, hohe mechanische Festigkeit, Kompostierbarkeit, Förderung der Landwirtschaft), spielten in den Konzepten und Entwicklungen von Henry Ford bereits eine entscheidende Rolle.

Der Umfang seiner Forschungen und Entwicklungen auf dem Gebiet der »solaren Grundstoffe« (die damals natürlich noch nicht so genannt wurden) ist erstaunlich. Manches davon kann noch in US-Museen besichtigt werden, z. B. in Dearborn/Michigan oder in Fort Myers/Florida. Henry Ford ließ es sich nicht nehmen, die enorme Stabilität des von ihm entwickelten naturfaserverstärkten »Biokunststoffs« persönlich zu demonstrieren, indem er mit einem großen Hammer auf eine so konstruierte Heckklappe einschlug, ohne dass sichtbare Schäden am Bauteil auftraten. Das Fahrzeug, »Soybean Car«, war auch ein erstes Beispiel gezielten Leichtbaus: Es wog bei gleicher oder höherer Stabilität 30 Prozent weniger als ein vergleichbares Auto in konventioneller Stahlblechbauweise.

Warum diese aussichtsreiche und erfolgversprechende Entwicklung, die heute wieder hochaktuelle Tendenzen und Entwicklungsziele mehr als 70 Jahre vorwegnahm, aufgegeben wurde, ist nicht ganz klar. Ein Grund war sicher der Eintritt der USA in die Kampfhandlungen des Zweiten Weltkriegs und die damit verbundene massive Verschiebung von Prioritäten in Forschung, Entwicklung und Produktion. Ein weiterer Grund scheint aber auch gewesen zu sein, dass sich eine erfolgreiche politische Kampagne gegen den Faserwerkstoff Hanf entwickelte – mit der Begründung, das aus der Pflanze gewonnene Marihuana/Haschisch sei ein großes Übel für die Gesellschaft. Obwohl es auch damals schon Hanfsorten gab, die völlig frei von dem rauscherzeugenden Wirkstoff THC sind, scheint diese Kampagne das an sich sehr gute Image der Nutzpflanze Hanf nachhaltig (und teilweise bis heute) beschädigt zu haben.

Das Grundkonzept, an dem sich Henry Ford und Thomas Edison bei ihrer Arbeit über pflanzliche Alternativen für fossile Produkte orientierten, hat seinen Ursprung in den 1920er-Jahren und wurde bald unter dem Begriff »Chemurgy« geführt. In diesem Begriff klingt wohl nicht zufällig das alchemistische Zeitalter der Chemie nach. George Washington Carver, ein noch während des Bürgerkriegs in der Sklaverei geborener amerikanischer Wissenschaftler und Freund Henry Fords, entwickelte in dieser Zeit eine Vielzahl von chemisch-technischen Alltagsprodukten aus Erdnüssen, Süßkartoffeln und anderen landwirtschaftlichen Produkten, die er in Klebstoffe, Farbstoffe, Lacke oder Tenside umwandelte. Carver unternahm damit also schon einen frühen Vorstoß in die Gefilde einer »solaren Chemie«.

Bereits 1928 nahm Henry Ford an der beginnenden Debatte über die Verbindung von Landwirtschaft und Chemie teil. Im selben Jahr stieß auch Thomas Edison zu dieser Gruppe und war an den Planungen für ein Forschungsinstitut am Sitz der Fordwerke in Dearborn beteiligt. In diesem Institut sollten die Einsatzmöglichkeiten pflanzlicher Rohstoffe für eine industrielle Verwendung erforscht werden. 1929 wurde dann gemeinsam in Dearborn das »Edison Institute of Technology« als »Ausbildungsstätte für Erfinder« gegründet. Teil dieses Instituts war eine Versuchsanlage für die chemische Nutzung von Pflanzenstoffen.

Leider schränkte Ford die zunächst untersuchte Vielfalt an Pflanzen bald auf sehr wenige Pflanzenarten ein, unter denen die Sojabohne dominierte. Er betrachtete Soja als eine Art Patentpflanze für die Lösung vieler Probleme – bis hin zur Ernährung der Weltbevölkerung. Immer-

hin erforschte er an dieser Pflanze eine Vielzahl von Anwendungsmöglichkeiten – bereits 1932 erschien ein Zeitungsartikel »Ford lackiert
Fahrzeuge mit Lacken aus Sojaöl«. 1933 beschrieb Ford seine Motivation so: »Seit Langem bin ich überzeugt, dass Industrie und Landwirtschaft natürliche Partner sind und dass beide beginnen sollten, diese
Partnerschaft anzuerkennen und zu praktizieren. Jeder Partner leidet
an Krankheiten, die der jeweils andere heilen kann. Die Landwirtschaft
braucht einen breiteren und beständigeren Markt; die Industriearbeiter
brauchen mehr und beständigere Jobs. Kann jeder Partner dazu gebracht werden, das zu liefern, was der andere braucht? Ich glaube, ja.
Die Verbindung zwischen den beiden ist die Chemie.«[1]

Natürlich ist das Konzept von »Chemurgy« nicht identisch mit dem
hier vorgestellten Konzept einer solaren Chemie. Viele Randbedingun-
gen, die wir heute erfüllt sehen wollen – möglichst weitgehender Erhalt
der primären Molekülstrukturen, energieeffiziente Produktion, Förderung von Biodiversität und Nachhaltigkeit, Aufbau dezentraler Pro-
duktions- und Verteilungsstrukturen usw. –, standen vor 80 Jahren einfach noch nicht auf der Agenda. Es ist trotzdem motivierend zu sehen,
wie viel Kreativität, Energie (und auch Kapital) weitblickende Innovatoren wie Ford und Edison schon zu einer Zeit in dieses Konzept gesteckt haben, als von einer Erschöpfbarkeit der fossilen Rohstoffe noch
keine Rede war. Das Konzept lebt – in modifizierter Form – vor allem
in den USA unter dem Namen »Chemurgy« bis heute fort und hat unter dem Eindruck schwindender fossiler Ressourcen in den vergangenen Jahren auch neuen Aufschwung erhalten.[2]

Katastrophen und Skandale der Chemie: der Aufbruch seit 1970

Nach dem Zweiten Weltkrieg – im Zeichen von Wirtschaftswunder,
scheinbar unbegrenzten Wachstumsperspektiven und fern jeder kritischen Diskussion über ökologische, toxikologische und soziale Kollateralschäden der modernen Chemie – nahm die Petrochemie einen un-
geahnten Aufschwung. Viele für diese Zeit des Aufbruchs (die zugleich
leider auch eine Zeit der Verdrängung von Verantwortlichkeiten für
Naziregime und Holocaust war) repräsentative Waren bestanden aus

Materialien der synthetischen Chemie und wurden dadurch quasi zum Inbegriff für Fortschrittlichkeit: Nylonstrümpfe, Nyltesthemden, Resopal beschichtete Nierentische, Brillengestelle aus Epoxidharz, »Tesa«-Film aus Hart-PVC mit Acrylatkleber u.v.a.

Nur wenige kritische Stimmen mischten sich in diese wirtschaftswunderliche Chemieeuphorie: biologisch orientierte Landwirte, die sich gegen die Chemisierung ihres Berufs sperrten; Maler und Lackierer, die sich mit einer zunehmenden Zahl ernster Berufskrankheiten konfrontiert sahen; Vogelschützer, die zum Teil alarmierende Bestandsrückgänge aufgrund des unbedarften Einsatzes von Pestiziden registrierten; Pädagogen, die vor dem Trend zu Plastikspielsachen warnten. All diese Mahner und Kritiker blieben aber zunächst Außenseiter, die den Aufstieg der chemischen Industrie zu einer beherrschenden Wirtschaftsmacht nicht bremsen konnten.

Mit der ersten Erdölkrise von 1973 änderte sich jedoch die Wahrnehmung. Schlagartig wurde vielen Menschen, die sich bislang keine Gedanken um die von ihnen verwendeten und verschwendeten Ressourcen gemacht hatten, die Endlichkeit der fossilen Rohstoffe bewusst. Scheinbar unvermittelt wurde die Verwundbarkeit des ganzen Wirtschafts- und Gesellschaftssystems durch die extrem ungleiche Verteilung von Erdöllagerstätten über den Globus und die monopolartigen Strukturen der gesamten Branche deutlich. Dieser erste Weckruf, der in vielen Ländern eine scharfe Rezession zur Folge hatte, verhallte vorerst ungehört, zumal die großen Erdölkonzerne keineswegs mit einer Strategieänderung reagierten, sondern mit neuen Explorationsmethoden, der Entwicklung von Offshoreplattformen und anderen Maßnahmen, die dazu dienen sollten, am Haupttriebmittel der Weltkonjunktur festzuhalten – koste es, was es wolle.

Die (petro-) chemische Industrie blieb von dieser Krise – abgesehen von konjunkturbedingten Einbrüchen – zunächst wenig beeindruckt. Angesichts der enormen Wertschöpfung, die sich auf dem Weg vom immer noch sehr billigen Rohöl bis zum fertigen Kunststoff oder Medikament ergab, konnte auch ein höherer Rohölpreis die hohen Renditen nur marginal schmälern. In der breiten Öffentlichkeit wurde dagegen erstmals diskutiert, welches Abhängigkeitsverhältnis vom Erdöl sich in den Jahrzehnten nach dem Zweiten Weltkrieg entwickelt hatte, wie schlecht es noch um mögliche Alternativen bestellt war – und dass Erdöl als Rohstoff nicht für unbegrenzte Zeiträume zur Verfügung stehen würde.

Die erst ein Jahr zuvor (1972) präsentierte Studie über *Die Grenzen des Wachstums*, die der Club of Rome in Auftrag gegeben hatte, ergab plötzlich einen ganz neuen Sinn. Waren die Ergebnisse anfangs von vielen Seiten als unrealistisches und unverantwortliches Katastrophenszenario kritisiert worden, wurden nun jenseits aller theoretischen Annahmen und Rechenmodelle wirklich erste reale Wachstumsgrenzen erkennbar.

Diese Wahrnehmung war zugleich eine wichtige Motivations- und Argumentationshilfe für die sich in dieser Zeit entwickelnde Umweltbewegung[3], förderte deren Ausbreitung und schließlich auch die Institutionalisierung in verschiedenen Vereinen und Verbänden. Sie war aber auch einer der Auslöser für die Errichtung staatlicher Strukturen, die sich dem Umweltschutz widmen sollten. So wurde z. B. 1973, noch im Jahr der ersten Ölkrise – gegen teils erbitterte Widerstände – eine »Bundesstelle für Umweltangelegenheiten« geschaffen. Nur ein Jahr später wurde durch Beschluss des Deutschen Bundestages das Umweltbundesamt gegründet.

Etwa im gleichen Zeitraum entstanden die ersten – anfangs noch sehr kleinen – Unternehmen, die sich der Herstellung »alternativer« Produkte widmeten. Diese Firmen entwickelten sich personell und ideell zumeist auf dem Boden der neuen sozialen und politischen Bewegungen, die sich nach den gesellschaftlichen Konflikten des Jahres 1968 gebildet hatten, und waren, zumindest am Beginn, von einem stark idealistischen Zug geprägt. Neue Lebens-, Arbeits- und Produktionsformen sollten erprobt werden, um ein Gegengewicht zum »Establishment« zu entwickeln – also zu denjenigen Strukturen der Nachkriegsgesellschaft, die als sozial ungerecht, ideologisch erstarrt, unkreativ und als umweltzerstörend empfunden wurden.

Es waren vor allem Produkte des täglichen Bedarfs, die in diesen ersten Unternehmen auf der Grundlage möglichst naturbelassener Grundstoffe hergestellt wurden – Malfarben, Wasch- und Reinigungsmittel, Körperpflegemittel, Produkte für das biologische Gärtnern, Textilprodukte aus pflanzengefärbten Naturfasern, etwas später auch nicht chemisch behandelte Massivholzmöbel, naturbelassene Raumtextilien, noch später Dämmstoffe aus Pflanzenfasern oder Altpapier usw. Fast allen Produkten war gemeinsam, dass sie eine Alternative zu den auf dem Markt befindlichen Produkten petrochemischen Ursprungs darstellten. Dabei stand dieser Aspekt zunächst keineswegs im Vordergrund, sondern ergab sich von selbst aus den betont dezentralen Strukturen und vor allem aus dem ästhetischen Anspruch, möglichst nur mit Naturmaterialien arbeiten zu wollen. Obwohl etliche dieser kleinen Unternehmen – vor allem aufgrund fehlender kaufmännischer und vertriebstechnischer Professionalität – die ersten Jahre nach Gründung nicht überstanden, haben doch erstaunlich viele, gelegentlich nach Eigentümerwechseln oder in veränderter Unternehmensstruktur, bis heute überlebt.

Einen enormen Schub an gesellschaftlicher Akzeptanz und Unterstützung erhielten diese Pionierunternehmen durch die Kette von Chemieskandalen, die sich ab Mitte der 1970er-Jahre aneinanderreihten: vom Dioxin-Störfall in Seveso von 1976 über die Chemiekatastrophe bei Union Carbide im indischen Bhopal 1984 (mit Zehntausenden von Toten und Hunderttausenden von Schwerverletzten) bis zur massiven Verseuchung des Rheins auf 400 Kilometern Länge durch das Chemieunglück bei Sandoz in Schweizerhalle 1986.

Durch diese Störfälle und Katastrophen in chemischen Industrieanlagen wurde vielen Menschen erst die Augen dafür geöffnet, welche Gefahrenpotenziale die gängigen Methoden und Verfahren der konventionellen Chemieindustrie bargen. Erstmals wurde dadurch die Frage nach alternativen Methoden der Herstellung von chemisch-technischen Alltagsprodukten in breiteren Bevölkerungskreisen gestellt. Die genannten Pionierunternehmen fanden sich durch den medialen Wirbel unvermittelt in der Rolle von »Modellbetrieben« wieder – einer Rolle, die in dieser frühen Phase der Entwicklung nicht unbedingt ihrem

Selbstverständnis und auch nicht ihrer realen industriepolitischen Potenz entsprach.

Viel mehr als die großen Katastrophen und Störfälle der 1970er-Jahre war es aber ein anderer, lautloserer Skandal, der den frühen Pionierunternehmen einer »alternativen Chemie« neue Akzeptanz verschaffte und auch in großen Scharen neue Abnehmer zutrieb. Dieser Skandal wurde nicht durch ein einzelnes großes Störfallereignis ausgelöst, sondern durch eine jahrelange, schleichende Vergiftung Hunderttausender von Verbraucherinnen und Verbrauchern, die ahnungslos die seit Anfang der 1970er-Jahre gängigen Mittel zur Bekämpfung von Holzschädlingen verwendet hatten. Diese Mittel enthielten neue Wirkstoffe, vor allem mit Dioxinen verunreinigtes Lindan und Pentachlorphenol (PCP). Kritiker sehen die damaligen Holzschutzmittel vor allem als »Entsorgungsweg« für die eingesetzten Biozide.[4]

Die tragische Ironie dieser Massenvergiftung besteht darin, dass die neuen Heizungssysteme die Luftfeuchtigkeit in den Räumen und demzufolge auch die Feuchtigkeitswerte in den verbauten Holzbauteilen so niedrig hielten, dass weder holzzerstörende Pilze noch Insekten die für ihre Entwicklung und Verbreitung notwendigen Lebensbedingungen vorfinden konnten. Die Produkte waren also nicht nur giftig, sondern noch dazu völlig überflüssig.

Obwohl den Herstellern die toxikologischen Risiken Lindan- und PCP-haltiger Produkte bekannt waren, setzten sie über Jahre ihre Werbekampagnen unvermindert fort. Unter dem Motto: »Holzschutz ist Holzpflege« wurde – sogar entgegen den auch damals bereits allseits bekannten holzbiologischen Fakten – eine Anwendung in Innenräumen ausdrücklich angeraten. In Wahrheit wäre für diese Anwendungsgebiete von Holz ein wirkstofffreier Oberflächenschutz völlig ausreichend gewesen. Das Bundesgesundheitsministerium hatte bereits 1978 eindringlich vor möglichen Gefahren gewarnt. Unbeeindruckt von diesen unüberhörbaren Warnrufen und von den dramatisch anwachsenden Vergiftungsfällen betonte der Verband der Chemischen Industrie unverdrossen, der Einsatz von PCP sei »unverzichtbar«. Allerdings: Seit 1989 ist die Verwendung von PCP durch eine Verordnung praktisch verboten; die Industrie blüht und gedeiht aber trotzdem. So viel zur Frage der »Unverzichtbarkeit« von riskanten Chemikalien, die immer wieder behauptet – und dann durch die Praxis schlicht widerlegt wird.

Kaum ein Ereignis hat den in den 1970er- und 1980er-Jahren gegründeten kleinen Unternehmen einer »alternativen Alltagschemie« so viel Auftrieb verschafft wie die Begleiterscheinungen dieses Holzschutzmittelskandals.[5] Das Vertrauen in die konventionelle Industrie war nachhaltig erschüttert, und die Menschen wollten auch deren rasch auf den Markt geworfene – nun angeblich »PCP-freie« – Mittel nicht mehr kaufen. Eine vertrauenswürdige Alternative boten die Produkte der kurz zuvor gegründeten Naturfarbenhersteller, die leicht nachweisen konnten, dass sie ihre Produkte schon immer ohne Einsatz der inkriminierten Wirkstoffe hergestellt hatten.

Die Folge war eine rasant wachsende Nachfrage nach Naturfarbenprodukten, die damit auch zu den ersten »massentauglichen« chemisch-technischen Alltagsprodukten auf der Grundlage nachwachsender Rohstoffe wurden. Die Kehrseite dieses plötzlichen Erfolgs: Etliche Vertreter der konventionellen Industrie betrachteten diese »alternativen Newcomer«, die sie früher ignoriert oder allenfalls belächelt hatten, als eine Bedrohung ihres hochprofitablen Geschäftsmodells. Die kleinen Unternehmen sahen sich folglich sehr bald einer massiven Kampagne gegenüber. Kurioserweise ist das Prinzip des wirkstofffreien Holzschutzes heute nahezu allgemein akzeptiert und wird auch von vielen konventionellen Anbietern praktiziert. Und siehe da: Diese sind weiterhin sehr profitabel, halten sich mit ihren nun zumeist biozidfreien Produkten eine Menge Ärger von Hals – und die Verbraucherinnen und Verbraucher sind die Gewinner.

Im gleichen Zeitraum fanden sich ab etwa 1983 Fachleute verschiedener wissenschaftlicher Disziplinen, vor allem aus dem Bereich der Chemie, zu einer lose organisierten »Arbeitsgruppe Sanfte Chemie« zusammen, die sich in den Folgejahren regelmäßig über die Risiken der konventionellen und die Möglichkeiten einer künftigen, umweltverträglicheren Chemie austauschten, gemeinsam Fachtagungen veranstaltete und ihre Diskussionen und Arbeitsergebnisse auch durch eigene Vorträge und Publikationen in die Öffentlichkeit trugen. Diese Arbeitsgruppe entwickelte sich in der Folge zu einer Art »Think Tank« dessen, was dann als »Pflanzenchemie« oder als »Chemie auf der Basis solarer Grundstoffe« in die Welt getreten ist.[6]

Eine weitere Unterstützung der Forderungen nach anderen Ansätzen in der Entwicklung, Produktion und Vermarktung chemischer Alltagsprodukte ergab sich in den gleichen Jahren, in denen die Kritik an der konventionellen Chemie erstmals breite Bevölkerungskreise erreicht hatte, aus der zunehmenden Anzahl von durch Allergien und Neurodermitis geplagten Patienten – bis hin zu den besonders gravierenden Verlaufsformen einer umfassenden Unverträglichkeit gegenüber chemischen Stoffen (MCS, »Multi Chemical Sensitivity«).

Viele Betroffene sahen (und sehen) die grundlegende Ursache ihrer Beschwerden in der zunehmenden »Chemisierung« ihrer Umwelt. Obwohl die allergischen Reaktionen zunächst oft durch Naturstoffe (Pflanzenpollen, ätherische Öle) ausgelöst werden – während doch die Gegenwart solcher Stoffe in der Umwelt im selben Zeitraum keinesfalls zugenommen hatte –, erschien die These von einer Überforderung des Immunsystems durch die Vielzahl an neuartigen Substanzen in der Umwelt plausibel. Viele Betroffene erzielten gute Erfolge durch einen weitgehenden Verzicht auf die konventionellen chemisch-technischen Alltagsprodukte in ihrer unmittelbaren Wohn-, Schlaf- und Arbeitsumgebung. Auch für solche Personengruppen erwiesen sich viele Produkte der aufkommenden »solaren Chemie« als große Entlastung, wenn nicht Problemlösung.[7]

Weiteren Auftrieb erfuhren die Ideen von einer zukunftsverträglichen Chemie durch die in den 1980er-Jahren zunehmende Diskussion um eine »nachhaltige Entwicklung« (sustainable development). Einen ersten Höhepunkt erlebte diese Debatte 1992 in der globalen Umweltkonferenz (»Erdgipfel«) der Vereinten Nationen in Rio de Janeiro. Die Rio-Konferenz wurde mit Handlungsleitlinien für die wirtschaftliche, soziale und ökologische Entwicklung im 21. Jahrhundert (»Agenda 21«) abgeschlossen. Allerdings ist der Begriff »Nachhaltigkeit« viel älter – er stammt bezeichnenderweise ursprünglich aus der Forstwirtschaft (erstmals 1713 geprägt) und beschreibt dort das Prinzip, einem Wald höchstens so viel Holz zu entnehmen, wie im gleichen Zeitraum wieder nachwachsen kann (ausgeglichene Stoffbilanz), und gleichzeitig qualitative Ziele (Bodenfruchtbarkeit, Baumvitalität, Artenvielfalt, soziale Waldfunktionen) zu gewährleisten.[8]

Politisch wirksam formuliert wurde die Forderung 1987 durch die damalige schwedische Ministerpräsidentin Gro Harlem Brundtland im Abschlussbericht der von ihr geleiteten »Weltkommission für Umwelt und Entwicklung«. Brundtland betonte: »Nachhaltige Entwicklung ist eine Entwicklung, welche die Bedürfnisse der gegenwärtig Lebenden erfüllt, ohne die Fähigkeit der künftigen Generationen zu schädigen, ihre eigenen Bedürfnisse ebenfalls zu befriedigen.«[9]

Dieser oft zitierte Satz begleitete die Diskussion um eine nachhaltig zukunftsfähige Entwicklung in den folgenden Jahren und wirkt bis heute. Seine große Wirksamkeit und Überzeugungskraft bezieht der Satz vor allem aus der Feststellung, eine gedeihliche Zukunft sei nur möglich, wenn der Grundsatz der »Generationengerechtigkeit« ganz obenan steht. Diese wird durch den hemmungslosen Raubbau an nicht erneuerbaren Ressourcen wie Erdöl und Erdgas grob verletzt. Generationengerechtigkeit ist mit der Petrochemie einfach unvereinbar. Die konsequente Anwendung des Prinzips der Generationengerechtigkeit ist daher einer der wesentlichen Antriebskräfte für das Streben nach einer solaren Chemie.

Weiterhin wird im Brundtland-Bericht dezidiert auf die Grenzen hingewiesen, die der natürlichen Umwelt und ihren Ressourcen für die Befriedigung dieser Bedürfnisse gesetzt sind. Ein Wirtschaftssystem, das sich ganz wesentlich auf die Ausbeutung von nicht erneuerbaren und in absehbarer Zeit erschöpften Ressourcen gründet, kann deshalb unter keinen Umständen dem Grundsatz einer nachhaltigen Entwicklung genügen.

Die Bilanz der Konferenz »Rio plus 20« im Jahr 2012 musste auch deshalb so ernüchternd und dürftig ausfallen. Nicht zuletzt aufgrund des starrsinnigen Festhaltens der globalen Chemieindustrie an ihren gewohnten fossilen Grundstoffen sind die allermeisten der Ziele, welche sich die Weltgemeinschaft 1992 in der Agenda 21 gesetzt hatte, unerfüllt geblieben. Auf diese Weise haben sich die seit Langem erkennbaren Zukunftsrisiken (Klimawandel, Ressourcenerschöpfung, Überbevölkerung, Überlastung der Umweltmedien) durch 20 weitgehend verlorene Jahre noch weiter verschärft.

Die vielen, sicher gut gemeinten und vom Ansatz anerkennenswerten Initiativen in Staat und Wirtschaft haben, gemessen an den Vorgaben der Agenda 21, nicht viel mehr gebracht als die rastlose Beschäftigung ganzer Heerscharen von Kommissionsmitgliedern, Gutachtern, Berichterstattern, Protokollanten und Drucksachenerstellern. Das gilt leider auch für diverse Enquete-Kommissionen des Deutschen Bundestags (u.a. »Schutz des Menschen und der Umwelt« ab 1995), für die »Presidential Green Chemistry Challenge Awards« des US-Präsidenten Bill Clinton 1995, für die vielen Initiativen der Chemischen Industrie wie »Responsible Care« (1985 in Kanada, ab 1991 auch in Deutschland). Die meisten dieser Initiativen kommen über Gemeinplätze, Absichtserklärungen oder theoretische Konzepte kaum hinaus. Sie dienen im schlimmeren (und leider häufigen) Fall nur dem »Greenwashing«, der Beruhigung der Öffentlichkeit und der Beschäftigung »verdienter« Funktionäre in den entsprechenden Kommissionen.

Dabei ist es keineswegs so, dass die Vertreter und Funktionäre der konventionellen Chemie nicht über deren Zukunft nachdächten. Kaum ein Editorial in einer chemischen Fachzeitschrift, in dem nicht Verbandsgrößen oder Vorstandsmitglieder ihre Sicht der »Zukunft der Chemie« darlegen würden. Dabei geht es aber nicht um die entscheidende Frage nach der künftigen stofflichen Grundlage, sondern um branchenpolitische Ziele wie Fusionen oder strategische Allianzen, um Schlagworte wie Wachstum, Globalisierung und Innovation.

Statt einem konkreten Nachdenken über die Ausgestaltung der Chemie in der postfossilen Ära erfolgt auf solchen Veranstaltungen stereotyp die Klage über die in Deutschland zu hohen Energiepreise, durch welche die Unternehmen der chemischen Industrie angeblich »unverhältnismäßig stark belastet« werden. Auf die Idee, dass eine Umstellung der industriellen Chemie auf solare Grundstoffe den Bedarf dieser Industrie an teurer Energie drastisch mindern würde, kommt scheinbar in solchen selbstreferenziellen Zirkeln niemand. Jedenfalls erfolgen von den zahlreichen Strategiekonferenzen, die von den international tätigen Chemiemultis organisiert und durchgeführt werden, keine Impulse für eine echte Chemiewende.

Auch die von den USA ausgehenden Initiativen zu einer »Green Chemistry«[10] entpuppen sich bei näherer Betrachtung für das Ziel einer Zukunftschemie ohne Abhängigkeit vom Erdöl als eher enttäuschend. Dabei ist der Begriff durchaus genial gewählt: »Grüne Chemie« lässt spontan an die chemischen Vorgänge in grünen Pflanzenblättern bei der Fotosynthese denken und suggeriert damit eine Chemie auf solarer Basis. Doch davon kann leider kaum die Rede sein.

Das Team um Paul Anastas, damals Mitarbeiter der US-amerikanischen Umweltbehörde EPA, formulierte 1998 zwölf Grundsätze für eine »Green Chemistry« und setzte damit eine lebhafte Entwicklung von Tagungen und Publikationen zu diesem Thema in Gang. Diese zwölf Grundsätze lauten[11]:

1. *Vorbeugung: Es ist besser, erst gar keinen Abfall zu produzieren, als ihn später zu behandeln oder zu entsorgen.*
2. *Atomare Ökonomie: Synthesemethoden sollten so angelegt sein, dass sich möglichst alle eingesetzten Substanzen im Produkt wiederfinden.*
3. *Ungefährlichere Synthesen: In Synthesen sollte nach Möglichkeit auf die Verwendung und Entstehung von für Mensch und Umwelt toxischen Substanzen verzichtet werden.*
4. *Entwicklung sicherer Chemikalien: Chemikalien sollten möglichst effizient und dabei möglichst wenig toxisch sein.*
5. *Sicherere Lösungsmittel und Hilfsstoffe: Wann immer möglich, sollte auf Hilfsstoffe verzichtet werden. Wenn ihre Verwendung unvermeidlich ist, sollten sie so harmlos sein wie möglich.*
6. *Effiziente Energienutzung: Der Energieaufwand bei Reaktionen sollte so gering wie möglich sein. Chemische Reaktionen sollten möglichst bei Normaldruck und Zimmertemperatur ablaufen.*

7. *Nutzung von nachwachsenden Rohstoffen: Wann immer möglich, sollten nachwachsende Rohstoffe bevorzugt werden.*

8. *Minimierung von Derivaten: Die Bildung von Derivaten, die zusätzliche Reagenzien erfordern und Abfall verursachen, sollte minimiert oder ganz vermieden werden.*

9. *Katalyse: Katalytische Reagenzien sind gegenüber stöchiometrischen Reagenzien im Vorteil.*

10. *Biologische Abbaubarkeit: Chemische Produkte sollten so entwickelt werden, dass sie nach Gebrauch in harmlose Bestandteile zerfallen, die sich nicht in der Umwelt anreichern.*

11. *Echtzeitanalysen zur Reduktion von Schadstoffemissionen: Es sollten Analysemethoden entwickelt werden, mit deren Hilfe Reaktionen in Echtzeit und direkt im Prozess überwacht und dadurch die Bildung von Schadstoffen verhindert werden kann.*

12. *Inhärent sichere Chemie zur Unfallverhütung: Die verwendeten Substanzen und deren Einsatzform sollten so gewählt werden, dass die Gefahr von chemischen Unfällen wie Stoff-Freisetzung, Explosionen und Feuer minimiert ist.*

Jeder Grundsatz für sich ist natürlich einleuchtend. Eine konsequente Anwendung wäre sogar geeignet, manche ökologischen und toxikologischen Auswüchse der konventionellen, petrochemisch basierten Chemie zu verringern. Die Gewichtung dieser zwölf Grundsätze zeigt jedoch, dass es sich letztlich um ein technokratisches Konzept ohne eine nachhaltig tragfähige und langfristig gültige Vision für eine Chemie in der postfossilen Zeit handelt. Erneuerbare Grundstoffe spielen nur ganz am Rande eine Rolle – in den aktuellen Veröffentlichungen zu diesem Thema gehen sie sogar praktisch unter. Der EPA-getragenen Initiative geht es vor allem um eine rein emissionsorientierte Umweltvorsorge. Rohstoffgrundlage und Methodik, wie sie die chemische Industrie über die letzten 150 Jahre entwickelt, praktiziert und perfektioniert hat, bleiben mit diesem Konzept und dem, was heute unter dem Etikett einer »Green Chemistry« praktiziert wird, unangetastet..

Inzwischen gibt es für die »Green Chemistry« eine eigene Website, die von der US-Umweltbehörde EPA betrieben wird. Dort werden die zwölf Grundsätze schon nicht mehr in den Vordergrund gestellt – vermutlich werden sie inzwischen als viel zu konkret und einschneidend angesehen. Auf der Homepage wird das Anliegen einer vorgeblich grünen Chemie inzwischen sehr viel knapper und gleichzeitig ausgesprochen wolkig formuliert: »Green Chemistry, auch bekannt als nachhaltige Chemie, ist ein Design chemischer Produkte und Prozesse, durch welches der Gebrauch oder die Entstehung gefährlicher Substanzen verringert oder ausgeschlossen wird. Green Chemistry bezieht sich auf den gesamten Lebensweg eines Produkts, einschließlich Entwicklung, Herstellung und Gebrauch«.[12] Von erneuerbaren Grundstoffen ist hier überhaupt nicht mehr die Rede; dafür wird der Anspruch erhoben, es handele sich um eine »nachhaltige Chemie«.

Man könnte das Konzept der »Green Chemistry« allerdings auch unter einem ganz anderen Blickwinkel betrachten. Wenn man nämlich den Versuch macht, die zwölf Leitgedanken auf eine biogene Chemie anzuwenden, stellt man fest: Die Art von Chemie, die in der Biosphäre abläuft, genügt ja den dort aufgestellten Prinzipien. Ob es um die Vermeidung von Umweltverschmutzungen, um die atomare Ökonomie, um ungefährliche Syntheseverfahren, um toxikologisch und ökologisch sichere Substanzen, um sichere Lösemittel und Hilfsstoffe, um Energieeffizienz oder Abbaubarkeit geht: All diese Grundsätze und Verfahren hat die Evolution in der Biosphäre längst realisiert. Richtig verstanden, könnten die zwölf Leitlinien der Green Chemistry sich also doch noch als positiv und nützlich erweisen: indem man sie nämlich konsequent dazu nutzt, an ihnen die unschlagbaren Vorzüge einer Chemie auf solarer Grundlage zu demonstrieren.

In Deutschland sticht unter den Initiativen, welche für eine künftige solare Chemie einen konkreteren Nutzen versprechen, die »Fachagentur Nachwachsende Rohstoffe e.V.« positiv hervor. Die FNR wurde 1993 auf Initiative der Bundesregierung ins Leben gerufen. Sie hat seitdem, in enger Verzahnung mit dem Bundesministerium für Ernährung, Landwirtschaft und Verbraucherschutz, zahlreiche Projekte initiiert und gefördert, die sich mit dem Einsatz biogener Grundstoffe in al-

len Lebensbereichen befassen. Zu diesem Zwecke hat die FNR Koope-
rationen, Ausstellungen, Fachtagungen und Veröffentlichungen organisiert und einer breiteren Öffentlichkeit eine neue Generation von solaren Grundstoffen und Produkten bekannt gemacht.

Natürlich gehörte zu den primären Motiven der FNR-Gründung
auch die Förderung von land- und forstwirtschaftlichen Produkten, die
als Alternative oder Ergänzung des üblichen Anbauspektrums eine –
auch ökonomische – Bereicherung der land- und forstwirtschaftlichen
Tätigkeit darstellen können. Vor diesem Hintergrund ist verständlich,
dass die FNR auch Verfahren und Produkte wie Biotreibstoffe und das
Konzept der »Bioraffinerie« propagiert, die zwar alternative oder ergän-
zende landwirtschaftliche Nutzungsformen ermöglichen, die jedoch in
einer konsequent nachhaltigkeitsorientierten Betrachtung kritisch zu
bewerten sind.

Beide Konzepte sehen die Pflanze vor allem als Kohlenstoffquelle –
im Fall der Biotreibstoffe zur Energiegewinnung, im Fall der Bioraffinerie zur Gewinnung von organischen Synthesebausteinen. Ein entscheidender Vorteil der solaren Grundstoffe, nämlich der fotosynthetische Aufbau komplexer, funktionsreicher Molekülstrukturen, wird
dabei quasi verworfen. Während der Strukturverlust bei der Verbrennung von Biotreibstoffen offenkundig ist, nutzt eine Bioraffinerie immerhin noch einen Teil der biogenen Strukturelemente für weitergehende Syntheseschritte, die dann jedoch den klassischen Verfahren der
konventionellen Chemie sehr ähneln. Es ist fraglich, ob beide Nut-
zungskonzepte nachwachsender Rohstoffe mehr leisten können als allenfalls einen übergangsweisen Beitrag auf dem Weg zu einer sinnvolleren, da strukturerhaltenden Nutzung biogener Grundstoffe.

Basis-Innovationen des 21. Jahrhunderts

Die Menschheit steht in den kommenden Jahrzehnten vor enormen
Herausforderungen. Auf zwei lebensentscheidenden Gebieten müssen
wir unser Dasein auf völlig neue Grundlagen stellen: auf dem Gebiet der

Energie und auf dem Gebiet der Stoffe. Die Revolution auf dem Energiesektor ist bereits in vollem Gange: Millionen Menschen haben schon auf erneuerbare Energieträger umgestellt oder stehen kurz davor. In zahlreichen Büchern und anderen Medien sind Gründe, Wege und Ziele dieser Energierevolution bereits genau beschrieben.

Auf dem Gebiet der Stoffe ist die Zahl der Arbeiten über die bevorstehenden Umwälzungen derzeit noch viel geringer, obwohl uns diese Umwälzungen in der Chemie fast noch mehr betreffen als die Energiefrage. Auf beiden Feldern gerät die Menschheit zwischen die Mühlsteine: abnehmende Vorräte einerseits und zunehmende Folgeschäden andererseits. Dass es hier Parallelen gibt, ist kein Zufall: Unsere heutigen Methoden, chemische Alltagsprodukte zu erzeugen, basieren überwiegend ebenso auf dem Rohstoff Erdöl wie große Teile unserer Versorgung mit Primärenergie und mit Treibstoff.

Die Energiewende ist offensichtlich schon weiter vorangeschritten als die Chemiewende, auch wenn die Chemiewende gerade in den letzten Jahren erheblich an Fahrt aufgenommen hat und inzwischen viel mehr zu bieten hat als nur theoretische Konzepte oder Nischenprodukte. Es lohnt sich daher, einen genaueren Blick auf die Energiewende zu werfen – auch um daraus zu lernen, welche Strategien zu ihrem heutigen Erfolg geführt haben und möglicherweise zur Beförderung und Beschleunigung der Chemiewende herangezogen werden können.

Zwischen dem Energiesektor und dem Chemiesektor gibt es verblüffende Parallelen. Einer der ersten, die auf diese Parallelen hingewiesen und eine strategische Zusammenführung beider Bereiche empfohlen haben, war der Bundestagsabgeordnete Dr. Hermann Scheer[13] mit dem von ihm begründeten Verein Eurosolar. Scheer initiierte ab 2001 zu diesem Zweck eine Serie von Fachtagungen, die sich vor allem an Land- und Forstwirte richtete, sie als Energie- *und* Rohstoffwirte ansprach und ihnen damit eine Schlüsselrolle bei der Lösung beider Problemfelder zuwies.

Tatsächlich hängen diese beiden Bereiche untrennbar zusammen: Sie haben ähnliche historische Wurzeln und nahezu gleiche materielle Quellen. Die ihnen immanenten Probleme haben zudem auch die gleichen strukturellen Ursachen. Folglich haben auch die grundsätzlichen Lösungsansätze in beiden Bereichen viele Gemeinsamkeiten. Energie und Stoff sind wie Spiegelbilder aufeinander bezogen. Scheer nannte sie daher stets in einem Atemzug. Er forderte eine gleichgerichtete und koordinierte Lösung beider Herausforderungen des 21. Jahrhunderts und hatte auch eine sehr klare Vorstellung davon, wie einschneidend der Wandel auf beiden Gebieten sein würde: »Der Wechsel zur solaren Energie- und Rohstoffbasis wird einen bahnbrechenden Stellenwert für die Zukunftssicherung der Weltgesellschaft haben, dessen Tiefen-, Breiten- und Fernwirkungen nur mit jenen *der industriellen Revolution vergleichbar* sein werden.«[14] Es war seine feste Überzeugung: Energiewende und Chemiewende sind nicht durch rückwärtsgerichtete Ansätze zu lösen, sondern nur durch eine mutige, langfristig orientierte Innovationsstrategie auf der Basis evolutionär bewährter Strategien der Natur.

Hermann Scheer hat beim Vergleich zwischen Energie- und Chemiewende immer wieder folgende verbindende Tatsachen hervorgehoben:

– Beide Innovationsstrategien leiten ihre Konzeption aus einer fundamentalen, prägnanten und verständlichen Kritik der historischen Entwicklungslinien und des bestehenden Zustandes ab (harte Energie wie harte Chemie).
– Diese Kritik muss auf beiden Feldern bereit und fachlich in der Lage sein, sich mit zwei der wirtschaftlich und politisch mächtigsten Industrie- und Wissenschaftskomplexe auseinanderzusetzen, und dabei auf heftigste Widerstände gefasst sein.
– Beide Themen sind ausgesprochen alltags- und verbrauchernah. Jeder Mensch setzt täglich zahllose Prozesse zur Erzeugung und Umwandlung von Energie in Gang und ist ebenso in permanentem Kontakt mit chemisch erzeugten Substanzen.
– Nachhaltigkeitsmängel entstehen auf beiden Feldern durch die Nutzung fossiler Ressourcen sowie die ökologischen, ökonomischen und sozialen Umstände ihrer Gewinnung, Verteilung, Verarbeitung und Nutzung.

– In beiden Bereichen muss eine langfristig umweltverträgliche Entwicklung vor allem auf der Basis direkter und indirekter Nutzung von Sonnenenergie stattfinden.

Fossile Energie und Petrochemie: analoge Probleme

Die Gemeinsamkeit zwischen Energie und Chemie beginnt bei den historischen Wurzeln, die wiederum mit den materiellen Quellen unserer heutigen Energieversorgung und Stoffversorgung verknüpft sind: Kohle, Erdöl, Erdgas.[15]

Die heutige Abhängigkeit von nicht erneuerbaren Quellen für Energien und für Stoffe besteht erst seit kurzer Zeit. Noch vor 150 Jahren spielte Erdöl weder für die stoffliche noch für die energetische Versorgung der Menschen eine Rolle. Erdöl war ein exotischer, rarer Stoff, den man aus oberflächlich zutage tretenden Ölpfützen schöpfte und in Apothekerflaschen füllte. Erst im Laufe des 20. Jahrhunderts stiegen die fossilen Rohstoffe zu ihrer beherrschenden Stellung auf und erreichten eine Monopolstellung, die in der Wirtschaftsgeschichte kein Vorbild kennt. In globalem Maßstab liegen Ressourcen und Verarbeitungsanlagen in der Verfügbarkeit Weniger, die über Mengen und Preise bestimmen. Energieerzeuger wie Chemieindustrie müssen aufgrund dieser Monopolisierung ohne zuverlässige Kalkulationsgrundlage leben. Die Großen unter ihnen umgehen das Problem, indem sie selbst an der Erdöl- und Erdgasförderung beteiligt sind.

Den Problemen im Bereich der Rohstoffquellen entsprechen analoge Probleme auf der Seite der stofflichen Senken. Fossile Chemieprodukte und fossile Energieträger nutzen die Atmosphäre als Mülldeponie für CO_2 und andere Umwandlungsprodukte. Auf der Energieseite ist das schon vielen bewusst. Aber jedes erdölbasierte Chemieprodukt belastet nach seiner Nutzung die Atmosphäre in gleicher Weise. Nicht zu vergessen sind bei dieser Bilanz die verschiedenen, von Hermann Scheer so genannten »Umwandlungsschäden«, die bereits weit vor dem Ende der Produktlinie zu einer Belastung aller Umweltsenken (Boden, Luft, Wasser, Organismen, Menschen) führen. Im Bereich der Energieerzeugung sind dies vor allem Schwermetallstäube, Stickoxide und

Schwefelverbindungen sowie Abwärme. Im Bereich der chemischen Umwandlung von Erdöl ist die Palette der Neben- und Abfallprodukte, die bei den heutigen Methoden chemischer Synthese unvermeidlich anfallen und nur teilweise herausgefiltert werden können, noch wesentlich reichhaltiger. Allerdings: Die wichtigsten Schadstoffemissionen der chemischen Industrie sind heute – so der Chemiker und Umweltforscher Rainer Grieshammer – deren Produkte, die uns in netten Verpackungen als Waschmittel, Fliegenspray, Lippenstift, Kugelschreibermine oder Mikrofaserjacke ins Haus kommen.

Energieerzeugung und chemische Produktion auf Basis von Erdöl führen jedenfalls beide in vergleichbarer Weise zu einer inzwischen dramatischen Überlastung der Aufnahme- und Verarbeitungskapazitäten in den stofflichen Senken unserer Biosphäre. Sie ist mit der Menge der Emissionen und mit deren Art, für die sie im Verlauf der Evolution des Lebendigen nicht ausreichend »trainieren« konnte, vollkommen überfordert.

Auch in struktureller Hinsicht sind die Ähnlichkeiten zwischen Energie- und Chemiesektor verblüffend. In beiden Bereichen haben wir es mit einer starken räumlichen Konzentration der Basisproduktion zu tun. Das ist kein Wunder: Energieerzeugung mit fossilen Energieträgern nach heutiger Art funktioniert umso produktiver und kostengünstiger, je größer die installierte Leistung des Kraftwerks ist. Chemikalienerzeugung auf petrochemischer Basis nach heutiger Art ist umso lukrativer, je größer die eingesetzten Reaktoren sind und je mehr aufeinanderfolgende Syntheseschritte der chemischen Wertschöpfungskette auf ein und demselben Gelände ablaufen. Anders ausgedrückt: Es gibt in beiden Fällen eine starke Mengenabhängigkeit der Produktivität.

Beide eng verwandten Strukturprinzipien haben uns zentralisierte Großkraftwerke und die flächenmäßig riesigen Chemiemoloche entlang von Rhein und Main beschert. Beide Erzeugungsstrukturen bedeuten aber auch: ganze Dickichte von Starkstromleitungen quer durch die Landschaft zur räumlichen Verteilung des zentral erzeugten elektrischen Stroms; Flotten von Tanklastzügen und Kesselwagen zur Verteilung der in den Megafabriken synthetisierten Basischemikalien – in der Regel Gefahrstoffe – an die weiterverarbeitende Industrie.

Beide stark auf Zentralisierung ausgerichtete Komplexe bilden zudem eine hohe regionale Konzentration von Macht. Arbeitsplatzsicherung und Gewerbesteueraufkommen sprechen für die politisch Verantwortlichen in den betreffenden Regionen eine deutliche Sprache; die ökonomischen und sozialen Abhängigkeiten gerade von den Großunternehmen der Chemieindustrie sind schwerwiegend. Leider fördern solche Strukturen und die daraus resultierenden Zwänge nicht gerade den Aufbau dezentraler Einheiten, wie sie für die Erzeugung von Energie und Stoff auf erneuerbarer Grundlage angemessen wären.

Solarenergie und solare Grundstoffe: ähnliche Vorteile

Was für die zahlreichen Parallelen zwischen fossiler Energie- und Stofferzeugung gilt, das bedeutet jedoch im Umkehrschluss auch einen hohen Verwandtschaftsgrad zwischen erneuerbarer Energie und erneuerbaren Rohstoffen.

Hier wie dort sind es regenerative Quellen, auf die sich die Produktion stützt und die sich schließlich alle auf den steten Energiestrom von der Sonne auf die Erde zurückführen lassen: die im Wind, in Fließgewässern und in der Biomasse gespeicherte Sonnenenergie oder deren direkte Umwandlung in Fotovoltaikanlagen einerseits – die ausschließlich von der Energie des Sonnenlichts angetriebene Fotosynthese in den Pflanzen andererseits.

Beide Systeme nutzen statt des Prinzips der Einfalt das Prinzip der Vielfalt: So wie ein sinnvoller Mix aus allen regenerativen Energiequellen vor Ort erst den vollen ökologischen und ökonomischen Sinn ergibt, so sind es Hunderte, gar Tausende verschiedener Pflanzenarten, in denen in den Sekundärprozessen der Fotosynthese die gewünschten und in sich wiederum unerhört vielfältigen Pflanzeninhaltsstoffe entstehen. In beiden Fällen funktioniert das Grundprinzip auf der ganzen Welt: Überall, wo Wind weht, wo Flüsse fließen, wo Gezeiten walten, wo die Sonne scheint, wo Pflanzen wachsen – überall dort ist auch Energie- und Stofferzeugung auf solarer Grundlage möglich.

Neben der Vielfalt an Quellen ist den solaren Energien und Stoffen auch die Problemlosigkeit der Senken gemeinsam: Energie aus Wind, Wasser, Sonne und Biomasse wird praktisch emissionsfrei erzeugt, beim Anbau solarer Rohstoffe auf dem Acker und in den Wäldern entsteht als wesentliches »Abfallprodukt« der uns lebensnotwendige Sauerstoff. Persistenzen, Anhäufungen von schwer abbaubaren Reststoffen hat die Evolution durch eine kluge Balance von Stoffaufbau (Fotosynthese) und Stoffabbau (Degradation durch Mikroorganismen) zu verhindern gewusst.

Beiden Systemen sind im Übrigen auch die gleichen Strukturvorteile eigen: In beiden Fällen ist die Produktivität eben nicht flächenabhängig. Eine kleine Solarzelle ist, auf die Fläche bezogen, ebenso effektiv wie eine große. Zehn Pflanzen produzieren durch Fotosynthese eben nur zehnmal so viele solare Rohstoffe wie eine einzelne Pflanze. Es nützt nichts – sondern schafft eher zusätzliche Probleme –, die Produktion eines bestimmten pflanzlichen Rohstoffs über Dutzende Quadratkilometer hinweg auszudehnen.

Eine der positiven Folgen dieses Strukturprinzips ist, dass sich eine Dezentralität der Produktion von selbst anbietet. Hohe Aufwendungen für die Verteilung der erzeugten Energiemengen oder Stoffe werden vermieden – weniger Verkehr, weniger Emissionen, keine Strommasten, keine hohen Schornsteine, keine überdimensionierten Erschließungsmaßnahmen. Was vor Ort gebraucht wird, entsteht auch vor Ort: unter den kritischen Augen, Ohren und Nasen der Verbraucher.

Mitbestimmung und Mitgestaltung der Lebensumwelt ist auf diese Weise ganz anders möglich als bei der heute üblichen extremen Entkoppelung von Herstellung und Bedarf. Mit der regionalen und lokalen Produktion von Energie und Rohstoffen kehrt diese aus der Anonymität des »Irgendwo«, »Irgendwie« und »Irgendwer« in die Transparenz, Kontrolle und Verantwortung der betroffenen Menschen zurück. Strukturen und Folgewirkungen der Fossilwirtschaft haben im Gefolge von Globalisierung und Zentralisierung Millionen von Arbeitsplätzen vernichtet. Die befriedigenden und sicheren Arbeitsplätze der Zukunft entstehen nicht in den herbeifantasierten Welten einer »New Econo-

my«, sondern dort, wo es um die langfristige, umwelt- und gesundheits-
verträgliche Sicherung von stofflichen und energetischen Bedürfnissen
der Menschen geht.

Von der Wurzel bis zur Blüte:
Beispiele für wichtige solare Grundstoffe

Ein größerer Kontrast ist kaum denkbar: Während der Petrochemie im
Prinzip nur ein einziger Basisstoff (mit gewissen Variationen in der Zusammensetzung der Kohlenwasserstoffe) zur Verfügung steht, haben
wir es bei der solaren Chemie mit einer geradezu atemberaubenden
Vielfalt zu tun. Jede Pflanzenart synthetisiert ihr eigenes, ganz spezifi-
sches Spektrum an Pflanzenstoffen, und jedes Pflanzenteil wiederum
hat sich auf die Ausbildung ganz bestimmter Inhaltsstoffe spezialisiert.
Aus diesem enormen Reichtum kann die solare Chemie auswählen, um
die vorhandenen Stoffe entweder direkt zu extrahieren und unverändert zu nutzen (»Native Grundstoffe«), oder indem sie die Synthesevorleistung der Pflanze nutzt, um in möglichst schonenden Verfahren
auf den extrahierten Pflanzenstoffen chemische Weiterentwicklungen
aufzusetzen (»Modifizierte Grundstoffe«).[16]

Im Folgenden sollen einige Beispiele für pflanzliche Grundstoffe, die
als Ausgangsmaterial für eine solare Chemie dienen können, beschrieben werden. Obwohl es durchaus reizvoll wäre, eine spezielle Botanik
unter dem Aspekt der alltagschemischen Nutzbarkeit zu entwickeln,
kann dies hier nur skizzenartig geschehen. Natürlich gibt es Standard-
werke zur Nutzpflanzenkunde[17]; sie beschränken sich aber zumeist auf
Nutzpflanzen, die derzeit in größerem Umfang kultiviert werden. Vor
1850 wurde noch ein Vielfaches an damals technisch genutzten Pflanzenprodukten beschrieben, von denen wir heute kaum noch die Namen
kennen.

Mit dem Bedeutungszuwachs der solaren Chemie wird sicher wieder eine neue warenkundliche Spezialliteratur entstehen, die der Vielfalt der Grundstoffe Rechnung trägt und so die Tradition der klassi-

schen warenkundlichen Fachliteratur nach aktuellem wissenschaftlichen Erkenntnisstand fortführt. Die ältere Warenkundeliteratur aus ihrer Blütezeit zwischen ca. 1670 und ca. 1870[18] wird aber auch künftig von Nutzen sein – allein, um heute vergessene Naturstoffe wiederzuentdecken.

Geeignete solare Grundstoffe finden sich in allen Teilen der Pflanze – von der Wurzel über Stängel, Blätter und Blüten bis hin zu den Früchten. Die Beschreibung der Stoffe kann nach unterschiedlicher Systematik erfolgen – nach ihrem jeweiligen Einsatzgebiet in Produkten, nach ihrer Zugehörigkeit zu chemischen Substanzklassen oder nach den Pflanzenteilen, in denen sie enthalten sind. Da die pflanzliche Diversität einen zentralen Gesichtspunkt darstellt, wollen wir im Folgenden einen kleinen Streifzug durch alle relevanten Pflanzenteile unternehmen und dabei mit den normalerweise unter der Erde liegenden Teilen – Wurzeln und Knollen – beginnen.

Wurzelstoffe

Gerade Pflanzenwurzeln und -knollen haben bei der Gewinnung von Pflanzenstoffen, die nicht nur der Ernährung dienen, eine lange Tradition. So enthält die Kartoffelknolle etwa 15 Prozent Stärke, die schon seit Langem auch zu chemisch-technischen Zwecken gewonnen, aufbereitet und verwendet wird. Kartoffelstärke ist chemisch gesehen ein Polysaccharid. Wie die Vorsilbe »Poly-« andeutet, handelt es sich dabei um einen polymeren Stoff, der sich chemisch durch eine lineare und verzweigte Verkettung von etwa 10.000 bis zu einer Million einzelner Zuckerbausteine (»-saccharid«) auszeichnet. Es handelt sich bei der Stärke also um ein regelrechtes Biopolymer, das vor allem als Bindemittel eingesetzt wird, z.B. in der Produktion von Papier, Pappe und Karton, aber auch bei der Herstellung von Farben und Klebstoffen.

Ein großer Vorteil ist, dass sie sich ohne großen energetischen oder chemischen Aufwand modifizieren lässt und dadurch in ihren chemischen und physikalischen Eigenschaften genau auf den jeweiligen technischen Anwendungszweck zugeschnitten werden kann. Im einfachsten Fall werden die komplexen Stärkemoleküle dadurch modifiziert, dass man – z. B. durch Einsatz von Enzymen – eine teilweise Spaltung der Riesenmoleküle vornimmt und damit zu kleineren Polymereinheiten mit anderen Eigenschaften gelangt. Eine andere Form des molekularen Abbaus kann durch Anwendung von Wärme eingeleitet werden; durch diese Thermolyse lässt sich z. B. Laevoglucosan gewinnen, ein »Zuckeranhydrid«, das wiederum als Grundstoff zur Gewinnung weiterer biogener Chemieprodukte dienen kann.

Etwas aufwendiger ist die chemische Modifikation der Stärkemoleküle z. B. durch Verätherung oder Veresterung, die zu biogenen Materialien mit ganz spezifischen Eigenschaften und Einsatzgebieten führt, etwa als Verdickungsmittel, Thixotropierungsmittel und zur Verbesserung der Fließeigenschaften von Mörteln. Stärke ist aber auch heute bereits eine wichtige Grundlage zur Herstellung von Biokunststoffen mit unterschiedlichen Eigenschaften, die von der thermoplastischen Stärke (TPS) über stärkebasierte Mischpolymere (Stärkeblends) bis hin zur Polymilchsäure (PLA) reichen und Kunststoffe auf Erdölbasis ersetzen können.

Auch in der Kombination mit mineralischen Stoffen können stärkebasierte Produkte zu wesentlichen technischen Verbesserungen führen. Ein Beispiel sind mineralische Bindemittelschlämme (z. B. auf Basis von Beton oder Gips), die im Spritzverfahren mit hohen Volumenströmen auf eine Oberfläche aufgetragen werden. Hier können Biopolymere auf Stärkebasis für eine perfekte Abstimmung der Fließeigenschaften (z. B. optimale Dünnflüssigkeit zur Steigerung der Förderleistung bei gleichzeitig verringerter Rückspritz- und Abtropfneigung) sorgen und dadurch die Effektivität und Produktivität der Arbeitsgänge deutlich steigern.

Obwohl Chemieprodukte auf der Basis des nachwachsenden Grundstoffs Stärke bereits heute eine Reihe von Vorteilen gegenüber fossil basierten Chemikalien aufweisen, gibt es noch ganz erheblichen Forschungsbedarf. Eine besonders positive Perspektive haben dabei gezielte Kombinationen verschiedener biogener Materialien miteinander.

Ein weiteres Beispiel für die »unterirdische« Bildung eines wichtigen pflanzenchemischen Grundstoffs ist der Zucker (chemische Bezeichnung: Saccharose), der aus der Zuckerrübe gewonnen wird. Während es für pflanzliche Stärke, wie beschrieben, auch direkte (»native«) chemisch-technische Verwendungsmöglichkeiten gibt, wird beim Zucker für solche Zwecke fast immer die aufwendige Synthesevorleistung der Rübenpflanze beim Aufbau der komplexen chemischen Struktur von Saccharose genutzt.

Von den zahllosen Chemieprodukten, die sich von der Saccharose ableiten lassen, seien hier nur die Tenside und Emulgatoren genannt. »Zuckertenside« wie Alkylpolyglycoside, N-Methylglucamide, Ethylglycosidester oder Saccharoseester sind zugleich ein Beispiel dafür, dass moderne chemische Forschung und Entwicklung auch aus altbekannten und vertrauten Grundstoffen noch hochinteressante Spezialchemikalien entwickeln kann, die mit ihren Eigenschaften perfekt die Bedingungen erfüllen, die wir heute an chemische Grundstoffe stellen: hohe technische Leistungsfähigkeit, problemlose Erneuerbarkeit, hohe Umweltverträglichkeit und gute Humanverträglichkeit. Zuckertenside haben daher vor allem Eingang in die Wasch- und Reinigungsmittel von Herstellern mit besonders konsequenter ökologischer Ausrichtung gefunden.

Ein ganz andersartiges Produkt aus einer Pflanzenwurzel ist der rote Farbstoff, der aus der Wurzel der Krapp-Pflanze (Färberkrapp) gewonnen wird. Krapprot mit seinem Hauptfarbstoff Alizarin (unverkennbar ein Wort arabischen Ursprungs) hat als Naturfarbstoff eine lange Tradition (»Türkischrot«) und war bis zum Eintritt der Teerchemie in die Farbenwelt von großer technischer, landwirtschaftlicher und sozialer Bedeutung. Wegen der harmonischen Farbtöne und guten Lichtbeständigkeit erlebt Krapprot in Malfarben, aber vor allem in der Textilfärbung derzeit eine bemerkenswerte Renaissance. Die erfolgreiche Wiedereinführung von Krapprot als biogener Textilfarbstoff ist vor allem dadurch möglich geworden, dass für das Färbeverfahren heute moderne Anlagentechnik verwendet wird.

Pflanzenstoffe aus der Sprossachse

Die oberhalb der Wurzel liegenden Pflanzenteile, die botanisch als »Sprossachse« bezeichnet werden, stellen die mechanische und chemische Verbindung zwischen den Wurzeln und Blättern bzw. Blüten her. Sie weisen eine besonders hohe Vielfalt an Formen (Schaft, Halm, Stängel oder Stamm) und Inhaltsstoffen auf. Die Bandbreite reicht von den Halmen und Stängeln einfacher Feld- und Wiesenpflanzen, die hauptsächlich als Lieferanten von Pflanzenfasern oder Pflanzenfarbstoffen interessant sind, über die Äste verschiedener Sträucher als Quellen von Gummen, Harzen und Quellstoffen bis hin zu den Stämmen größerer Bäume, die in ihren verschiedenen Schichten eine ganze Palette an Substanzen liefern: vom Holz über Farbstoffe und Naturharze bis hin zu der Gummimilch, die aus dem Stamm (genauer: der Rinde) des Kautschukbaums gewonnen wird.

Eine herausragende Rolle spielt in der pflanzenchemischen Praxis der Faserstoff aus der Hanfpflanze. Hanffasern gehören wegen ihrer hervorragenden Festigkeit, chemischen Stabilität, der guten Flächenerträge und wenig anspruchsvollen Anbaubedingungen zu den wichtigsten nachwachsenden Rohstoffen. Sie bilden im Hanfstängel im Grunde bereits einen faserverstärkten Verbundwerkstoff, bei dem die einzelnen, unterschiedlich langen Fasern durch Pektine (pflanzliche Polyuronide, eine Untergruppe der Polysaccharide und damit Substanzen mit Polymercharakter) verbunden sind. Die Fasern selbst bestehen überwiegend aus Zellulosen unterschiedlichen Polymerisationsgrades. Sie können in so unterschiedlichen technischen Anwendungsgebieten wie Papier- und Kartonherstellung, Dämmstoffproduktion oder in Faserverbundwerkstoffen ebenso eingesetzt werden wie als Textilfasern.

Damit entsteht bei Hanffasern die fast einzigartige Situation, dass ein Pflanzenstoff zugleich eine Jahrtausende alte Nutzungstradition aufweist wie auch das Potenzial besitzt, zu einem der bedeutendsten Werkstoffe bzw. Werkstoffkomponenten der Zukunft zu werden – und das bei vollständiger Erneuerbarkeit, abfallfreier Erzeugung durch Sonnenenergie und problemloser Rückkehr in den Stoffkreislauf.

Da die Nutzpflanze Hanf, je nach Züchtungsrichtung und Anbaumethode, auch ganz andersartige Grundstoffe wie Hanfschäben, (fettes) Hanföl, ätherisches Hanföl, Hanfeiweiß, Pflanzenharze und auch wirksame Arzneistoffe wie THC (Tetrahydrocannabinol) liefern kann, ist sie in vielen Publikationen als eine Art Wunderpflanze bezeichnet worden. Tatsächlich ist erstaunlich, in wie vielen unterschiedlichen Einsatzgebieten Hanfprodukte genutzt werden können.

Die Vielfalt an Nutzungsmöglichkeiten und die Kombination einzigartiger Eigenschaften haben Hanf zu einem der Vorzeigegrundstoffe auf dem Gebiet der nachwachsenden Rohstoffe werden lassen. Die engagierte Aufklärungs- und Öffentlichkeitsarbeit für diesen zukunftsträchtigen Grundstoff, die z.B. das nova-Institut in Hürth und sein Gründer Dr. Michael Carus geleistet haben, könnten Vorbild auch für viele andere erneuerbare Rohstoffe sein, die über ähnlich überzeugende Eigenschaften verfügen, denen es aber an einer wirksamen Interessenvertretung fehlt.

Eine ganz andere Klasse von Pflanzenstoffen, die ebenfalls aus Sprossachsen – in diesem Fall aus Baumstämmen – gewonnen werden, sind die Baumharze. Sie werden hergestellt, indem man die Rinde von bestimmten Nadel- oder Laubbäumen ritzt. An der Verletzungsstelle tritt eine zähflüssige Substanz (Exsudat, »Ausschwitzung«) aus, die zumeist aus dem eigentlichen (festen) Harz und einem flüchtigen Öl besteht, in welchem dieses Harz gelöst ist. Je nach Gewinnungstechnik fängt man die noch halbflüssige Mischung beider Komponenten (den Harzbalsam) auf, oder man lässt den austretenden Harzfluss an der Luft trocknen und sammelt nur die verfestigten Bestandteile an der Oberfläche ab. Bei den traditionellen Techniken der Harzgewinnung wird der harzliefernde Baum nur so schonend angeritzt, dass seine Lebensfunktionen erhalten bleiben und damit seine Lebensdauer nicht beeinträchtigt wird.

Das bekannteste Baumharz, das auf diese Weise gewonnen wird, ist das Kolophonium. Es stammt von verschiedenen Kiefern- und Fichtenarten vor allem im Mittelmeerraum; eine ertragreiche Gewinnung ist aber auch in mittel- und nordeuropäischen Regionen möglich. Der aus diesen Nadelbäumen gewonnene halbflüssige Harzbalsam wird in Destillationsanlagen vor Ort in die beiden Hauptbestandteile – das flüchtige Balsamterpentinöl und das feste eigentliche Kolophonium – getrennt. Das Balsamterpentinöl kann – gegebenenfalls nach weiterer destillativer Auftrennung in seine verschieden flüchtigen Komponenten – als Lösemittel, Duftstoff, Bestandteil von Heilmitteln oder auch als Basis für weitere Synthesen genutzt werden. Das feste Kolophonium ist auch bekannt als Geigenharz, mit dem die Bogenhaare von Streichinstrumenten eingerieben werden, um ihnen die für die Tonerzeugung nötige leichte Klebrigkeit verleihen.

In technischer Nutzung wird Kolophonium als Ausgangssubstanz für Farben, Lacke und Klebstoffe verwendet. Da das unverarbeitete Baumharz über einen relativ niedrigen Schmelzpunkt verfügt, wird es für solche Zwecke jedoch in der Regel mit anderen Naturstoffen wie anderen Baumharzen, pflanzlichen Ölen oder auch Mineralien wie Kalk oder Zinkoxid bei erhöhten Temperaturen zu härteren Polymeren weiterverarbeitet (»verkocht«). Bei diesen Veredelungsschritten verbessern sich nicht nur die lack- und farbentechnischen Eigenschaften des ursprünglichen Baumharzes, sondern es verliert auch die mögliche allergene Wirkung, die von den primär enthaltenen Harzsäuren (z. B. Abietinsäure) bzw. deren Oxidationsprodukten ausgehen kann.

Während die meisten Naturharze aus Nadelbäumen (Koniferen) gewonnen werden, gibt es auch einige Laubbaumarten, die bei Anritzen der Rinde harzartige Substanzen absondern. Ein besonders wertvolles Harz dieser Art liefert der vor allem auf den Sundainseln des malaiisch-indonesischen Archipels beheimatete Dammarbaum (Shorea wiesneri). Das Dammarharz ist von heller, an Bruchstellen glänzender Farbe (daher auch »Katzenaugenharz« genannt) und wird in besonders hochwertigen Lack- und Klebstoffzubereitungen eingesetzt.

Die Dammarharzgewinnung aus den Bäumen der Shorea-Arten weist noch eine ökologische Besonderheit auf. Diese Baumarten sind nämlich auch Lieferanten des begehrten Tropenholzes Meranti. Da die Gewinnung von Dammarharz aus diesen Bäumen traditionell von den Bewohnern der Region in strikt nachhaltiger Weise erfolgt – also ohne Schädigung des Baums, der auf diese Weise jahrzehntelang Harz liefern kann – steht die Dammarharzproduktion in direkter Konkurrenz zur Tropenholzgewinnung. Eine Förderung der Dammarharzerzeugung ist damit auch ein wirksamer Schutz vor der Zerstörung von Tropenwald und liefert gleichzeitig der ansässigen Bevölkerung nachhaltige Einkommensmöglichkeiten bei der Gewinnung, Sammlung, Sortierung und Vermarktung des Edelharzes.

Eine große Zahl von Baum- und Straucharten sondert beim Anritzen ihrer Rinde harzartige Produkte ab. Viele dieser Baum- und Strauchharze sind ausgesprochen wohlriechend (Weihrauch, Mastix, Myrrhe, Styrax) und werden daher als Bestandteile von Räucherwerk und in der Parfümindustrie, aber auch als Komponenten von Heilmitteln eingesetzt. Manche Exsudate von Sträuchern unterscheiden sich von den (in Wasser unlöslichen) typischen Harzen deutlich; sie sind zwar ebenfalls klebrig-zähflüssig und erhärten an der Luft, sind jedoch wasserlöslich oder zumindest in Wasser quellbar. Der bekannteste Vertreter dieser Naturstoffgruppe der Gummen ist das Gummi Arabicum, das sowohl als einfacher Klebstoff für Briefmarken, als Papierkleber oder als Verdickungs- oder Überzugsmittel in Lebensmitteln eingesetzt wird.

Ein wieder ganz andersartiges Pflanzenprodukt entsteht beim Anritzen des Kautschukbaums (Hevea brasiliensis). Der Milchsaft (Latex), der hier an den Ritzstellen austritt, ist weder harzartig spröde noch wasserlöslich wie Gummi Arabicum, sondern bildet nach dem Verdunsten des Wassergehalts oder nach Ausflocken des Feststoffanteils eine flexible Masse, eben ein Naturgummi. Obwohl die beim Anzapfen des Baumes austretende Latexmilch sehr dünnflüssig ist, beträgt der Feststoffgehalt fast ein Drittel der Gesamtmasse der Latexmilch (zum Vergleich: Kuhmilch besteht fast zu 90 Prozent aus Wasser). Für einen effektiveren Transport kann die Latexmilch nach dem Abzapfen sogar noch weiter aufkonzentriert werden und enthält dann – bei fortbestehender Dünnflüssigkeit – mehr als 50 Prozent festes Naturgummi – ein Beleg für die einzigartige Wirksamkeit des in der Latexmilch enthaltenen natürlichen Emulgators.

Dieses Wunder an Emulgierfähigkeit wird von geringen Mengen an Eiweißstoffen in der Latexmilch bewirkt, die es schaffen, die winzigen

Gummitröpfchen in ihrer wässrigen Umgebung in der Schwebe zu halten. Die Emulsion ist allerdings fragil: Bereits durch Beifügung von einigen Säuretropfen koaguliert der Gummianteil, und aus der soeben noch dünnflüssigen Latexmilch ballt sich ein Gummipfropf, der auf den ersten Blick ein kaum geringeres Volumen als die ursprüngliche Milch einnimmt. Damit dies nicht während des Transports von der Plantage zum Verarbeitungsort geschieht, wird die Latexmilch vor dem Abfüllen in die Transportfässer mit geringen Mengen Salmiakgeist (Ammoniaklösung) auf einen alkalischen pH-Wert eingestellt. So stabilisiert, ist die Latexmilch problemlos transportfähig und kann monatelang gelagert werden.

Aufgrund der elastischen Eigenschaften von Naturgummi eignet sich dieser Werkstoff hervorragend als Bestandteil von Klebstoffen, bei denen die Klebeverbindung nicht völlig starr sein darf (z. B. bei Bodenbelägen). Da solche Klebstoffe meist in pastosem Zustand angeboten werden, verarbeitet man die Latexmilch direkt in ihrer flüssigen Form. Die weiteren Rezepturbestandteile des Klebers (z. B. Harze und Füllstoffe) müssen dann allerdings so ausgewählt werden, dass die Latexemulsion nicht während des Mischvorgangs koaguliert. Die Koagulation soll vielmehr erst nach der Applikation erfolgen, wenn die noch enthaltenen Wasseranteile die Emulsion verlassen und das Klebstoffgemisch geordnet und bestimmungsgemäß fest wird. – Auch für andere Gummiartikel (z. B. Schnuller, Handschuhe, Luftballons, Kondome) wird die Latexmilch direkt verarbeitet und erst auf der Oberfläche eines Werkzeugs, das die spätere Form vorgibt, zur Gerinnung gebracht.

Für andere Zwecke (z. B. in der Reifenindustrie, wo der Wassergehalt natürlich stören würde) wird nicht die Latexmilch verarbeitet, sondern das darin enthaltene Gummi zunächst ausgeflockt, der verbleibende Wasseranteil abgetrennt und die feste Gummimasse dann auf starken Walzen durchgewalkt und anschließend in große, dünne Platten (Sheets) ausgewalzt. Aus diesen Gummiplatten werden dann beim Verarbeiten durch Vermischen mit anderen Polymeren (auch synthetischen), Füllstoffen und Additiven Gummiartikel mit genau definierten mechanischen und chemischen Eigenschaften produziert. Moderne

Fahrzeugreifen enthalten nach wie vor einen hohen Anteil an Naturkautschuk, der für die heute notwendigen Hochleistungseigenschaften unverzichtbar ist. Mit den gewachsenen Anforderungen ist der Anteil von Naturkautschuk in den Laufflächen von Reifen in den letzten Jahren sogar noch um fast 10 Prozent gestiegen.

Die historische Entwicklung der Gewinnung von Naturkautschuk, der von den Menschen seit Jahrtausenden verwendet wird, ist so verwickelt wie spannend. War der Kautschukbaum, wie sein Name Hevea brasiliensis andeutet, zunächst eine nur auf dem amerikanischen Kontinent (vor allem in Amazonien) beheimatete Pflanze, so wurden ab 1876 Samen der Pflanze außer Landes geschmuggelt und mit ihnen Kautschukplantagen in Afrika, Indien und Südostasien begründet. Trotz dieser baldigen Verbreitung in allen tropischen Regionen der Welt diente praktisch eine einzige Pflanzenart als Quelle für den (nicht zuletzt aufgrund der Automobilentwicklung) rasant steigenden Bedarf. Diese Monostellung einer Pflanzenart, die noch dazu nur in bestimmten Klimaten wächst, war schon früh Anlass für Versuche, auch andere Pflanzenarten als Kautschuklieferanten zu nutzen.

Tatsächlich ist die Produktion von gummihaltigem Latexsaft kein Privileg des Kautschukbaums. Es gibt vielmehr zahlreiche andere Pflanzenarten, die solche Latexsäfte produzieren – darunter sogar eine in Russland beheimatete Art von Löwenzahn (Taraxacum koksaghyz, russisches Dandelion) und der Zwergstrauch Guayule (Parthenium argentatum). In beiden Pflanzen findet sich Latexsaft im Wurzelbereich mit Latexgehalten von immerhin 5–10 Prozent. Bereits der Automobilpionier Henry Ford hatte in den 1930er-Jahren umfangreiche Anbau- und Verarbeitungsversuche vorgenommen, um auch andere Kautschukquellen zu erschließen. Eine Ausweitung des Spektrums an Pflanzen, die zur Kautschukproduktion nutzbar sind, auf möglichst viele verschiedene Pflanzenarten und Anbauregionen wäre aus naturschutzfachlicher und ökologischer Sicht sehr wünschenswert und natürlich auch, um die bestehenden Abhängigkeiten von einzelnen Anbauregionen zu vermindern.

Die Europäische Union hat hierfür ein eigenes Forschungsprogramm entwickelt: EU-PEARLS (EU-based Production and Exploitation of Alternative Rubber and Latex Sources). In der Beschreibung dieses Programms finden sich einige interessante Formulierungen und Argumente: »EU-PEARLS verbindet Interessentengruppen in der EU und anderswo bei Entwicklung, Verwertung und nachhaltigem Gebrauch von Guayule und russischem Dandelion, um eine völlig neuartige Wertschöpfungskette für Naturgummi und Latex aus diesen Pflanzenarten aufzubauen. Naturgummi ist ein einzigartiges Biopolymer, das für Industrie, Medizin, Körperpflege und Transportwesen unverzichtbar ist – vor allem deshalb, weil es in keinem dieser Anwendungsfelder durch synthetische – erdölbasierte – Materialien ersetzt werden kann.«[19]

Sprossachsen von Pflanzen liefern nicht nur Fasern und biogene Polymere wie Harze, Gummen und Naturlatex, sondern auch Farbstoffe. Eine heute wieder in den Blick gerückte Färbepflanze ist der Färberwau (Reseda luteola), in dessen gesamtem Stängel (sogar in allen oberirdischen Pflanzenteilen) sich ein farbschöner, recht lichtechter und relativ leicht mit Wasser extrahierbarer gelber Farbstoff aus der Stoffgruppe der Flavonoide (Luteolin) befindet. Der Farbstoffgehalt in der pflanzlichen Trockensubstanz beträgt immerhin bis zu 3 Prozent.

Resedagelb wird inzwischen nicht nur wieder in kleinindustriellem Maßstab zur Textilfärbung verwendet, sondern nach Bindung an Tonerde auch in Pigmentform als Malfarbe. Färberwau ist eine Pflanze mit sehr geringem Anspruch an die Kultivierungsbedingungen – er wächst problemlos auch wild, z. B. auf Bahndämmen, Schutthalden etc. Färberwau bietet sich daher als ideale Frucht in einem ökologisch sinnvollen landwirtschaftlichen Fruchtwechsel an. Hier wie bei einer Vielzahl anderer Pflanzenfarbstoffe – die natürlich nicht nur aus pflanzlichen Sprossachsen gewonnen werden, siehe Krappwurzel – ist in den letzten Jahren weltweit ein enormer Aufschwung im Bereich Forschung, Entwicklung und Anwendung zu verzeichnen.

Diese Renaissance der Pflanzenfarben hat inzwischen auch eine Fülle neuer Literatur zu den Eigenschaften und der Kultivierung der Färbepflanzen und auch zu den Farbstoffen selbst sowie deren chemisch-technischer Verwendung in der textilen Kette erzeugt. Wirkte dieser Zweig der solaren Grundstoffe vor etlichen Jahren noch etwas alt-backen, so ist heute daraus ein sehr lebendiger Teil der Pflanzenchemie entstanden, dessen landwirtschaftliche, ökologische, technologische und soziale Potenziale jetzt erst sichtbar werden. Hunderte von For-schern und Entwicklern, vor allem in Europa und Amerika, haben in jüngster Zeit neue Erkenntnisse und Anwendungsmöglichkeiten von Pflanzenfarben hervorgebracht, die heute weit über den Stand in der Pionierphase der modernen Pflanzenfarbennutzung hinausgehen.[20]

Solare Grundstoffe aus Pflanzenblättern

Die Vielfalt pflanzlichen Lebens wird wohl kaum an einem pflanzlichen Strukturelement so deutlich wie an den Blättern. Nicht umsonst orien-tieren sich botanische Laien wie Fachleute ganz besonders an den un-terschiedlichen Größen, Formen, Stellungen, Texturen, Glanzgraden, Farben und Unterstrukturen der Blätter, um beispielsweise bei Bäumen verschiedene Arten mit ähnlicher Gesamterscheinung sicher voneinan-der unterscheiden zu können. Blätter haben als primäre Aktionsflächen der Fotosynthese für die Pflanzen natürlich eine besondere Bedeutung. Um das energieliefernde Sonnenlicht optimal einzufangen, besitzen sie eine große Oberfläche und bilden daher im Vergleich zu den anderen Pflanzenteilen die größte Kontaktfläche zu den Umweltmedien, insbe-sondere Luft und Wasser.

Diese große Kontaktfläche erhöht aber auch das Risiko, durch den Angriff der Umweltmedien oder durch Fraß geschädigt zu werden. Pflanzen bilden daher besonders auf der Unter- und Oberseite der Blät-ter, aber auch im Inneren sekundäre Pflanzenstoffe, die für einen aus-reichenden Schutz gegenüber solchen Angriffen sorgen, ohne die Effek-tivität der Fotosyntheseprozesse wesentlich zu behindern.

Dabei spielen wachsartige Substanzen eine besondere Rolle. Sie schützen das Pflanzenblatt vor zu großer Austrocknung (durch Ver-dunstung von Wasser), aber zugleich auch vor Auslaugung (durch Regenwasser) und Ausbleichung (durch den ultravioletten Strahlungs-anteil des Sonnenlichts). Der Schutz vor Auslaugung durch wasserab-weisende Eigenschaften, der zum Abperlen von Regenwasser oder Tau führt, hat aber auch noch eine wichtige Nebenfunktion. Die glatte Oberfläche verhindert nämlich außerdem eine Anhaftung von Staubpartikeln, die wiederum als Substrat für die Besiedelung mit blattschädigenden Bakterien oder Pilzsporen dienen könnten (Selbstreinigungseffekt der Blätter).

Diese Naturstoffe entfalten also gleichzeitig eine ganze Reihe von physikalisch-chemischen Wirkungen: Hydrophobierung (Abweisung von flüssigem Wasser), Oberflächenglättung (Schmutzabweisung), Diffusionssteuerung (Regulierung des Austauschs von Wasserdampf) und selektive Strahlungsfilterung (»Sonnenschutz«). Sie sind folglich für die Nutzung in chemisch-technischen Alltagsprodukten besonders interessant, weil sie die genannten Mechanismen der Schutzwirkung auch auf andere Objekte (Lebensmittel wie Zitrusfrüchte oder Süßigkeiten, Arzneimittel, aber auch Holzmöbel, Fußböden, Schuhe, Haut) übertragen können. Sie kommen daher in einer ganzen Palette von Produkten zur Anwendung, um den Produkten diese positiven Eigenschaften zu verleihen.

Im mitteleuropäischen Normalfall sind die Schichtdicken solcher Pflanzenwachse auf der Blattoberfläche ziemlich gering, sodass sich eine Gewinnung für chemisch-technische Zwecke nur im Ausnahmefall lohnen würde. Anders sieht das in subtropischen und tropischen Regionen aus, wo sich Pflanzenblätter häufig mit dickeren Schichten von Pflanzenwachsen gegen schädliche Umgebungseinflüsse schützen müssen. Besonders bedeutsam – und zugleich leicht zu gewinnen – sind solche Pflanzenwachse auf der Oberfläche von Palmblättern wie beispielsweise der Karnaubapalme (Copernicia prunifera), die hauptsächlich im Nordosten Brasiliens gedeiht. Auch aus ökologischer Sicht ist es vorteilhaft, dass Karnaubawachs ausgerechnet auf Palmenblättern vorkommt: Bei dieser Baumart können problemlos einzelne Blätter (Palmwedel) z. B. im unteren Bereich abgeschnitten werden, ohne das weitere Wachstum der Palme zu gefährden (das Prinzip des »Extraktivismus«, d. h. eine nachhaltige Pflanzennutzung, ähnlich wie beim Dammarharz).

Die Gewinnung des Karnaubawachses von der Oberfläche des Palmenblattes ist einfach. Da der Schmelzpunkt von Karnaubawachs bei etwa 85°C liegt, wird es in heißem, nahezu siedendem Wasser flüssig, steigt aufgrund seiner geringeren Dichte an die Oberfläche und kann dort abgeschöpft und wieder verfestigt werden. Andererseits ist diese Schmelztemperatur viel höher als bei anderen Wachsarten (z. B. Bienenwachs mit ca. 65°C), sodass es auch in Umgebungen mit höherer Temperatur noch gut eingesetzt werden kann. Diesen Eigenschaften entsprechend wird Karnaubawachs in Polituren, Schuhpflegemitteln, Holzbehandlungsmitteln sowie als Überzugs- und Trennmittel für Lebens- und Genussmittel, z. B. Schokodragees, eingesetzt.

Eine besondere Bedeutung hat es als konservierendes, aber biozidfreies Schutzmittel für Zitrusfrüchte. Eine hauchdünne Schicht von Karnaubawachs sorgt hier dafür, dass die empfindlichen Früchte einerseits keine Feuchtigkeit von außen aufnehmen und auch Schmutz abgewiesen wird; verhindert jedoch andererseits aufgrund seiner Durchlässigkeit für Wasserdampf, dass die Früchte durch Feuchtestau von innen her faulen. Auch in den anderen Anwendungsbereichen genügen bereits geringe Mengen von Karnaubawachs, um z. B. eine gute wasserabweisende Wirkung (Hydrophobierung) zu erreichen. Das Pflanzenwachs hilft damit, Ziele wie Ressourcenproduktivität zu erreichen, da die Karnaubawachs enthaltenden Produkte bereits bei sehr geringen Auftragsmengen die gewünschte Schutzwirkung erzielen.

Pflanzenstoffe in Früchten und Samen

Obwohl natürlich auch noch andere Pflanzenteile – z. B. die Blüten – zahlreiche interessante Substanzen liefern, wollen wir abschließend nur noch den Bereich der Pflanzenfrüchte und hier besonders der Samen als Quelle für biogene Grundstoffe betrachten. Pflanzensamen sind im Kosmos der Pflanzenstoffe wieder eine Galaxie für sich. Sie kommen in einer unglaublichen Größen- und Formenvielfalt vor, die von den winzigen Samenkörnern der Mohnpflanze bis hin zu den Kokosnüssen reicht, die botanisch gesehen keine Nüsse, sondern die Früchte der Kokospalme sind und bis zu 30 Zentimeter lang sein können.

Nicht nur bei den Größen, sondern auch bei den Inhaltsstoffen ist

die Variationsbreite enorm. Das liegt zum einen daran, dass Pflanzensamen keine homogenen Gebilde sind, sondern in der Regel eine scha-
lenartig aufgebaute Struktur besitzen. Auf der Außenseite befinden sich
Substanzen, die eher für einen Schutz der Samen gegen vorschnelle Um-
welteinflüsse sorgen (Schutz vor mechanischen Beschädigungen, aber
vermittels wachsartiger Substanzen auch Schutz vor zu schneller Austrocknung, Auslaugung oder Verschmutzung). Zum anderen sind die
im Inneren enthaltenen Substanzen vielfältig. Hier reicht die Bandbreite von Zuckern über mittelmolekulare Polymere (z. B. Pektin), Stärke,
Eiweiß bis hin zu Faserstoffen, Duftstoffen und Ölen. Jede dieser Stoffgruppen kommt wieder in großer Variabilität und Vielfalt vor, sodass
gerade Pflanzensamen und ihre Inhaltsstoffe ein ausgesprochen
lohnendes Arbeitsfeld für die Chemie auf Basis biogener Grundstoffe
bieten.

Aus dieser Vielzahl soll nur die Gruppe der Pflanzenöle heraus-
gegriffen werden. Pflanzenöle stellen, chemisch gesehen, zumeist Mischungen von Triglyceriden dar, das sind Verbindungen von Glycerin
mit diversen Fettsäuren. Diese Fettsäuren wiederum decken selbst eine
riesige Bandbreite ab, weil in ihren kettenförmigen Kohlenwasserstoff-
strukturen jede Menge unterschiedlicher Kettenlängen, Verknüpfungs-
arten (wie z.B. Doppelbindungen bei ungesättigten Fettsäuren, die sich
dann auch noch durch ihre Abfolge im Molekül unterscheiden), zusätzliche Elemente wie Sauerstoff (z.B. beim Rizinusöl) auftreten können. Durch Kombination der diversen möglichen Strukturelemente
sind folglich Hunderte verschiedener Arten von Triglyceriden möglich,
die sich in den Pflanzensamen finden lassen.

Pflanzenöle sind aber nicht nur wegen der Vielfalt der Triglyceride
ein äußerst lohnendes Feld der Pflanzenchemie. Der chemische Aufbau
der diese Öle konstituierenden Fettsäuren bietet nämlich gleich an
mehreren Stellen Ansatzpunkte für einfache chemische Modifikations-
möglichkeiten, die dann zu Produkten mit neuen, nicht mehr unbedingt ölartigen Eigenschaften führen. Da ist zum einen die Säure-
funktion dieser Fettsäuren, die im einfachsten Fall durch schlichte
Neutralisierung mit dem chemischen Gegenpol, den Alkalien, zur Bil-

dung diverser Arten von Seifen führt, die wiederum als waschwirksame Stoffe, aber auch als Mattierungsmittel, Trennmittel und sogar als Bindemittel eingesetzt werden können.

Anspruchsvoller sind dann schon diejenigen chemischen Modifikationen, die zwar auch am Säureteil der Fettsäuren ansetzen, jedoch dort eine Umsetzung mit anderen organischen Molekülarten bewirken und dann zu neuen Stoffklassen wie Fettalkoholen oder Fettsäureestern führen. Für diese gibt es zahlreiche Anwendungsgebiete in der Technik, aber auch in Alltagsprodukten. Ein Beispiel ist die Herstellung von Cetylalkohol (Palmitylalkohol) aus der in Palmöl enthaltenen Palmitinsäure. Cetylalkohol ist ein wichtiger Grundstoff für die Kosmetik- und Reinigungsmittelindustrie und wird dort heute in zahllosen Produkten eingesetzt. Gerade dieser Grundstoff wurde lange fast ausschließlich aus Erdöl synthetisiert.[21] Seine heutige Herstellung aus nachwachsenden Rohstoffen ist damit ein bedeutsames Beispiel für das Konversionspotenzial, das biogene Stoffe im Ersatz für nicht erneuerbare Rohstoffe bieten.

Unter den Pflanzenölen, die heute bereits für chemisch-technische Zwecke eingesetzt werden, spielt das Samenöl der Leinpflanze eine besondere Rolle. Auch hier hat sich in den letzten Jahren eine Brücke zwischen dem jahrtausendealten traditionellen Einsatz als Speiseöl und einfacher Bindemittelgrundstoff und der heutigen Verwendung als Werkstoffkomponente in anspruchsvollen Anwendungen ausgebildet. Leinöl besitzt nämlich gleich mehrere funktionelle »Andockstellen« für weitergehende Modifikationen: So besteht es einerseits, wie alle Pflanzenöle, aus Triglyceriden und kann damit alle Reaktionen, die auf dem Fettsäurecharakter beruhen, ebenfalls durchlaufen.

Die wesentliche chemische Funktionalität von Leinöl beruht jedoch darauf, dass es ungesättigte bzw. mehrfach ungesättigte Fettsäuren wie Ölsäure (einfach ungesättigt, d.h. es ist eine Doppelbindung vorhanden), Linolsäure (zweifach ungesättigt), Linolensäure (dreifach ungesättigt) enthält. Diese Doppelbindungen befähigen das Leinöl, sowohl »mit sich selbst« als auch mit anderen Stoffen chemische Verbindungen einzugehen. Die Verbindung »mit sich selbst« tritt bereits dann auf, wenn man Leinöl längere Zeit unter Luftabschluss stehen lässt. Im Laufe von Jahren bilden sich dann aus den enthaltenen ungesättigten Fettsäuren molekulare Zusammenschlüsse, es setzt also eine Art »Autopolymerisation« ein; das Leinöl wird durch diesen Polymerisationsprozess aufgrund der Entstehung von Molekülen mit höherem Molekulargewicht dickflüssiger. Da der Prozess in überschaubaren Zeiträumen keine wirklich hochpolymeren Stoffe entstehen lässt, könnte man eher von einer Oligomerisierung sprechen.

Das Standöl als Stoffgemisch aus monomeren und oligomeren Leinölfettsäuren ist nicht nur dickflüssiger, es bekommt auch wesentlich bessere Eigenschaften zur Verwendung in Anstrichstoffen (Verbesserung der Durchtrocknung und Glanzhaltung, Verminderung der Neigung zur Runzelbildung, Verbesserung des Trocknungsgeruchs usw.). Es wundert daher nicht, dass bei Malern früherer Jahrhunderte die am Lager befindlichen Standöle unter den Malmittel-Vorräten zu den besonders wohlgehüteten Schätzen gehörten.

Da es sich bei der Standölbildung um eine von selbst ablaufende chemische Reaktion ohne Beteiligung weiterer Stoffe handelt, die eben nur sehr langsam abläuft, wird heute in der Praxis nicht mehr Jahrzehnte bis zur Bildung perfekt dickflüssiger Leinöl-Standöle gewartet. Man nutzt vielmehr die Tatsache, dass chemische Reaktionen wie die Autopolymerisation bei höheren Temperaturen schneller verlaufen als bei Raumtemperatur. Wenn man also gut gereinigtes Leinöl über einen Zeitraum bis zu zwei Stunden unter striktem Luftabschluss auf Temperaturen von 200–250°C erwärmt, erfolgt die angestrebte (Teil-) Polymerisation bis zu dem gewünschten Grad bereits in diesem kurzen Zeitraum. Der Grad der erreichten internen Vernetzung ist dann an der Zähflüssigkeit (Viskosität) der gebildeten Standöle ablesbar.

Trotz der verbesserten anstrichtechnischen Eigenschaften der Leinöl-Standöle führt der Oligo- und Polymerisationsprozess immer noch zu recht einfachen Bindemittelarten, die heutigen Anforderungen nicht in allen Fällen genügen. Man hat daher inzwischen weitere Modifikationen entwickelt, bei denen die Leinölfettsäuren nicht mit sich selbst reagieren, sondern beispielsweise mit den Harzsäuremolekülen von pflanzlichen Harzen. Durch solche »Harz-Öl-Verkochungen« entstehen dann bereits anspruchsvolle Bindemittel für Farben und Lacke, die bei geeigneten Mischungsverhältnissen zwischen Harzen, Leinöl und weiteren Zusatzstoffen sowie bei genauer Prozessführung auch als Basis für moderne lösemittelfreie Anstrichstoffe dienen können.

Aspekte zur Verarbeitung solarer Grundstoffe

Der prozessuale Aspekt der solaren Chemie

Die Methoden und Prozesse der erdölbasierten Chemie müssen zwangsläufig einigermaßen »gewaltsam« sein – zu groß ist der stoffliche, strukturelle und funktionelle Abstand zwischen den simplen Kohlenwasserstoffen des Erdöls und den komplexen Molekülen, die heute für anspruchsvolle chemisch-technische Alltagsprodukte gebraucht werden. Wobei »Gewalt« hier natürlich keine moralische Kategorie ist – die Entwickler und Anwender konventioneller chemischer Synthesemethoden sind in aller Regel so friedliche und umgängliche Menschen wie jeder brave Ingenieur, Schreiner oder Landwirt. Der Begriff »gewaltsam« reflektiert eher den Umstand, dass die Erdölkohlenwasserstoffe, wie bereits erwähnt, nur »unter Zwang« die Reaktionswege beschreiten, die ihnen vom Syntheseplan der Chemiker auferlegt werden.

Jenseits dieser anthropomorph versinnbildlichenden Begriffe geht es vielmehr ganz nüchtern um Reaktionsfähigkeit und Energiegehalt von Edukten und Reagenzien, um den Energieaufwand und unerwünschte Nebenreaktionen bei der Führung der Moleküle entlang von Potenzialflächen, um strukturellen Zugewinn und z. B. den Erhalt von chiralen Zentren. Aber auch in dieser eher physikalisch-chemisch formulierten begrifflichen Umgebung bleibt der stoffliche wie energetische Aufwand enorm und bleiben die unvermeidlich auftretenden Nebenwirkungen zahlreich.

Umso wichtiger ist es, dass die solare Chemie von vornherein darauf achtet, mit ihren Methoden und Prozessen nicht ähnlich energieaufwendig, abfallreich und störfallträchtig zu handeln. Das wäre grundsätzlich durchaus möglich: Es gibt zahlreiche Beispiele dafür, dass pflanzliche Naturstoffe auf ähnliche Weise mit Reagenzien wie Chlor und Nitriersäure traktiert werden wie jeder beliebige Erdölkohlenwasserstoff – und die Ergebnisse dieser Reaktionen unterscheiden sich in ihrem Abfallaufkommen, Störfallrisiko und der Entstehung problematischer Endprodukte dann auch nicht von den klassischen Produkten der harten Chemie.

Wenn man etwa den in Nadelbäumen vorkommenden Naturstoff Camphen (einen Verwandten des Duftstoffs Campher) 20-prozentig in Tetrachlorkohlenstoff löst und durch diese Lösung unter UV-Bestrahlung einige Stunden lang Chlorgas leitet, entsteht in guter Ausbeute das Pestizid Toxaphen (Camphechlor), das nun einen Chlorgehalt von fast 70 Prozent aufweist. Toxaphen gehört damit zu den besonders umweltgefährlichen POPs (persistent organic pollutants, also unerwünscht langlebigen organischen Umweltverschmutzern) und ist seit 2001 weltweit verboten. Der Stoff ist sogar auf der Liste des als besonders umweltgefährlich eingestuften »dirty dozen« (dreckiges Dutzend) zu finden. Dort steht Toxaphen in unmittelbarer Nachbarschaft von üblen petrochemischen Vertretern wie DDT und PCB. Es dürfte einleuchten, dass eine solche »gewaltsame« Zurichtung eines ursprünglich wundervollen, wohlduftenden und leicht biologisch abbaubaren Naturstoffs wie Camphen nicht das ist, was hier unter möglichst schonender Modifikation von Naturstoffen verstanden werden kann.

Toxaphen als besonders drastisches, wenn auch nicht weit hergeholtes (da tatsächlich bis 2001 weltweit in großem Stil hergestelltes und verwendetes) Beispiel darf allerdings nicht verdecken, dass es bei der Frage nach noch zulässigen oder wünschbaren Eingriffen in die molekulare Identität und Integrität von solaren Grundstoffen keine einfachen Regeln geben kann. Im Gegenteil: Weil eine solare Chemie der Zukunft sicher nicht ohne solche Eingriffe (im Sinne der bereits erwähnten gezielten Nutzung der Fotosynthesevorleistung der Pflanze) auskommen wird, gehört es zu den wichtigen Aufgaben von Chemikern, Biologen, Verfahrenstechnikern, Toxikologen und Analytikern, die erstrebenswerten Möglichkeiten ebenso wie die vernünftigen Grenzen solcher molekularer Eingriffe zu erforschen und auszuloten.

Die Notwendigkeit der Entwicklung von Beurteilungskriterien gilt sowohl generell (etwa durch Untersuchung von Strukturmerkmalen wie z.b. den bei der Herstellung von Toxaphen erzeugten Organochlorfunktionen) als auch an konkreten Einzelfällen (z.b. durch Analyse der Veränderung des Abbauverhaltens oder der Wassergefährlichkeit des Modifikats gegenüber dem unverändertem Grundstoff). In dieser Notwendigkeit liegt aber auch etwas in sozialer Hinsicht Beruhigendes: Kein Angehöriger der erwähnten Fachgebiete und Berufsgruppen wird im Zuge einer weiter steigenden Nutzung solarer Grundstoffe in der Chemie arbeitslos werden – im Gegenteil.

Die Komplexität der Zusammenhänge wird vermutlich kaum zulassen, dass wir in der Chemie der Zukunft zu einfachen Algorithmen gelangen, anhand derer wir eine unverrückbare Rankingskala der Naturstoffmodifikate von »völlig problemlos« bis hin zu »völlig unakzeptabel« mit entsprechend genau definierten Zwischenwerten erhalten werden. Eine solche Skala ist immer auch im Kontext des geplanten Anwendungszwecks und der produzierten Mengen zu sehen. Eine molekulare Eingriffstiefe, die z.B. für einen Lebensmittel-Zusatzstoff völlig unakzeptabel wäre, kann bei der Herstellung eines Spezialprodukts, das in kleinen Mengen zu einer deutlichen Steigerung der Effektivität organischer Solarzellen führt, durchaus zulässig und sogar erstrebenswert sein.

Kriterien für eine Beurteilung von Naturstoff-Modifikationen

Trotz der Komplexität des Sachverhalts sind Grundüberlegungen möglich, in welche Richtung solche Bewertungsraster sich entwickeln könnten. Das eine Ende der Skala ist wohl unproblematisch zu definieren: Ein unmodifizierter solarer Grundstoff, der chemisch genauso auftritt, wie er in der Pflanze erzeugt worden ist, stellt sicher ein Optimum dar. Deshalb sollte vor jeder Modifikationsplanung immer die genaue Überlegung stehen: Kann der gewünschte chemisch-technische Zweck nicht genauso gut oder zumindest annähernd so gut mit einem unmodifizierten Grundstoff erreicht werden?

Die vielfältige Auswahlmöglichkeit unter den Tausenden bekannten solaren Grundstoffen erleichtert den Verzicht auf tiefgreifende Änderungen an der chemischen Struktur der pflanzlichen Grundstoffe: Oft lässt sich unter den zahlreichen Varietäten ein Pflanzenstoff mit den passenden Eigenschaften für den gewünschten Zweck finden und unmittelbar nach vorbereitenden physikalischen Prozessen (z.B. Abtrennung, Destillation, Extraktion) einsetzen.

In manchen Fällen wird diese theoretische Variabilität allerdings durch die reale Verfügbarkeit und/oder den Preis eines pflanzlichen Grundstoffs eingeschränkt: Das ideale Material steht zwar zur Verfügung, aber derzeit noch in zu geringen Mengen und folglich zu einem Preis, der das daraus hergestellte Produkt nicht vermarktbar macht. In solchen Fällen kann es notwendig sein, die chemische Grundstruktur eines gut verfügbaren natürlichen Rohstoffs auf schonende Weise und zu vertretbaren Kosten so zu modifizieren, dass die gewünschten Eigenschaften entstehen.

Für derartige Modifikationen gilt selbstverständlich ein grundlegendes Minimierungsgebot: Eingriffstiefe, Energieaufwand, Giftigkeit der eingesetzten Chemikalien sowie Entstehung von Nebenprodukten und Abfällen sind – nach den Grundsätzen einer nachhaltig umwelt- und gesundheitsverträglichen Chemie – möglichst gering zu halten. Vorbild und Messlatte für die Einhaltung dieses Minimierungsgebots ist stets die Art und Weise, wie in der Natur selbst solche Umwandlungsschritte erfolgen.

Das Ausmaß der Zurichtung muss zudem in einem günstigen Verhältnis zu dem dadurch erreichten Nachhaltigkeitseffekt stehen: Es ist ökologisch sinnvoll, eine kleine Menge eines stärker modifizierten Naturstoffs einzusetzen, wenn dadurch ein großer Nachhaltigkeitsvorteil zu erzielen ist (z.B. bei Anstrichstoffen der völlige Verzicht auf Lösemittel) oder wenn die kleine Menge eines stärker modifizierten Additivs den Einsatz unmodifizierter Pflanzenstoffe überhaupt erst ermöglicht (z.B. mineralische Trockenstoffe für Anstriche auf Pflanzenölbasis).

Es geht bei dieser nachhaltigkeitsorientierten Auswahl also nicht um ein Denken in Schwarz-Weiß-Kategorien, sondern um eine sorgfältige Abwägung aller ökologischen und technologischen Umstände mit dem Ziel, einen optimalen Nachhaltigkeitseffekt zu erreichen. In der folgenden tabellarischen Übersicht wird dieses Prinzip der gradweisen Modifikation (oder »Denaturierung«) von Naturstoffen am Beispiel von Farbenrohstoffen demonstriert. Der Vergleich mit analogen Zurichtungsgraden im Bereich der Lebensmittel soll diese Stufenleiter auch für Laien besser nachvollziehbar gestalten. Diese Tabelle wurde im Jahre 2007 in einer Zusammenarbeit zwischen dem Autor und dem – inzwischen leider verstorbenen – Chemiker Dr. Thomas Oesterle als Ausarbeitung für die Öffentlichkeitsarbeit der »Arbeitsgemeinschaft Naturfarben« entwickelt.

Stufen der Zurichtung (Denaturierung) bei Farbenrohstoffen und Nahrungsmitteln

Zurichtungsstufen von 1 (rein natürlich) bis 8 (völlig naturfremd)	Beispiel im Farbenbereich	Beispiel im Lebensmittelbereich
1 Unveränderte Naturprodukte, ohne menschliches Zutun entstanden	Wasser	Wildfrüchte
2 Unveränderte Naturprodukte, durch menschliches Zutun freigesetzt	Dammarharz	Getreidekorn
3 Rein physikalisch verarbeitete Naturprodukte	Kolophonium-Harz	Getreidemehl
4 Chemisch modifiziertes Naturprodukt bei weitgehendem molekularen Strukturerhalt	Pflanzenharzseife (Additiv)	Gebackenes Brot
5 Chemisch modifiziertes Naturprodukt bei erheblicher molekularer Strukturänderung	Alkydharze	Polyglycerin-Ester
6 Synthetische Stoffe mit »naturidentischer« Molekülstruktur	Synthetisches Alizarin	»naturidentisches« Aroma
7 Synthetische Stoffe mit naturähnlicher Molekülstruktur	Permethrin	PHB-Ester
8 Synthetische Stoffe mit extrem fremder Molekülstruktur	Isoaliphate	Saccharin (Süßstoff)

Die hier für den Bereich der Farben- und Lackrohstoffe entwickelte Tabelle ist im Grundsatz in dieser oder einer ähnlichen Form natürlich auf andere Bereiche übertragbar, in denen Grundstoffe zu chemisch-technischen Alltagsprodukten verarbeitet werden.

Ähnlich wie im Bereich diätetischer Empfehlungen bei Lebensmitteln gilt auch bei den technisch genutzten Grundstoffen eine Art »Pyramideneffekt«: In der täglichen Nahrung (wie in den Produkten der Alltagschemie) sollten nicht oder wenig modifizierte Naturprodukte die mengenmäßig breite Basis bilden, stärker modifizierte Produkte dagegen nur eine geringe Rolle spielen. Auf sehr stark zugerichtete Stoffe sollte hingegen möglichst ganz verzichtet werden. Es geht also nicht um ein »Alles oder Nichts«, sondern um eine kluge Beurteilung und Nutzung der gegebenen Abstufungen.

Wie im Bereich der Lebensmittel kann also auch bei chemischen Alltagsprodukten eine Klassifikation ihres Nachhaltigkeitswertes auf der Erfassung ihres »Zurichtungsgrades« basieren. Jede Zurichtung – d.h. jede physikalische und vor allem chemische Veränderung – bedeutet eine »Denaturierung«, erhöht dadurch den chemischen und energetischen Gesamtaufwand und erschwert schließlich tendenziell die Wiedereingliederung des Stoffes in die natürlichen Kreisläufe. Es handelt sich dabei um eine graduelle Abstufung, bei der ein lediglich physikalischer Prozess (z.B. Mahlen oder Extrahieren) einen geringfügigen Eingriff darstellt. Die Skala steigert sich über zunehmende physikalische und schließlich chemische Eingriffe bis zu den völlig naturfremden Stoffen, die nach umfangreichen chemischen Manipulationen und nach dem Durchlaufen zahlreicher aufeinander folgender Syntheseschritte entstehen und daher mit ihrem ursprünglichen Ausgangsmaterial keine chemische Ähnlichkeit mehr aufweisen.

»Naturfremdheit« ist dabei keineswegs ein rein philosophischer Begriff. Er hat vielmehr ökologisch gesehen ganz praktische Konsequenzen im Hinblick auf die Mikroorganismen, die in letzter Instanz für den vollständigen biologischen Abbau aller organischen Substanzen zuständig sind. Treffen die – überwiegend enzymatischen – Abbauwerkzeuge der Mikroorganismen auf Substanzen, die als normale, unveränderte (chemisch nicht modifizierte) Naturstoffe ohnehin seit undenklichen Zeiten Bestandteile der Biosphäre sind, dann werden sie solche Substrate problemlos abbauen können. Handelt es sich jedoch um molekulare Struktureinheiten, die aufgrund einer sehr stark eingreifenden chemischen Modifikation als »fremd« erscheinen, dann ist im Extremfall ein solcher Abbau überhaupt nicht mehr möglich – das Substrat wird aufgrund seiner Biosphärenfremdheit zum persistenten Umweltproblem.

Wie für die solare Chemie erfunden: Mikroreaktoren

Die bei Großtechnologien heute noch gegebenen Skaleneffekte (höhere Produktivität in größeren Anlagen) verlieren künftig an Bedeutung. Inzwischen stehen neue Technologien wie beispielsweise die chemische Produktion in Mikroreaktoren zur Verfügung, die große Produktionseinheiten zunehmend obsolet machen. In solchen Mikroreaktoren werden die einzelnen Komponenten des herzustellenden Produkts nicht mehr absatzweise (»im batch«) zusammengefügt, gemischt und gegebenenfalls zur Reaktion gebracht, sondern als fortlaufender Strom von Grundstoffen, die auf sehr kleinem Raum zusammentreffen, dort in kürzester Zeit (»in line«) intensiv gemischt werden und den Mikroreaktor dann gemeinsam als homogener Strom des fertigen Produkts verlassen.

Mikroreaktoranlagen eignen sich damit ebenso zur Extraktion von Inhaltsstoffen (wie z.B. Farbstoffen) aus einer pflanzlichen Matrix wie zur mechanischen Weiterverarbeitung und Mischung dieser Grundstoffe, z. B. zu Farben oder Kosmetika. In der gleichen Inline-Technik können auch chemische Modifikationen dieser Grundstoffe durchgeführt werden. Beispiele wären die Verseifung oder Umesterung von pflanzlichen Ölen, die Herstellung von Zellulosemodifikaten zur Gewinnung von Quellstoffen, Leimen usw.

Solche Mikroreaktoren sind möglich geworden durch Fortschritte bei den eingesetzten Reaktorwerkstoffen (z.B. Glas, Edelstahl, Keramik), aber vor allem durch die enorme Entwicklung der Sensor-, Regel- und Aktuatortechnik, die es erlaubt, kleine Stoffströme ganz unterschiedlicher Ausgangsstoffe so zu steuern, dass im Reaktor in jedem Sekundenbruchteil optimale Reaktionsbedingungen herrschen und eine optimale mengenmäßige Zusammensetzung aller Komponenten möglich ist. Bei genügend hohem Durchsatz sind solche Mikroreaktoren trotz des sehr kleinen eigentlichen Reaktionsraums in der Lage, in einem vorgegebenen Zeitraum auch größere Mengen zu produzieren. Fortgeschrittene Mikroelektronik und Mikroreaktortechnik ersetzen den Größenvorteil konventioneller Anlagen.

Die Vorteile einer solchen Technologie sind offensichtlich. Sie ist ideal geeignet, die gewünschten Mischungen oder Reaktionen auf kleinstem Raum und damit dezentral durchzuführen. Aufgrund der geringen Mengen, die sich jeweils im Reaktionsraum befinden, ist das Störfallrisiko entsprechend gering, ebenso der Reinigungsaufwand beim Produktwechsel. Durch die Inline-Verarbeitung fallen ohnehin nur sehr geringe Mengen an Abfall an. Die Sensor- und Regeltechnik hält die Reaktion oder Mischung stets am bestmöglichen Wirkungsgrad. Das bei der Verarbeitung von pflanzlichen Rohstoffen kritische Verkeimungsrisiko wird durch die hohen Durchsätze bei geringen Volumina drastisch vermindert. Damit erreichen Mikroreaktoren zur Verarbeitung solarer Grundstoffe eine Flexibilität und Wirtschaftlichkeit, die mit konventionellen, batchweise arbeitenden Anlagen nicht annähernd zu erzielen sind.

Gerade für die solare Chemie bietet die Technologie der Mikroreaktoren enorme Potenziale, vor allem weil sie die Strukturvorteile der solaren Grundstoffproduktion – Dezentralität und Autarkie – aufgreift und auf hohem technologischem Niveau umsetzt. Produktionsanlagen auf Mikroreaktorbasis passen auch bei relativ hohen Produktionsmengen pro Zeiteinheit immer noch auf einen LKW-Aufleger, sind also auf diese Weise nicht einmal mehr auf einen Produktionsstandort festgelegt. Damit eignet sich diese Technologie besonders gut für kleinere Unternehmen, die mit hoher Flexibilität ständig wechselnde Produkte herstellen. Bereits auf mittlere Sicht könnten die Mikroreaktoranlagen Produktivitäts- und Kostenvorteile von Großanlagen wettmachen.

Das neuartige Konzept der Mikroreaktoren wirkt vielleicht auf den ersten Blick etwas technologielastig. Im Grunde ist jedoch jede Pflanzenzelle – ja, jede Zelle eines lebenden Organismus – eine Art Mikroreaktor. In jeder dieser Zellen findet auf kleinstem Raum ein permanenter Stoff-Wechsel statt, eine andauernde Aufnahme, Vermischung, Umwandlung und Abtrennung von Stoffen – und zwar in der Regel auch nicht »absatzweise« (im batch), sondern in einem kontinuierlichen Stoffstrom von Edukten, Intermediaten und Produkten, aufs Feinste geregelt durch penible Einstellung der innerzellulären Parameter – und noch dazu drucklos, bei Raumtemperatur, ohne Einsatz hochreaktiver Chemikalien und in diesem komplexen Ablauf allein durch Sonnenenergie (oder die Energie von zunächst fotosynthetisch gebildeten Speicherstoffen) angetrieben.

Unter diesem Blickwinkel wirken die Mikroreaktoren und die auf ihnen basierende Prozesstechnologie schon deutlich weniger exotisch. Jedenfalls ist zu erwarten, dass diese auf die Gewinnung und Verarbeitung von solaren Grundstoffen wie zugeschnitten wirkende Technologie bei der künftigen Beschleunigung der Chemiewende eine große Rolle spielen wird.

Die viel einfacheren Technologien von batchweiser Extraktion, Reinigung, Verarbeitung, Mischung oder chemischer Umsetzung, die heute noch in den solarchemischen Betrieben vorherrschen, stehen mit der Mikroreaktortechnologie nicht im Wettbewerb, sondern werden durch sie ergänzt. Das Faszinierende an einer weiter perfektionierten Mikroreaktortechnik ist allerdings die Perspektive, dass auf dieser Basis die Vision von einer »Chemiefabrik im Vorgarten« nicht mehr als reine Science-Fiction erscheint. Es ist kaum auszudenken, welche Diversifikationen, Entflechtungen und Autarkisierungen auf dieser Grundlage noch möglich sein werden.

Schon jetzt erlaubt sie die Bildung von Kooperativen in Dörfern oder Kleinstädten, die ihren gesamten Stoff- und Energiebedarf in solchen aufeinander abgestimmten und vernetzten Anlagen erzeugen, vielleicht sogar in einer gewissen Spezialisierung auf bestimmte solar erzeugte Produkte, die dann mit Nachbareinheiten ausgetauscht werden können. Ein solches Konzept legt vernünftigerweise neben der Chemieautarkie auch eine volle Energieautonomie[22] nahe, d.h. die Erzeugung der für das tägliche Leben notwendigen Energie in Blockheizkraftwerken, Brennstoffzellen, kleinen Biofermentern zur Treibstofferzeugung,

Fotovoltaikanlagen – die ganze Vielfalt dessen, was eine autarke, rein solar getriebene Energie- und Treibstoffversorgung ermöglicht.

Auf diese Weise lässt sich eine perfekte Symbiose zwischen dezentralen Energieanlagen und dezentralen Chemieanlagen verwirklichen: Die pflanzlichen Reststoffe, die z. B. bei der Extraktion der gewünschten Wirkstoffe übrig bleiben, können in eigenen mikroreaktorbasierten Fermentationsanlagen zu speicherbarem Treibstoff wie Ethanol verarbeitet werden, der dann in solarschwachen Zeiten oder nachts zur Erzeugung von Strom in Brennstoffzellen oder Strom und Wärme in kleinen Blockheizkraftwerken verwendet wird.

All diese Perspektiven und Modelle sind keine »grüne Spinnerei«, sondern basieren auf bereits heute verfügbaren Technologien. Die Zeit der fossilen Dinosaurier ist jedenfalls vorbei – der Slogan der frühen Umweltbewegung: »Small is beautiful« bekommt unter diesem Blickwinkel einen ganz neuen, realistischen Charme.

8 Beispiele solarer Chemie, die Wege aufzeigen und Mut machen

Baustoffe und Wohnprodukte

Moderne Naturbaustoffe – Pioniere und Treiber einer ganzen Branche

Produkte aus dem Wohn- und Baubereich gehörten zu den ersten am Markt verfügbaren und praxistauglichen Beispielen einer modernen »solaren Chemie«. Spätestens seit den Holzschutzmittelskandalen der 1970er-Jahre war deutlich geworden, dass viele moderne Häuser und Wohnungen durch den »Siegeszug der Chemie« zu einer Art chemischer Sondermülldeponie geworden waren. In den folgenden Jahrzehnten machte die Analytik der Innenraumluft große Fortschritte. Es erschienen zahlreiche wissenschaftliche Veröffentlichungen zu den Themen Sick-Building-Syndrom und Indoor-Air-Pollution, internationale Fachkongresse dazu wurden durchgeführt.

Insbesondere mit Blick auf die Notwendigkeit leistungsfähiger Wärmedämmung zur Energieeinsparung wird der Faktor »Luftqualität in Innenräumen« derzeit immer bedeutsamer. Durch Dämmungen und Abdichtungen geht die Luftwechselrate in den Wohnungen ständig zurück. Schadstoffe, die früher durch die Fugen und undichte Fenster aus den Räumen entweichen konnten, akkumulieren nun und führen zu höheren Raumluftkonzentrationen, auch wenn die Ausgasungsraten der Baumaterialien gegenüber früher verringert wurden.

Moderne natürliche Baumaterialien leisten hier einen wesentlichen Beitrag zur Verringerung der Belastung der Innenraumluft mit chemisch-synthetischen Schadstoffen. Sie sind zwar – abgesehen von den mineralischen Baustoffen – in der Regel nicht völlig emissionsfrei, aber die emittierten Substanzen sind natürlichen Ursprungs und daher dem menschlichen Organismus seit evolutionären Zeiträumen vertraut. In diesem Sinne besitzen Naturbaustoffe überschaubare toxikologische Eigenschaften. Dass dies negative Wirkungen auf Einzelpersonen nicht ausschließt, wird beispielsweise am Auftreten von Naturstoffallergien deutlich. Hier gibt es jedoch praktisch in jedem Fall die Möglichkeit, auf andere natürliche Baumaterialien auszuweichen.

Selbstverständlich verzichten Hersteller konsequent natürlicher Baumaterialien auf die Beimengung von synthetischen Bioziden und anderen Fremdstoffen. Besonders im Innenausbau und in der Wohnraumgestaltung sollten nur Baumaterialien verwendet werden, deren Inhaltsstoffe vollständig und lückenlos deklariert sind. Negativdeklarationen nach dem Muster »frei von XYZ« sind dabei mit Skepsis zu betrachten – zu reichhaltig ist die Palette der denkbaren chemischen Ersatzstoffe.[1]

Natürlich Bauen: auch eine Frage der Risikovorsorge

Nicht umsonst umfasst die Risikoabschätzung (und daraus folgend die Prämienfestsetzung) der Versicherer zunehmend auch eine Bewertung ökologischer Gefahrenpotenziale. Auch Banken berücksichtigen bei Unternehmensratings vor der Vergabe von Krediten und der Festsetzung von Konditionen inzwischen solche Faktoren, die auf diese Weise immer mehr zum selbstverständlichen Bestandteil der Langzeitökonomie werden. Der Einsatz von natürlichen Baumaterialien macht Baumaßnahmen damit langfristig kalkulierbarer und kostengünstiger.

Rücknahmeverpflichtungen von Bauteilen durch die Hersteller wirken in dieselbe Richtung. Für Produzenten von Holzfenstern ist der Einsatz biozidhaltiger Holzschutz- und Oberflächenbehandlungsmittel kaum noch akzeptabel, müssen sie doch damit rechnen, Jahrzehnte nach dem Verkauf pflichtgemäß zurückgenommene Fenster als teuren Sondermüll entsorgen zu müssen, weil die chemische Behandlung des Holzes alle günstigeren Entsorgungspfade (Verbrennung, Verarbeitung zu Holzwerkstoffen, Kompostierung o. Ä.) verhindert.

Jahrzehntelang gehörte es zum ideologischen Standardrepertoire der Chemieindustrie, bei jeder Gelegenheit die geringere Leistungsfähigkeit der Naturstoffe hervorzuheben. Erst in den letzten Jahren hat sich hier ein Wandel vollzogen. Mit dem zunehmenden Interesse für Naturstrategien entdeckte man z. B., dass der biogene »Zweikomponentenkleber« mancher Muscheln mehrfach besser am Untergrund haftet als der beste Kunstharzkleber, dass naturfaserverstärkte Verbundwerkstoffe im Vergleich zu glasfaserverstärktem Kunststoff bei halbem Gewicht die doppelte mechanische Festigkeit aufweisen, dass biologische Oberflächen über selbstreinigende Strukturen verfügen, vor denen noch so glatte Perfluorbeschichtungen zurückstehen müssen.

Hier hat sich das Werteraster verschoben, und die Bewunderung für Naturmaterialien wächst. Im Gefolge der Nachhaltigkeitsdebatte wird immer mehr Wert darauf gelegt, dass ein Werkstoff nicht nur optimal haltbar ist, sondern auch problemlos reparierbar, rückholbar und recyclingfähig. Bei Holzlasuren kam es früher vor allem darauf an, durch einen möglichst undurchlässigen Anstrichfilm eine gute Wetterschutzleistung zu erzielen. Ein solcher Film schützt das Holz zwar auf der Wetterseite, ruft auf der Holzseite jedoch einen fäulnisfördernden Feuchtigkeitsstau hervor. Heute liegt das technologische Optimum in einer Kombination guter Wetterschutzleistung mit möglichst hoher Durchlässigkeit für Wasserdampf. Moderne Naturfarben können aufgrund ihrer solaren Inhaltsstoffe diese perfekte Balance gewährleisten.

Neue Sinnlichkeit am Bau durch Ästhetik aus der Natur

Ähnliche Verschiebungen der Ansprüche gibt es inzwischen auch im Bereich der Oberflächenbehandlung von Möbeln und Fußböden. War das technologische Ideal früher eine dickschichtige, extrem widerstandsfähige Zweikomponentenversiegelung auf Kunstharzbasis, so hat man heute erkannt, dass eine solche Beschichtung bereits bei kleineren Beschädigungen eine Totalsanierung des gesamten Bodens (komplettes Abschleifen mit anschließender Neubeschichtung) erforderlich macht, während die im ökologischen Bau üblichen Beschichtungen und Pflegemittel auf Pflanzenöl- und Wachsbasis zwar etwas geringere mechanische Widerstandsfähigkeit besitzen, jedoch im Schadensfall lokal begrenzt durch einfaches Überarbeiten saniert werden können.

Bau- und Wohnmaterialien aus petrochemischer Quelle können diese Herkunft selten leugnen; sie sind oft strukturarm, sinnlich wenig anregend, monoton und unwirtlich. Da wir die uns umgebende Welt – und umso mehr die unmittelbare Wohn- und Arbeitsumwelt – durch all unsere Sinne »begreifen«, fehlt den synthetischen Materialien meist eine entscheidende Qualität, die Behaglichkeit und Wohlbefinden erst ermöglicht.

Ökologisches Bauen mit natürlichen Baumaterialien wie Holz, Pflanzenfasern, natürlichen Harzen, Wachsen, Ölen und Farben, mit Linoleum statt PVC, bringt nicht nur ökologische und physiologische Vorteile, sondern auch sinnlichen Genuss. Die Ästhetik natürlicher Baumaterialien ist nicht nur eine Frage des Auges. Wir nehmen ihre positive Qualität mit allen Sinnen wahr – die angenehme Beeinflussung des Schallklimas in einem Raum durch die Mikroporen von Holz (die einer Plastikoberfläche fehlen); die haptische Qualität eines Raumtextils aus Pflanzenfasern, den angenehm unaufdringlichen Geruch einer Naturharz-Wandfarbe; das harmonische Zusammenwirken der Farbtöne an einem pflanzenfarben-lasierten Raumteiler. Wie anders dabei der Eindruck in einem konventionell ausgeführten Neubau, in dem unsere Sinne aus Mangel an positiven Reizen abstumpfen.

Mehr und mehr gelangt es auch in das Bewusstsein der Bauverantwortlichen, dass die gestalterische Qualität eines Baumaterials nicht auf den Neuzustand beschränkt bleiben kann. Wer je die deprimierende Ausstrahlung einer Kunststofffassade nach einigen Jahren der Freibewitterung erlebt hat, weiß auch unter gestalterischen Gesichtspunkten zu schätzen, dass Naturbaustoffe – materialgerechte Verwendung vorausgesetzt – in Würde zu altern verstehen und oft mit den Jahren durch eine spezifische und reizvolle Patina an ästhetischer und gestalterischer Qualität noch gewinnen.

Holz – vom Traditionsmaterial zum Hightech-Baustoff

Die besonders ansprechende Ästhetik von Holz ist zunächst einer der wichtigsten Gründe, warum dieser nachwachsende Naturstoff seit Jahrhunderten am Bau eingesetzt wird. Auch die ökologisch positiven Eigenschaften von Holz sind inzwischen vielen Menschen bewusst und haben zur Renaissance von Holz als Baustoff beigetragen. Das angenehme wohnphysiologische Klima, das sich in einem Haus oder einer Wohnung mit viel Holzbauteilen einstellt (natürlich unter der Voraussetzung, dass das Holz nicht mit giftigen Holzschutzmitteln behandelt oder durch eine Kunstharzschicht gasdicht versiegelt wurde), hat ebenfalls zur steigenden Beliebtheit beigetragen.

Bei all diesen ästhetischen, ökologischen, toxikologischen und physiologischen Vorteilen gerät fast etwas in den Hintergrund, dass es sich bei Holz um einen echten Hightech-Werkstoff handelt, dessen technologische Vorteile (hohe mechanische Stabilität sowohl auf Zug als auch auf Druck und Verbiegung bei geringem Gewicht) synthetischen Baustoffen oft deutlich überlegen ist und durch innovativen Einsatz noch wesentlich gesteigert werden kann. Ein Beispiel dafür sind die an der Bauhaus-Universität Weimar entwickelten Brettstapelelemente als Bauteile für Wand- und Deckenkonstruktionen. Durch schichtweise Kombination mit dem natürlichen Mineral Anhydrit haben die Ingenieure Brettstapelelemente hergestellt, deren Steifigkeit so hoch ist, dass sie ohne Weiteres auch im mehrgeschossigen Wohn- und Industriebau sowie bei der Überdeckung großer Spannweiten eingesetzt werden können.

Diese und andere innovative Technologien machen deutlich, dass das Image von Holz als Baustoff mit eher »nostalgischem« oder »gemütlichem« Charakter zwar nicht falsch, aber doch einseitig ist. Holz wird als Baustoff durch innovative Anwendungen und Kombinationen in der Zukunft vielmehr eine noch viel größere Rolle spielen als in der Vergangenheit und Gegenwart. Die enorme Bandbreite von Holzarten gewährleistet, dass es nicht zur Übernutzung einzelner Holzsorten kommt. Intelligenter Holzbau lebt vom Einsatz einer Vielzahl unterschiedlicher Holzarten in Kombination mit anderen, zu den Holzeigenschaften bestens passenden Materialien wie pflanzlichen Beschichtungsstoffen.

In Dornbirn (Vorarlberg) ist derzeit sogar ein achtgeschossiges Bürogebäude in modernster Ausstattung (höchster Wärmeschutzstandard, aktuelle Haustechnik, intelligente Sonnenschutzsysteme etc.) im Bau, das im Laufe des Jahres 2012 fertiggestellt wird und dann die bisher höchsten Bauwerke in Europa aus reiner Holzbauweise (den »Jahrtausendturm« im Elb-Auenpark bei Magdeburg, der zur Bundesgartenschau 1999 entstand, und den fünfgeschossigen Bau in Espoo/Finnland, der 1995 fertiggestellt wurde) noch deutlich übertreffen wird. Grundsätzlich spricht aus statischer Sicht auch nichts gegen noch höhere Geschosszahlen in reiner Holzbauweise.

Die bekannte Brennbarkeit von Holz ist dabei übrigens kein Hinderungsgrund. Bei ausreichender Dimensionierung sind Holzbauteile nämlich sogar als »brandhemmend« klassifiziert. Der Grund für diese zunächst paradox erscheinende Einstufung liegt in dem besonderen Verhalten von Holz im Brandfall. Unter Brandeinwirkung entsteht nämlich an der Holzoberfläche eine dünne Holzkohleschicht, die als Hitzeisolator wirkt und das darunter liegende intakte Holz vor der weiteren Einwirkung des Feuers schützt. Holz ist daher im Brandfall wesentlich gutmütiger als beispielsweise Stahlbetonkonstruktionen: Bei Überschreitung einer relativ niedrigen Schwellentemperatur verlieren die Stahlarmierungen nämlich ihre mechanische Festigkeit, und der Bau stürzt ohne Vorwarnung ein.

Biogene Dämmstoffe: leistungsstark, erneuerbar und hautsympathisch

Eine besondere Aufgabe haben Naturbaustoffe in den letzten Jahren durch das Ziel einer besseren Wärmedämmung von Häusern erhalten. Die Hersteller von Dämmstoffen auf petrochemischer Basis (Polystyrol-Hartschaum, Polyurethanschaum etc.) haben diesen Markt längst entdeckt und versuchen, ihn für sich zu vereinnahmen.

Der Widersinn, das Ziel der Einsparung fossiler Ressourcen nun ausgerechnet mit dem großflächigen Einsatz fossil basierter Schaumstoffe erreichen zu wollen, springt in die Augen. Aus dieser Erkenntnis hat sich in den vergangenen Jahren ein bedeutender Markt für alternative Dämmstoffe entwickelt, die überwiegend aus erneuerbaren Rohstoffen hergestellt werden. Wurden anfangs vor allem Zelluloseflocken aus dem Papierrecycling als Dämmmaterial in Hohlräume eingeblasen, so sind inzwischen auch bequemere und in traditioneller Weise verarbeitbare Platten- oder Mattendämmstoffe aus biogenem Material verfügbar. Besonders bewährt haben sich dabei Dämmstoffe aus Pflanzenfasern, wie z.b. Hanffasern, Leinfasern (Flachsfasern), Nesselfasern, Holzfasern oder auch Stroh unterschiedlicher Herkunft. Neben ihren – besonders im Unterschied zu mineralischen Dämmfasern wie Glas- oder Mineralwolle – wesentlich angenehmeren Verarbeitungseigenschaften (sie sind staubärmer und vor allem hautfreundlicher) besitzen die heutigen Naturfaserdämmstoffe auch technisch bereits hohes Niveau. Sie stehen in ihrer Dämmwirkung (Wärmeleitfähigkeitsgruppe 035 bis 055) den konventionellen Dämmstoffen kaum noch nach. Eine ihrer großen Stärken ist der mit ihnen erreichbare gute sommerliche Wärmeschutz, der in seiner Bedeutung für das Wohnklima im Gegensatz zum winterlichen Kälteschutz oft unterschätzt wird.

Die Naturfasern in biogenen Dämmstoffen sind aufnahmefähig für Wasserdampf. Sie tragen daher aktiv zu einer Regulation der Raumfeuchte bei und beeinflussen damit das Raumklima positiv. Allerdings muss durch die Einbautechnik gewährleistet sein, dass es nicht zu einer länger (z.B. über mehrere Monate) anhaltenden Durchfeuchtung kommen kann, da die Fasern sonst durch chemischen und mikrobiologischen Abbau einen Teil ihrer Dämmwirkung verlieren können.

Einen oft übersehenen Vorteil besitzen Naturfaserdämmstoffe ausgerechnet beim Brandschutz. Sie sind heute als schwer oder mindestens normal entflammbar eingestuft. Es kommt aber auch auf das konkrete Verhalten im Brandfall an, wie Brandereignisse bei petrochemischen Dämmstoffen z.B. aus Polystyrolschaum zeigen. Zwar sind diese in der Regel auch schwer entflammbar. Wenn aber einmal eine Entflammung stattgefunden hat, setzt eine folgenschwere Kettenreaktion ein: Der Entstehungsbrand führt zum teilweisen Schmelzen des Dämmstoffs. Die geschmolzenen, weiterbrennenden Kunststofftropfen gelangen dann durch die hitzebedingte Luftverwirbelung zu anderen Teilen der Dämmung und setzen diese ebenfalls in Brand. In kürzester Zeit können so komplette Fassaden abbrennen – von der Bildung toxischer Dämpfe infolge Zersetzung der Kunststoffe einmal ganz abgesehen. Naturfaserdämmstoffe verhalten sich hier wesentlich gutmütiger.

Dass konventionelle Dämmstoffe den Markt beherrschen, hat also nichts mit einer besseren technischen Qualität zu tun als vielmehr mit der bereits vorhandenen Marktdurchdringung. Hier könnten spezielle Förderprogramme für Dämmstoffe aus nachwachsenden Rohstoffen helfen, die jedoch in der Vergangenheit zu klein dimensioniert waren; ebenso nötig ist eine wirksame Öffentlichkeitsarbeit und Verbraucheraufklärung.

Fußböden aus Pflanzenstoffen – Kombiwerkstoff in frischem Design

Bei heutigen Naturbaustoffen mit langer Tradition sollte man gewohnte Vorurteile abstreifen. Ein gutes Beispiel dafür ist der Bodenbelag Linoleum. Wer damit noch alte Vorstellungen trister Behördenflure verbindet, wird anhand aktueller Linoleum-Musterkollektionen umdenken. Frische Farben, lebendige Strukturen, vielfältige Materialstärken und Aufbauten machen ein so »altes« Produkt wie Linoleum auch in modernen Bauten zu einem Blickfang.

Die positiven ökologischen, technischen und raumklimatischen Eigenschaften von Linoleum sind dadurch keineswegs geschmälert worden. Nach wie vor besitzt diese raffinierte Kombination von Naturfasergeflecht, Pflanzenölsubstrat, Korkadditiven und Mineralfarbpigmenten ausgezeichnete Verlegeeigenschaften, gute Trittschalldämpfung, gelenkschonende Elastizität, staubvermeidende Antistatik, Sorptionsvermögen, angenehmen Geruch und sogar milde antibakterielle Oberflächenwirkung. Durch die Verwendung anderer Faserarten, Bindemittel und Oberflächenvergütungen können die positiven Eigenschaften dieses vielfältig einsetzbaren Belagsmaterials weiter modifiziert und optimiert werden.

Gerade bei den modernen Bodenbelägen lohnt es sich übrigens, genau hinzuschauen. Längst hat die Industrie nämlich den »Trend zum natürlichen Fußboden« erkannt – und befriedigt ihn oft mit Produkten, die nur den Eindruck von Natürlichkeit erwecken, in Wahrheit aber

weitgehend aus synthetischem Material bestehen, das allenfalls noch einen Grundträger aus billigen Holzspanplatten nutzt. Die Entwicklungsanstrengungen sind hier also nicht in die Richtung gegangen, den Naturstoff Holz durch eine angemessene und technisch perfektionierte
Oberflächenbehandlung weiter aufzuwerten – sondern im Gegenteil:
Man hat die Täuschungstechnik perfektioniert, synthetische Produkte
aus Erdöl möglichst exakt wie Holz aussehen zu lassen.

Den Verbrauchern bescheren diese gängigen Täuschungsmanöver
mehrere Nachteile. Sie müssen zum einen auf die wohnphysiologischen
Vorteile von echtem Holz verzichten und verlieren auch den sehr ge-
wichtigen ökonomischen Vorteil, der mit Bodenbelägen aus Vollholz
verbunden ist. Solche Böden lassen sich nämlich problemlos und – falls
nach Jahren oder Jahrzehnten nötig – auch wiederholt durch einfaches
Abziehen in den Ursprungszustand versetzen: neues Spiel, neues Glück,
neue Beschichtung! Es ist kaum zu glauben, was nach dem Abziehen eines alten Holzbodens zum Vorschein kommt: Man meint, einen gerade frisch verlegten Boden vor sich zu sehen.

Selbst wenn ein solcher Holzboden bei der Erstanschaffung teurer
gewesen sein sollte als ein konkurrierendes Pseudo-Produkt: Spätestens
nach der ersten kräftigen Umzugsmacke, nach tiefen Kratzern beim
Schrankverschieben oder den »Eindrücken« einer wochenlang unter-
seitig feuchten Bodenvase wird erkennbar, dass eine rückstandslose Beseitigung von Schäden bei solchen »der Natur nachempfundenen« Bodenbelägen unmöglich ist. Eine solche Beseitigung erfordert vielmehr
eine komplette Neuverlegung – und spätestens damit ist der ursprüngliche Preisvorteil dahin.

Moderne Naturfarben und -lacke:
lösemittelfrei und technisch perfekt

Aktuelle Naturfarbenprodukte sind in lösemittelfreier, blockfester,
farbtonreicher, witterungsbeständiger, leicht verarbeitbarer und sehr
geruchsmilder Ausstattung verfügbar, ohne dass Kompromisse hinsichtlich der Rohstoffauswahl eingegangen werden mussten. Naturfarben der neuen Generation, die nach der Jahrtausendwende auf den

Markt gekommen sind, konnten selbst in eher technisch ausgerichteten neutralen Warenvergleichen als Testsieger überzeugen, obwohl das Testfeld auch renommierte Kunstharzprodukte enthielt. Diese innovativen Produkte haben technologisch durchaus das Zeug, die immer noch marktbeherrschenden Produkte auf erdölabhängiger Kunstharzbasis in absehbarer Zeit abzulösen. Dazu werden auch Neuentwicklungen beitragen, die das Beste aus zwei Welten miteinander verbinden: z.B. biogen erzeugte Bindemittelsysteme aus Polymerklassen, die bislang nur als erdölabhängige Produkte verfügbar waren.

Die Entwicklung konsequent ökologischer, leistungsfähiger und gebrauchstauglicher Farben, Lacke, Lasuren und Imprägnierungen auf biogener Rohstoffbasis hatte für die moderne solarchemische Bewegung eine enorme strategische Bedeutung. Es waren ja Farben gewesen, die als Pionierprodukte der Teerchemie in den Jahren nach 1860 die historisch unvergleichlich rasante Entwicklung der fossilen Synthesechemie initiiert hatten. Da wirkte die Tatsache, dass nun hochmoderne Farben und Anstrichstoffe in technisch exzellenter Qualität verfügbar wurden, wie eine technologisch-konzeptionelle Wiedergutmachung.

»Ganz nebenbei« haben etliche Naturfarbenprodukte auch noch eine wichtige Forderung zur ökologischen Effizienzsteigerung realisiert. In den letzten Jahren konnten Beschichtungsstoffe auf Basis pflanzlicher Öle, Harze und Wachse entwickelt werden, die zu 100 Prozent aus Wirkstoff (filmbildende Bindemittel) bestehen. Diese sogenannten »PurSolids« ermöglichen einen wirksamen Schutz z.B. von Holz im Innenraum bereits bei minimalen aufgetragenen Schichtdicken. So ist es möglich, mit lediglich 35 Gramm pro Quadratmeter Holz eine gute wasser- und schmutzabweisende Wirkung zu erzielen, während ein konventioneller Lack etwa 200 Gramm erfordert, von denen nach Trocknung 100 Gramm Lackschicht verbleiben. Hier ergibt sich also eine Effizienzsteigerung um den Faktor 5,7. Das Ziel einer Erhöhung der Materialeffizienz von Faktor 4 oder Faktor 5[2] wird durch solche modernen Naturfarbenprodukte folglich erreicht oder übertroffen.

Körperpflege, Waschen, Reinigen, Kleidung

Vielfältig und duftend – natürliche Körperpflege von einfach bis Luxus

Körperpflegemittel auf der Basis natürlicher Rohstoffe haben eine lange Tradition. Schon im alten Ägypten gab es komplexe Rezepturen für Salben, vielfarbige Schminken, Haarsalböle, Hautfärbemittel, Duft- und Körperöle, jedoch keine Seifen. Eine Warenkunde der verwendeten Grundstoffe fehlte ebenso wenig wie weitreichende Handelsbeziehungen zu deren Beschaffung. Manche Grundrezepturen (z. B. die der klassischen Bienenwachssalbe) blieben bis ins 19. Jahrhundert hinein nahezu unverändert. Erst die im Gefolge der Teerfarbenforschung neu entwickelten teil- oder vollsynthetischen Tenside, Kunstharze (z. B. für Haarsprays), Emulgatoren sowie synthetischen Farb- und Duftstoffe veränderten die Zusammensetzung dieser Warengruppe grundlegend.

In den 1970er-Jahren setzte eine kritischere Wahrnehmung dieser Produkte ein, deren chemische Bestandteile immerhin in direktem Kontakt mit der Haut oder sogar Schleimhaut eingesetzt wurden. Auch hier waren es zunächst kleine, fast im handwerklichen Stil arbeitende Unternehmen, in denen Gegenentwürfe zu den konventionellen Rezepturen entwickelt, erprobt und auf den Markt gebracht wurden. Ziel der Entwicklungen war es, möglichst alle Bereiche, die zum damaligen Zeitpunkt nur mit mehr oder weniger synthetischen Produkten und zumeist auf Erdölbasis verfügbar waren, durch Produkte auf der Basis ausschließlich oder sehr weitgehend erneuerbarer Grundstoffe ersetzen zu können.

Heute besetzen Naturkosmetika einen nicht unbedeutenden Anteil des Gesamtmarkts für Körperpflegemittel. Allerdings haben konventionelle Anbieter eigene »Natur«-Linien entwickelt, setzen dort aber z.B. ethoxilierte Rohstoffe ein, die bei konsequenten Naturkosmetikherstellern verpönt sind. In den sogenannten INCI-Deklarationen auf dem Etikett sind solche Rohstoffe z.B. durch den Namensbestandteil »PEG«

(für Polyethylenglycole) oder »eth« (für »ethoxiliert«) erkennbar. Ein besonderes Verdienst der konsequenten Naturkosmetikhersteller ist der zunehmende Einsatz nicht nur nachwachsender, sondern auch in kontrolliert ökologischer Landwirtschaft erzeugter Grundstoffe (auf den Etiketten als »kbA« für »kontrolliert biologischer Anbau« erkennbar).

Mehr als Seife: Neue Öko-Tenside stimulieren den Waschmittelmarkt

Ebenfalls in die 1970er-Jahre fiel die Entstehung von kleinen Unternehmen, die sich als Alternative zu einer damals ökologisch und gesundheitlich besonders umstrittenen Branche verstanden: der Wasch- und Reinigungsmittelindustrie. Anders als bei den zuvor genannten Produktgruppen waren die Probleme, die sich durch die zunehmende Verwendung synthetischer Inhaltsstoffe von Waschmitteln in den 1960er-Jahren einstellten, für sehr viele Menschen unübersehbar. Aufgrund der mangelhaften Abbaubarkeit einiger der aus Erdölprodukten synthetisierbaren Tenside – wie z. B. Tetrapropylenbenzolsulfonat – entwickelten sich auf manchen Flussabschnitten hohe Schaumberge, da die Tenside in den Kläranlagen nicht abgebaut wurden und so in erheblichen Konzentrationen in die Gewässer gelangten.

Zwar wurde durch eine Detergentienverordnung im Jahr 1964 eine bestimmte Mindestabbaubarkeit vorgeschrieben, aber die erdölbasierten Tenside blieben in chemisch leicht veränderter Form in den Produkten gegenwärtig. Als Reaktion auf die zunehmende Anzahl von Verbrauchern – insbesondere Familien mit Kindern –, die auf der Suche nach Alternativen zu den konventionellen Tensidprodukten waren, entstand auf diesem Gebiet eine eigenständige Branche von Herstellern ökologischer Wasch- und Reinigungsmittel, deren Produkte unter konsequentem Verzicht auf die damals aktuellen synthetischen Tenside entwickelt wurden. Sie basierten zunächst weitgehend auf Seifen mit unterschiedlicher Fettgrundlage – zumeist pflanzliche Öle – sowie phosphatfreien Mineralien zur Wasserenthärtung. Erst in den 1990er-Jahren kamen dann auch neuere Tenside zum Einsatz. Heute finden sich Produkte dieser Art in den meisten Naturkost- und Naturwarengeschäften, aber auch zunehmend in ökologisch aufgeschlossenen Drogeriemärkten.

Die neuen Tensidarten sind überwiegend Kombinationen oder Modifikationen von pflanzlichen Grundstoffen wie Alkylpolyglucoside (»Zuckertenside«), Iminodisuccinate oder Polyaspartate. Zuckertenside bestehen aus einer fettstämmigen (Fettsäuren oder Fettalkohole) und einer kohlenhydratstämmigen (Saccharose, Glucose, Sorbit o. Ä.) Komponente. Beide Komponenten stammen ausschließlich aus nachwachsenden Grundstoffen. Sie werden unter sehr milden Bedingungen chemisch aneinandergekoppelt (höhere Temperaturen verbieten sich ohnehin aufgrund der möglichen und farblich unerwünschten Karamellbildung bei der Zuckerkomponente). Ergebnis ist eine Tensidklasse mit besonders guter Hautfreundlichkeit, geringer Härteempfindlichkeit und problemloser biologischer Abbaubarkeit.

Das Beispiel der Zuckertenside zeigt, dass die Entwicklungen im Tensidbereich keineswegs abgeschlossen und nicht auf die Weiterentwicklung petrochemischer Tenside beschränkt sind. Gerade durch die Neuausrichtung auf erneuerbare Grundstoffe werden neue Tensidklassen erschlossen. Zuckertenside waren kurz nach ihrer Entdeckung zunächst teuer und kamen daher in konventionellen Billigprodukten nicht zum Einsatz. Sie fanden ihren Markt vor allem auf dem Weg über die Hersteller alternativer Wasch- und Reinigungsmittel, deren Kundenstamm den Argumenten für die neue Tensidklasse (biogene Herkunft, Hautfreundlichkeit etc.) besonders aufgeschlossen gegenübersteht und bereit ist, die bei einer solchen Neueinführung unvermeidlich etwas höheren Preise zu bezahlen. Hier wie in anderen Bereichen wirken die Pionierbetriebe der solaren Chemie als »Türöffner« für Innovationen.

Über die Schafwollsocke hinaus: modische Textilien aus Naturfasern

Auch die Branche der Naturtextilien ist in ihrem Ursprung ein Kind der ökologischen Aufbruchsstimmung und des neu erwachenden Naturbewusstseins in den 1970er-Jahren. Sie entstand zunächst ebenfalls als Gegenbewegung zur zunehmenden Chemisierung der Textilindustrie, in die vermehrt Synthetikfasern, synthetische Farbstoffe und chemische Ausrüstungsstoffe Einzug gehalten hatten. Dementsprechend ging es anfangs vor allem um möglichst naturbelassene pflanzliche und tierische Fasern, eine Färbung – wenn überhaupt – mit rein pflanzlichen Farbstoffen und den vollständigen Verzicht auf chemische Ausrüstungsmittel. Angesichts dieser klaren Prioritäten standen Aspekte wie aktuelles Design, modische Accessoires, figurbetonte Schnitte oder lebhafte Farbigkeit zunächst ebenso zurück wie professionelle Marketing- und Vertriebsstrukturen. Entsprechend sprachen die Textilien dieser Zeit auch nur einen relativ kleinen Kreis von Verbrauchern an.

In den vergangenen Jahren hat die Naturtextilbranche allerdings einen ganz erheblichen Aufschwung genommen. Das Angebot wuchs, die Textilien sind modischer geschnitten und kommen in einer breiteren Farbpalette auf den Markt – auf diese Weise hat sich die Akzeptanz der Produkte verbreitert und erreicht damit neue Kundenkreise, denen ökologische Konsequenz wichtig ist, die aber auch auf ein modernes Erscheinungsbild Wert legen.[3]

Hinzu kommt das wachsende Bewusstsein der Verbraucherinnen und Verbraucher, dass man besonders bei Alltagsprodukten, die im direkten Hautkontakt oder hautnah angewendet werden, auf Produkte mit synthetischen Faser-, Farb- und Hilfsstoffen verzichten sollte. Da dies besonders für Babys und Kleinkinder gilt, sind reine Naturtextilien vor allem bei jungen Familien beliebt. Vorangeschritten ist auch die Professionalisierung von Marketing und Vertrieb. Die Angebote füllen heute dicke, geschmackvoll gestaltete Kataloge, und man kann Naturtextilien ohne Weiteres online bestellen. Es wundert nicht, dass inzwischen auch die großen Versandhauskonzerne Naturtextilien als Chance für die Markenprofilierung entdeckt und in ihre Sortimente aufgenommen haben.[4]

Kultur, Freizeit, Technik, Medizin

Startsignale starker Öko-Marken: Malfarben aus Pflanzen

Je dichter am Menschen die Produkte der Alltagschemie eingesetzt werden und je jünger die davon Betroffenen sind, umso dringender ist ein Ersatz der herkömmlichen durch weniger bedenkliche Produkte. Es ist daher gut nachvollziehbar, dass zu den allerersten Produkten, die aus der Konzeption einer Chemie auf der Basis solarer Grundstoffe entwickelt wurden, Malfarben für Kinder und Jugendliche gehörten. Das Angebot zu Beginn der 1970er-Jahre bestand nämlich sehr weitgehend aus den damals »modernen« Malfarben, bei denen synthetische Pigmente mit ebenso synthetischen Bindemitteln und Hilfsstoffen verarbeitet wurden. Die ästhetische Wirkung der Farbwaren war dann auch entsprechend: abstoßende Gerüche, grelle und unharmonische Farben.

Die Alternative zu solchen sinnespädagogisch nicht sehr hilfreichen Produkten war schnell gefunden: reine Pflanzenfarbenpigmente, eingebettet in rein pflanzliche Harz-, Öl- und Wachsbindemittel. Dass die Lichtechtheit der Pflanzenfarbenpigmente nicht an diejenige der synthetischen Farbstoffe heranreichte, spielte nur eine geringe Rolle, denn im kindlichen Malen kommt es nicht auf den Erhalt des Bildes für die Ewigkeit an. Zudem gleichen die Harmonie der Farben und der angenehme Duft der Bindemittel diese farbtechnischen Mängel aus. Ergänzt wurden die Kindermalfarben bald durch weitere Produkte auf der Basis von pflanzlichen Farbstoffen: farbige Knetmassen, Wachsmalstifte, pflanzengefärbte Wolle zum Bilden und Basteln.

Diese Produkte wirkten als Startsignal für eine zunehmend erfolgreiche Branche. Die Farbwarenkunde, die zur Herstellung der ersten Pflanzenfarben aus der alten warenkundlichen Literatur herausgesucht werden musste, war schon die Basis für die später erfolgende Erweiterung des eingesetzten Rohstoffspektrums. Die Extraktionstechnologie, mit welcher die ersten pflanzlichen Farbtinkturen aus Wurzeln, Blättern und Blüten herausgezogen wurden, konnten leicht auf größere Einheiten und komplexere Anlagen übertragen werden. Die ersten Markt-erfahrungen legten Grundlagen für die spätere Professionalisierung von Marketing und Vertrieb.

Die jungen Unternehmen dieser ersten pflanzenchemischen Bran-che wählten ihre Rohstoffe vom Start weg in strikter ökologischer Kon-sequenz und erreichten dadurch im rasch wachsenden Markt hohe öko-logische Glaubwürdigkeit. Heute stellen die seinerzeit in bescheidenstem Umfeld entstandenen Marken deshalb nicht selten einen hohen öko-nomischen Wert dar, sind weltweit bekannt und geachtet.

Biogene Klebstoffe: die »Leistungssportler« der Alltagschemie

Einen ganz anderen Bereich chemisch-technischer Alltagsprodukte stellen die fast allgegenwärtigen Klebstoffe dar. Auch auf diesem Sektor hat es schon früh Alternativprodukte gegeben, welche die klassischen petrochemischen Klebstoffe ersetzen sollten. Im Grunde erschien die Entwicklung biogener Klebstoffe auch nicht besonders schwierig, denn viele Naturstoffe besitzen von sich aus eine zum Teil erhebliche Kleb-kraft. Mit den leicht zugänglichen pflanzlichen Kautschuksäften, den klebrigen Baumharzen, den klebfähigen pflanzlichen Gummen (be-kanntestes Beispiel: Gummi Arabicum als traditioneller Klebstoff auf der Rückseite von Briefmarken oder zum »feuchten« Verschluss von Umschlägen) und aufgeschlossenen biogenen Eiweißstoffen wie Case-inaten, aber auch mit den aktivierten Pflanzenstärken stehen zahlrei-che pflanzenbasierte Grundstoffe zur Herstellung geeigneter Klebstof-fe zur Verfügung.

Jeder dieser Grundstoffe hat jedoch unter Klebstoffaspekten Vor- und Nachteile. Es ist daher nicht überraschend, dass die heute am Markt befindlichen organischen Naturklebstoffe eine ausgefeilte Kom-bination einiger der genannten Grundstofftypen darstellen. Tatsächlich ist es auf dieser Basis gelungen, auch anspruchsvolle Klebstoffe für Bo-denbeläge (Teppich, Parkett, Linoleum) zu entwickeln und auf den Markt zu bringen. Interessant ist auch zu sehen, dass der marktführen-de Klebestift eines renommierten Herstellers chemisch-technischer All-tagsprodukte heute schon zu 90 Prozent aus erneuerbaren Grundstof-

fen besteht (Pritt[5]). Es besteht auf diesem Sektor noch ein großes For-
schungs- und Entwicklungspotenzial.

Der Bedarf ist jedenfalls da: In vielen industrielle Anwendungen, bei
denen noch bis vor Kurzem die Verbindung zwischen zwei Komponenten durch Schweißen oder Schrauben hergestellt und gesichert wurde, haben heute reine Klebeverbindungen die früheren Technologien
ersetzt. Allerdings hält mit der Klebstoffschicht ein neues Material Einzug in die Werkstoffkombination und kann dadurch das Recycling er-
schweren. Biogene und biologisch abbaubare Klebstoffe sind hier gegenüber petrochemischen Produkten wieder im Vorteil.

Wer sich bei biogenen Klebstoffen Sorgen um die Festigkeit der Kle-
befuge macht, sollte sich in der Natur etwas genauer umsehen. So übersteigt beispielsweise die Kraft des Klebstoffs, mit dem sich manche
Muschelarten am Untergrund (oder auch an Schiffswänden) festklam-
mern, die Festigkeit konventioneller Kunstharzkleber bei Weitem. Es
wird sicher möglich sein, die chemischen Wirkungsprinzipien dieser
Hightech-Naturklebstoffe zu entschlüsseln, nachzuahmen und für industrielle Anwendungen verfügbar zu machen.

Damit das Windrad sich dreht: Hochleistungs-Schmierstoffe aus Pflanzen

Eine besonders überzeugende Alternative zu klassischen, erdölbasierten Chemikalien hat sich in den vergangenen Jahren auf dem Gebiet
der Schmierstoffe entwickelt. Angesichts der heutigen hochbelasteten,
schnell laufenden Motoren, Getriebe und Nebenaggregate könnte man
eigentlich meinen, die konventionellen Schmierstoffe aus Erdöl seien in
solchen anspruchsvollen »High Duty«-Anwendungsbereichen kaum
durch pflanzenbasierte Schmierstoffe ersetzbar. Weit gefehlt! Wie sich
durch die intensiven Forschungs- und Entwicklungsanstrengungen einiger mittelständischer Schmierstoffhersteller herausgestellt hat, sind
manche auf pflanzlichen Ölen basierende Schmierstoffe für technische
Hochleistungsaufgaben eher noch besser geeignet als die konventionellen Produkte auf fossiler Basis.

Wie anspruchsvoll solche Anwendungen sein können, zeigt sich beispielsweise an den großen Anlagen zur Windkraftnutzung. Deren Getriebe und Hydrauliksysteme benötigen Hunderte Liter unterschiedlicher Schmierstoffe, damit die teuren Anlagen so reibungsarm und effizient wie möglich laufen – und das bei ungewöhnlich hohen Laufleistungen von bis zu 8.000 Stunden pro Jahr, also einer fast kontinuierlichen und noch dazu in der Intensität ständig wechselnden Beanspruchung der mechanischen Teile.

Wie sich in aufwendigen Versuchsreihen gezeigt hat, sind biogene Schmierstoffe durchaus in der Lage, auch solche extremen Beanspruchungen zu bewältigen. Sie haben dabei gegenüber den üblichen Schmierstoffen sogar technische Vorteile. Aufgrund ihrer speziellen Viskositäts- und Oberflächeneigenschaften reduzieren sie offensichtlich die Temperatur in den Rotorlagern der Windkraftanlagen deutlich, woraus ein höherer Wirkungsgrad und geringerer Verschleiß resultieren: ein nicht nur ökologischer, sondern handfester ökonomischer Vorteil. Die biogenen Öle haben sich auch als deutlich hitze- und kälteresistenter als die konventionellen Produkte erwiesen – bei den Wind und Wetter ausgesetzten Windkraftanlagen ein nicht zu unterschätzender Vorsprung.

Der Vorteil beim Ersatz fossiler durch biogene Schmierstoffe ist offensichtlich: Nicht nur passen solche Materialien besser zum erneuerbaren Charakter der Windkraft – auch praktische Naturschutzaspekte sprechen für einen solchen Einsatz. Immerhin stehen die Windräder in der Regel auf landwirtschaftlich genutzten Flächen, in Naturschutzgebieten oder im Meer. Beim laufenden Betrieb, bei der Wartung oder auch bei gelegentlichen Defekten ist kaum zu vermeiden, dass Schmiermittel in die Umwelt – vor allem auf den Boden oder, bei Offshoreanlagen, ins Meerwasser – gelangen. Handelt es sich bei diesen Leckageverlusten um konventionelle Schmiermittel auf Erdölbasis, ist der ökologische Schaden immens: Bereits ein Tropfen kann genügen, um eine Million Liter Wasser zu ruinieren. Die neuartigen biobasierten Schmierstoffe hingegen sind biologisch abbaubar, nicht toxisch und daher unter Umweltgesichtspunkten in der ökologisch sensiblen Umgebung der Windkraftanlagen wesentlich besser verantwortbar und werden dort die konventionellen Schmierstoffe sicher bald vollständig ersetzen.

Noch ausgeprägter als bei Windkraftanlagen ist die Schmierstoff-Leckage bei Kettensägen, die in der Forstwirtschaft zur Baumfällung und -aufarbeitung verwendet werden. Bei dieser Einsatzart gelangt Kettenschmieröl unvermeidlich in die Umwelt – es bleibt entweder an der Schnittfläche haften und wird beim nächsten Regen in den Boden gespült, oder es wird infolge der hohen Umfangsgeschwindigkeit der Sägeketten direkt auf den Waldboden geschleudert. Zum Glück für die Umwelt gibt es seit einiger Zeit »Biokettenöle« auf Rapsölbasis, die biologisch leicht abbaubar sind und daher den Waldboden nicht langfristig belasten. Trotz ihrer günstigen ökologischen Eigenschaften haben solche biogenen Kettenöle keine technischen Nachteile gegenüber den konventionellen Erdölprodukten.

Phytopharmaka: »solare Medizin« mit neuen und bewährten Wirkstoffen

Das wachsende Umwelt- und Gesundheitsbewusstsein hat in den letzten Jahrzehnten zu einem neuen Boom der Naturarzneimittel geführt. Eine wesentliche Rolle spielen dabei die Arzneistoffe, die aus Pflanzen extrahiert und direkt, meist in Mischung mit anderen pflanzlichen Wirkstoffen, als Medikamente eingesetzt werden, die sogenannten »Phytopharmaka«. So unübersehbar wie die Vielfalt der Pflanzen auf unserem Globus, so extrem vielfältig sind auch die pflanzlichen Arzneiwirkstoffe, die buchstäblich aus allen denkbaren Pflanzenteilen gewonnen werden können.

Schon aufgrund dieser Diversität – die zugleich eine Vielfalt der jeweiligen chemischen Identitäten bedeutet – können Phytopharmaka synthetische Medikamente zumindest teilweise ersetzen. Bei manchen Krankheiten – Schlafstörungen, Nervosität, Erkrankungen des Magen-Darm- oder des Lungentraktes – ist eine solche Substitutionsmöglichkeit bereits erfolgreich nachgewiesen. Andere Phytopharmaka haben ohnehin seit Langem einen festen Platz in der Medikation ernster Erkrankungen – beispielsweise die stark herzwirksamen Glykoside (Cardenolide) der Digitalis-Pflanzen (Fingerhut). In neuerer Zeit sind schon früher in der Volksheilkunde eingesetzte Pflanzenstoffe zu neuer Bedeutung gelangt, da sie eine Wirksamkeit gegen bestimmte Krebsarten zu haben scheinen. Ein Beispiel dafür ist der chemisch sehr komplex aufgebaute Wirkstoff Paclitaxel aus der Stoffgruppe der Taxane, der aus der Rinde der Pazifischen Eibe gewonnen werden kann.[6]

Bei der Herstellung von modifizierten Phytopharmaka lässt sich die hohe »Synthesevorleistung«, die viele Pflanzenstoffe mitbringen, gezielt zum weiteren Aufbau komplexer Arzneistoffe nutzen. Das gilt besonders dann, wenn das Arzneistoffmolekül ein oder mehrere chirale Zentren aufweist. Es ist zwar möglich, solche Arzneistoffmoleküle »ab initio« (also vom Erdöl ausgehend) zu synthetisieren. Aufgrund der Strukturarmut der Rohstoffe wäre das aber ein mühevoller, energieaufwendiger und abfallträchtiger Weg. Wenn man das hochkomplexe Zielmolekül einmal mit dem Gipfel eines Achttausenders vergleicht, dann können Chemiker die Synthesevorleistung der Pflanze vergleichsweise so nutzen, dass sie eben nicht (wie beim Erdöl) am Gangesdelta starten, sondern bereits von einem hoch gelegenen Basislager oder sogar von einem Hochlager wenige Hundert Meter unterhalb des Gipfels.

Der Vergleich macht deutlich, dass die Nutzung eines solchen stofflich-energetischen Basis- oder Hochlagers, welches die Pflanze scheinbar mühelos vorbereitet hat, eine enorme Einsparung bedeutet. Auch die vielen Abfälle, die in unserem Vergleichsmodell von Bergsteigern und Hilfstruppen auf dem weiten Weg zum Basis- oder Höhenlager produziert werden, entfallen bei der Nutzung pflanzlicher Synthesevorleistung. Es ist daher wahrscheinlich, dass mit dem weiteren Ausbau der solaren Chemie das geschilderte »Basislager-Prinzip« eine größere Bedeutung erlangt. Das Prinzip kann natürlich auch auf andere Stoffgruppen ausgedehnt werden, die nicht medizinischen, sondern technischen Zwecken dienen.

Hightech-Produkte aus nachwachsenden Rohstoffen

Eigentlich ist es nicht ganz richtig, hier noch einmal eine eigene Rubrik für Hightech-Produkte einzurichten. Denn auch die bis hierher aufgeführten Produkte einer modernen Pflanzenchemie sind keineswegs »lowtech«, sondern bereits Ergebnis hoher chemisch-technologischer Kreativität. Im Folgenden handelt es sich jedoch um Werkstoffe, die erst in den letzten Jahren in den Fokus der Entwickler in Chemie und Technik gelangt sind und sich daher von denjenigen Werk- und Wirkstoffen, die schon seit vielen Jahrzehnten bearbeitet werden, in mancher Hinsicht unterscheiden. Sie werden hauptsächlich in Bereichen eingesetzt, die nach allgemeinem Verständnis eine besonders hohe wissenschaftlich-technologische Kompetenz erfordern, z. B. im Fahrzeug- und Flugzeugbau.

Auch für höchstes Tempo gut: neuartige Naturfaser-Verbundwerkstoffe

Die erste Gruppe von Werkstoffen dieser Art ist zwar zweifellos hightech, doch das Grundkonzept existiert in der Natur bereits seit Millionen Jahren: die sogenannten Faserverbundwerkstoffe. Solche Werkstoffe bestehen in der Regel aus zwei sehr unterschiedlichen Komponenten. Dabei nimmt die eine Komponente, die »Matrix«, das Hauptvolumen ein und bestimmt damit einen erheblichen Teil der äußeren physikalisch-chemischen Eigenschaften (Dichte, Beständigkeit gegen Wasser, Lösemittel, UV-Strahlung usw.). Die andere Komponente hingehen ist in diese Matrix quasi eingebettet und besteht aus Stoffen mit ausgeprägt gerichteten Eigenschaften (Isotropie). Diese Eigenschaften sind vor allem mechanisch bedeutsam, da sie die Stabilität des Verbundes gegenüber Zug, Druck, Knickung, Verdrehung usw. festlegen. Da solche gerichteten mechanischen Eigenschaften vor allem bei langen, aber dünnen Werkstoffen vorkommen, werden als zweite Komponente Fasern unterschiedlicher Art eingesetzt.

Als besonders »modern« gelten unter den Faserverbundwerkstoffen die Karbon- oder Kohlenstofffaserprodukte, bei denen sowohl Matrix also auch Fasern vollsynthetisch hergestellt werden. Solche Werkstoffe können zwar hohe mechanische Leistungen bei niedrigem Eigengewicht vollbringen, haben jedoch aufgrund der Herkunft und chemischen Verarbeitung ihrer Rohstoffe wie infolge ihrer schlechten Trenn- oder Abbaubarkeit erhebliche Ökologie- und Nachhaltigkeitsdefizite. Die Herstellung der Karbonfasern ist zudem sehr energieaufwendig und technologisch komplex. Als Ausgangsmaterial für Hochleistungs-Karbonfasern dient überwiegend der Kunststoff Polyacrylnitril (PAN), der wiederum vollständig erdölabhängig ist.

Ganz anders sieht das mit Werkstoffen aus, die zwar nach dem gleichen Matrix-Faser-Prinzip aufgebaut sind, bei denen aber beide Komponenten biogen sind, also aus den stofflichen Ergebnissen pflanzlicher Fotosynthese stammen. Solchen Werkstoffen gehört nach Einschätzung vieler Werkstoffexperten die Zukunft, da sie hohe mechanische Festigkeiten erreichen und die daraus hergestellten Bauteile wesentlich leichter sind als vergleichbar feste Bauteile z. B. aus Stahlblech. Der Gewichtsvorteil macht solche biogenen Werkstoffe besonders dort interessant, wo eine Gewichtsminderung zu Treibstoffeinsparung führt, also vor allem in der Automobil- und Flugzeugtechnik. Eine Art technologischer »Urahn« dieser Werkstoffe spielte schon bei den Plänen des Autobaupioniers Henry Ford, ein »Auto vom Acker« zu bauen, eine Schlüsselrolle.

Im Automobilbau werden heute bereits etliche Hunderttausend Tonnen an nachwachsenden Rohstoffen eingesetzt. Gemessen am Gesamtvolumen der Automobilproduktion ist das zwar immer noch recht bescheiden, aber die Einsatzpotenziale in der Serienfertigung sind hoch. Gegenwärtig wird noch daran gearbeitet, auch für die hochbelasteten Bauteile Standardprodukte und serientaugliche Verarbeitungsverfahren zu entwickeln. Die Vision Henry Fords ist jedoch schon in greifbare Nähe gerückt, und ein allmählicher Übergang von der automobilen Metall-Ära (Stahlblech und Leichtmetalle) zur automobilen Organik (Biopolymere, biogene Faserverbundwerkstoffe, Bioschaumstoffe, biogene Gläser und Folien, pflanzenbasierte Beschichtungs- und Klebstoffe) zeichnet sich in ersten Umrissen ab.

Trotz der vielversprechenden Anfangserfolge gibt es auf diesem Weg gerade bei den Faserverbundwerkstoffen noch viel zu forschen und entwickeln, da die Anzahl der variierbaren Parameter groß ist. Viele unterschiedliche Materialien können als Matrix genutzt werden, ebenso viele als Faserkomponente. Bei den Fasern wird nicht nur mit unterschiedlichen faserliefernden Pflanzenarten experimentiert, sondern auch mit verschiedenen Faserlängen. Lange Fasern werden im noch recht aufwendigen Laminierverfahren verarbeitet, bei welchem mehrere Lagen von vorimprägnierten Fasermatten übereinandergeschichtet und dann miteinander und mit der Matrix »verbacken« werden. Solche Laminate sind besonders stabil, weil man die Ausrichtung der Fasern – und damit die Richtung maximaler Festigkeit – genau bestimmen kann. Aber die Verfahrenstechnik erfordert noch viel Erfahrung und Handarbeit mit Fingerspitzengefühl – eine Fertigung im Großserienbau benötigt andere Technologien.

Im Spritzguss verarbeitbar: der Durchbruch zum Großserieneinsatz

Bei kürzeren Fasern sind jedoch schon Verfahren entwickelt worden, die eine Verarbeitung in klassischen Spritzgussverfahren ermöglichen. Damit sind dann auch »kurvenreiche« Formen wie bei Außenspiegeln mit den jahrzehntelang erprobten und kostengünstigen Verarbeitungstechnologien als rein biogene Bauteile herstellbar. Auf dem Weg zu diesem Ergebnis hat man auch mit Kombinationen experimentiert, bei denen jeweils ein Partner nicht biogenen Ursprungs war: z.B. Naturfasern in einer konventionellen Kunstharzmatrix oder umgekehrt: Glasfasern in einer Naturstoffmatrix, z.B. aus biogenen Polyamiden, die aus Rizinusöl hergestellt werden.

Bei den Vergleichsversuchen mit Glasfasern hat sich neben dem Gewichtsvorteil der Naturfasern noch ein ganz anderer Positiveffekt gezeigt: Die verwendeten Werkzeuge werden durch Naturfasern wesentlich weniger beansprucht als durch Glasfasern (Naturfasern mit ihrem Hauptbestandteil Zellulose sind weniger »abrasiv«). Anderseits ist es etwas schwieriger, die Naturfasern allseitig und vollständig mit der zähen Matrixflüssigkeit zu benetzen (was notwendig ist, damit es nicht zu Lufteinschlüssen kommt).

Insgesamt setzt allein die deutsche Automobilindustrie heute schon etwa 50.000 Tonnen naturfaserverstärkte Polymerwerkstoffe ein – allerdings bislang vor allem im Innenbereich. Dabei besteht die Matrix auch zumeist noch aus erdölbasierten Polymeren. Zweifellos stellt diese Zusammensetzung nur einen Zwischenzustand dar, denn aufgrund der ökologischen Vorteile von vollständig biobasierten Verbundwerkstoffen (wesentlich bessere CO_2-Bilanz, problemlose biologische Abbaubarkeit nach Ende der Lebensdauer, geschlossener Kohlenstoffkreislauf) gehört diesen konsequent ökologischen Werkstoffen die Zukunft. Zahlreiche Forschergruppen und Anwendungstechniker arbeiten an einem vermehrten Einsatz solcher zukunftsträchtiger Werkstoffe. Angesichts der Komplexität der Automobilfertigung ist es jedoch verständlich, dass sich die Branche hier erst Schritt für Schritt zu einem großserientauglichen Optimum vortastet.

Manche dieser Werkstoffe haben dennoch bereits Einzug in die Serienproduktion gehalten: So bestehen beispielsweise Innenverkleidungen, Hutablagen, Gepäckraumabdeckungen, Gepäckraumladeböden, Mitteltunnelgehäuse bei einigen Fahrzeugmodellen, die durchaus zu den Standardmodellen gehören, bereits aus biogenen Faserverbundwerkstoffen und machen bei manchen Modellen schon mehr als 10 Kilogramm am Gesamtgewicht des Fahrzeugs aus.

Die Argumentationsweise der Fahrzeughersteller gleicht übrigens bis ins Detail den Argumenten, die schon vor Jahrzehnten von Vertretern einer »Sanften Chemie« benutzt und seinerzeit noch als utopisch belächelt wurden. So heißt es z.B. in einer Informationsschrift von BMW: »Viele natürliche Fasern können bei der Herstellung von Verbundwerkstoffen mit ›technischen‹ Fasern wie Glasfasern konkurrieren, denn sie wurden in Jahrmillionen von der Natur optimiert. Sie haben günstige mechanische Eigenschaften, weisen eine hohe Zugfestigkeit, Haltbarkeit und Steifigkeit auf, lassen sich gut verarbeiten und sind leichter.« An anderer Stelle heißt es: »Man kann heute schon Faserverbund-Bauteile herstellen, die um bis zu 40 Prozent leichter sind als vergleichbare Spritzgussbauteile aus Kunststoff. Angesichts immer knapper werdender Ressourcen bietet die Einbeziehung natürlicher Fasern hier eine ökologisch und technisch sehr günstige Lösung.«[7]

Die »Kunst«-Stoffe aus der Pflanze: Biopolymere auf dem Vormarsch

Künftig wird nach Ansicht der führenden Automobilhersteller auch die Matrix-Komponente aus Biopolymeren[8] bestehen – also aus »Kunststoffen«, die nicht aus Erdöl, sondern aus erneuerbaren Grundstoffen hergestellt werden. Auch ohne eine Faserverstärkung haben solche Polymere ein hohes Potenzial, konventionelle Kunststoffe nach und nach vollständig zu ersetzen. Zwar haben erdölbasierte Kunststoffe derzeit noch einen deutlichen Preisvorteil, aber die Differenz schwindet mit zunehmender Verbreitung – und damit zunehmenden Produktionsmengen – der Biopolymere.[9]

Würden die externen Folgekosten der Erdölprodukte in den Preis eingerechnet, wären allerdings viele Biopolymere bereits heute wesentlich preiswerter als Erdölprodukte.[10] Mit weiter zunehmender Verknappung der Erdöls und weiter steigender Produktivität und damit abnehmenden Kosten bei den biogenen Alternativen wird sich dieses Verhältnis sogar in absehbarer Zeit noch weiter zugunsten der nachhaltig umweltverträglichen Biopolymere verschieben. Trotz des noch bestehenden Kostennachteils sind jedoch etliche Polymere biogenen Ursprungs bereits heute konkurrenzfähig.

Der Einsatz solcher aus Fotosyntheseprozessen (und manchmal anschließender chemischer Modifikation[11]) entstandener Polymere ist natürlich keineswegs auf den Automobilbereich beschränkt. Nahezu jede Anwendung, die heute meist mit Kunststoffen aus Erdöl realisiert wird, kann stattdessen auch mit biogenen Polymeren erfolgen – ob es sich um Gehäuse für Haushaltsgeräte, Computer und andere Elektronikprodukte, Haushaltsfolien oder einfache Plastiktüten handelt. Auch für solche Anwendungen sind bereits Produkte auf dem Markt, z.B. Haartrockner mit Gehäuse aus einem biogenen Kunststoff (Fa. Efbe Schott, Bad Blankenburg). Noch wirken die mangelnde Bekanntheit (wieder sind kleine mittelständische Unternehmen hier die Pioniere, die den Mut haben, etwas Neues zu erproben) und der etwas höhere Preis als Markthemmnis. Aber spätestens, wenn große Markenartikler bei ihren Produkten auf solche nachhaltigen Kunststoffe zurückgreifen – und diese Tatsache werbewirksam kommunizieren –, werden Biopolymere in Alltagsprodukten zu einer Selbstverständlichkeit werden.

Auch bei den heute verfügbaren technischen Biopolymeren ist das Vorbild die Natur. Substanzen mit Polymercharakter kommen in der Natur zahlreich vor. Das ist kein Wunder, ist doch nahezu jede Pflanzenart in der Lage, in ihrem sekundären Stoffwechsel auch polymere Substanzen zu synthetisieren. Dabei entstehen Polymere mit sehr unterschiedlichen chemischen Eigenschaften – eine Fundgrube nicht nur für Naturstoffchemiker, sondern auch für Techniker. Die Palette reicht von den bereits erwähnten Polysacchariden wie Stärke über zahlreiche Proteine, Peptide, Cellulosen, Lipide, Polyhydroxyalkanoate (PHA), Cutinen (Stoffe, die Pflanzenzellen wasserabweisend machen) und Suberinen (am bekanntesten als natürliches Bindemittel im Kork) bis hin zu den unterschiedlichen Arten von Lignin (dem Bindemittel, das im Holz für den Zusammenhalt der Zellulosefasern sorgt). Die allermeisten dieser Naturstoffe harren noch ihrer Entdeckung, von einer Beschreibung und möglichen technischen Nutzung ganz abgesehen.

Bei den technisch bereits verfügbaren biogenen Polymeren ist die Auswahl inzwischen groß. In einer von der Fachhochschule Hannover betreuten Datenbank sind derzeit bereits etwa 700 verschiedene Arten von Biopolymeren verzeichnet, die zum Teil auch in größeren Mengen am Markt verfügbar sind. Dabei handelt es sich nur um diejenigen makromolekularen Substanzen, die in einer für technische Zwecke aufbereiteten und in ihren chemisch-physikalischen Eigenschaften gut beschriebenen Form vorliegen. In technischen Anwendungen wird aus nachvollziehbaren Gründen auf am Markt leicht erhältliche, gut dokumentierte und in weitgehend einheitlicher Qualität und auf Dauer verfügbare Grundstoffe gesetzt.

Als deutliches Merkmal der zunehmenden Reife des Marktes biogener Polymere für den industriellen Einsatz haben sich inzwischen auch aktive Verbandsstrukturen herausgebildet. So sind in der European Bioplastics e.V. mit Sitz in Berlin viele namhafte europäische Hersteller, Verarbeiter und Nutzer sowie Wissenschaftler und Berater aktiv. In den Verbandsinformationen wird die Bedeutung von »Bioplastics« in der Stoffwirtschaft prägnant beschrieben: »Bioplastics spielen bereits eine zentrale Rolle im Bereich Verpackung, Landwirtschaft, Gastronomie, Verbraucherelektronik und Automobilindustrie, um nur einige wenige zu nennen. Bioplastic-Materialien wurden lange dazu benutzt, um kurzlebige Stoffe und Produkte wie Mulchfolien, Cateringartikel, Verpackungen und Müllsäcke herzustellen. Mit der weiteren technologischen Entwicklung werden jedoch in zunehmendem Masse auch dauerhafte Anwendungen wie Tastaturelemente, Gehäuse von Mobiltelefonen oder Fahrzeugkomponenten in größeren Mengen hergestellt.«[12] Ein Kongress, der für November 2012 in Berlin geplant ist, steht unter dem für sich sprechenden Titel: »Bioplastics – From Niche to Mainstream«. Damit ist die gegenwärtige Situation der gesamten solaren Grundstoffwirtschaft beschrieben: Sie befindet sich mit Riesenschritten auf dem Weg aus der Nische hinein in den Mainstream.

Eierlegende Wollsau aus Milchsäure: Polylactide

Eine erhebliche Marktbedeutung unter den biogenen Polymeren haben heute bereits die Polymilchsäuren oder Polylactide (PLAs) erlangt, weil sie in vielen Anwendungen klassische erdölbasierte Massenkunststoffe wie Polyetylentherephtalat (PET), Polyethylen (PE) oder Polypropylen (PP) ersetzen können. Da PLA-Kunststoffe thermoplastisch (durch Wärme verformbar) sind, können sie problemlos auf den industrieüblichen Anlagen zur Kunststoffverarbeitung verwendet werden. Hinzu kommen günstige physikalisch-chemische Eigenschaften wie geringe Feuchtigkeitsaufnahme, geringe Entflammbarkeit, hohe Beständigkeit gegen Lichteinwirkung, hohe Farbstabilität, gute Transparenz (Durchsichtigkeit) und relativ gute Gasdichtigkeit. Zu all diesen technisch wichtigen Eigenschaften kommt die biologische Abbaubarkeit noch hinzu, sodass sich für Abfälle aus PLA-Kunststoffen ganz andere Entsorgungspfade eröffnen als für herkömmliche Kunststoffe und auf diese Weise der Kohlenstoffkreislauf wirklich vollständig – und ohne hohen technischen oder energetischen Aufwand – schließen lässt.

Polymilchsäuren lassen sich auf verschiedenen Wegen herstellen: entweder direkt aus Milchsäure durch Polykondensation, also die Aneinanderkoppelung einzelner (monomerer) Milchsäuremoleküle zu den (polymeren) Riesenmolekülen, aus denen ja alle Polymere bestehen. Ein anderer Herstellungsweg besteht darin, leicht zugängliche, biogene Kohlehydratquellen wie Melasse oder Zucker durch Fermentation mit speziellen Bakterienstämmen zunächst in Lactid zu verwandeln (einem ringförmigen Zusammenschluss von zwei Milchsäuremolekülen) und dieses Lactid dann bei Temperaturen von 150°C weiter zum polymeren Lactid PLA umzuwandeln. Da die verwendeten pflanzlichen Grundstoffe relativ preiswert sind und der technische Aufwand bei deren Weiterverarbeitung überschaubar bleibt, sind die Polymilchsäureprodukte heute schon zu Preisen verfügbar, die nicht sehr weit von denen herkömmlicher Kunststoffe entfernt sind. Die Produktionsmengen sind mit einigen Hunderttausend Tonnen bereits beachtlich, liegen derzeit jedoch natürlich noch weit unter den Mengen, die an erdölbasierten Massenkunststoffen erzeugt werden. Durch den geplanten Bau weiterer Anlagen wird sich der Anteil am Gesamtmarkt für Kunststoffe jedoch in den kommenden Jahren stark erhöhen.

Biogene PLA-Kunststoffe kommen bereits in zahlreichen technischen Anwendungsfeldern zum Einsatz. Dazu gehören vor allem Verpackungen und Packhilfsmittel (Folienbeutel, Verpackungsnetze, Luftpolsterbeutel, Kosmetiktiegel, Blumenfolien), aber auch Massenprodukte wie Tragetaschen (»Plastikbeutel«). Aufgrund der guten biologischen Abbaubarkeit ergeben sich besonders in der Landwirtschaft günstige Perspektiven für PLAs. Während die dort massenhaft verwendeten Mulchfolien aus Polyethylen (PE) nach der Nutzung komplett eingesammelt und als Plastikmüll entsorgt werden müssen, kann man die anwendungstechnisch gleichwertigen Mulchfolien aus PLAs nach Gebrauch einfach unterpflügen – sie sind dann durch biologischen Abbau in kurzer Zeit Bestandteil des Ackerbodens. Gleiches gilt für andere landwirtschaftlich genutzte Kunststoffprodukte wie Wuchshilfen, Halterungen usw.

Die technischen Eigenschaften der PLAs sind durch Zusatz von anderen Polymerarten (»Componding«) in weiten Grenzen variierbar. Die Anwendungsmöglichkeiten nehmen daher ständig zu. Am Markt verfügbar sind beispielsweise Cateringartikel wie Getränkebecher, Trinkhalme und Eisbecher, aber auch Gehäuse für Schreibgeräte und andere Büroartikel (z.B. Fa. memo AG). Besonders gute Perspektiven haben PLA-Kunststoffe in der Medizintechnik, wo sie ihre ausgezeichnete Biokompatibilität (Verträglichkeit mit lebendem Gewebe) ebenso wie ihre problemlose Abbaubarkeit ausspielen können, wenn es z.B. um Kunststoffmaterialen geht, die nur vorübergehend mechanische Stabilität aufweisen müssen. Dies gilt etwa für Nahtmaterial, aber auch für bestimmte Implantate oder Fixiermittel (Nägel, Schrauben bei Knochenfraktionen) bis hin zu Stents, die zur temporären Erweiterung von Blutgefäßen eingesetzt werden. In all diesen Fällen kann auf die sonst notwendige zweite Operation zur Entfernung dieser Hilfsmittel verzichtet werden, da das biokompatible Material sich nach einiger – durch die Zusammensetzung steuerbarer – Zeit von allein im umgebenden Gewebe auflöst.

Nicht zuletzt können Polymilchsäurekunststoffe auch als Matrix für die bereits erwähnten hochstabilen Faserverbundwerkstoffe eingesetzt werden. Wenn die Faserkomponente ebenfalls aus Naturfasern (die ja aufgrund ihrer überwiegenden Zusammensetzung aus Zellulose auch selbst eigentlich »Biopolymere« darstellen) besteht, wird der Werkstoff komplett biologisch abbaubar und hat damit gegenüber vielen anderen Verbundwerkstoffen einen großen ökologischen, aber auch technologischen Vorteil. Da PLAs thermoplastisch sind, können sie in Kombination mit Naturfasern geeigneter Faserlänge auch in konventionellen Spritzguss- oder Extrusionsanlagen verarbeitet werden und stehen damit für nahezu alle Anwendungsfelder zur Verfügung, die derzeit in Industrie und Handwerk noch von den erdölbasierten Kunststoffen dominiert werden (z.B. Dübel, Verstärkungsmatten etc.). »Bio«-Kunststoffe dieser Art werden deshalb bei der Konvertierung der Chemie von der fossilen zur solaren Basis eine bedeutende Rolle spielen.

Gut und sicher fahren auf neuen Bio-Sitzen

Das gilt auch für ein anderes Anwendungsgebiet biogener Materialien im Automobil- und Flugzeugbau. Außer den mechanisch hochbelastbaren Faserverbundwerkstoffen können auch die Polstermaterialien der Sitze aus biogenem Material gefertigt werden. Der bislang eingesetzte (erdölbasierte) Schaumstoff, der neben der Komfort-Funktion durch seine dämpfenden Eigenschaften ja auch eine wichtige Sicherheitsfunktion ausüben soll, wird bei einigen Fahrzeugmodellen (z.B. Opel Zafira) bereits durch eine Kombination von Naturgummi und Kokosfasern ersetzt.

Dabei handelt es sich dann nicht um einen klassischen Faserverbundwerkstoff, da die Pflanzenfasern und der Naturkautschuk nicht zu einem äußerlich homogenen Werkstoff verbunden werden, sondern in unterschiedlichen Lagen der Polsterung für die gewünschte Kombination aus Stoßdämpfung, Sitzkomfort und mechanischer Stabilität bei gleichzeitig positiver Wirkung auf das Mikroklima an der »Schnittstelle« zwischen Mensch und Sitz sorgt. Auch bei solchen Anwendungen zeigt sich, dass durch den Einsatz der biogenen Materialien nicht nur Umweltvorteile entstehen. Oft sind die genannten Sitzpolsterungen auch deutlich leichter als die konventionellen Produkte und tragen damit wiederum zu einer Verringerung des Fahrzeuggewichts und schließlich zur Reduzierung des Treibstoffverbrauchs bei.

Hightech-Reifen: höchste Leistung nur mit solaren Grundstoffen

Weniger bekannt ist ein weiterer, mengenmäßig bedeutender Einsatz nachwachsender Rohstoffe im Fahrzeug- und Flugzeugbau: nämlich in der Lauffläche der Reifen. Da sie in der Regel pechschwarz sind, erwecken Reifen auf den ersten Blick vielleicht den Eindruck, sie seien vollständig aus fossil basierten Komponenten aufgebaut. Dabei enthalten sie nach wie vor – sogar mit steigender Tendenz – verschiedene Grundstoffe pflanzlichen Ursprungs, vor allem Naturkautschuk, der als weißlicher Milchsaft durch Anritzen der Rinde von Kautschukbäumen gewonnen und getrocknet, aber chemisch kaum verändert in das Basismaterial der Reifen eingearbeitet wird. Winterreifen enthalten dabei übrigens besonders hohe Anteile von Naturkautschuk, da der Naturstoff bei sinkenden Temperaturen eine viel bessere Flexibilität behält als die synthetischen Kautschukarten.

Selbst Rapsöl und Naturharze finden sich in bestimmten Reifensorten (auch wieder vor allem in Winterreifen), und zwar als natürliche Weichmacher, die dafür sorgen, dass die Reifen auch bei extrem niedrigen Temperaturen nicht zu spröde werden und damit an Bodenhaftung einbüßen. Die Rezepturen der Reifenhersteller sind ein streng gehütetes Geheimnis, aber aus Produktions- und Verbrauchsdaten kann abgeschätzt werden, dass der Anteil von biogenen Grundstoffen wie Naturkautschuk, pflanzlichen Ölen und Harzen an der Zusammensetzung des »organischen«, nicht-mineralischen Teils der Laufflächen von Reifen (also nach Abzug der mineralischen Füllstoffe) heute etwa 50 Prozent beträgt und damit einen wichtigen Einsatzbereich der bereits heute für technische Zwecke genutzten solaren Grundstoffe darstellt.

Die hier aufgeführten Beispiele konnten nur einen kleinen Ausschnitt aus dem aktuellen Einsatzspektrum von Materialien pflanzlicher Herkunft in technologisch anspruchsvoller Umgebung beschreiben. Sie belegen deutlich, dass es bei der Verwendung solarer Grundstoffe längst nicht mehr nur um die traditionellen Einsatzmöglichkeiten geht, die seit Langem bekannt sind. Es handelt sich vielmehr um ein ausgesprochen spannendes und perspektivenreiches Forschungs- und Entwicklungsfeld, das kaum noch Ansätze für nostalgische Gefühle bietet. Damit gelingt es heute verfügbaren solaren Grundstoffen, eine Brücke zu schlagen zwischen den echten Langzeiterfahrungen, mit denen die in der Biosphäre entstandenen Stoffe aufwarten können, und den berechtigten Ansprüchen hinsichtlich Komfort, Bequemlichkeit, Auswahlmöglichkeit und Leistungsfähigkeit, die in einer modernen Gesellschaft an die Stoffe der Zukunft gestellt werden.

9 Chemie aus dem vollen Leben: die Zukunft der solaren Chemie

Solare Chemie am »Tipping Point«

Die solare Chemie steht gegenwärtig an einem entscheidenden qualitativen Umschlagpunkt (Tipping Point) – das belegen nicht zuletzt die zahlreichen im vorangehenden Kapitel beschriebenen innovativen Produkte, in denen die Idee einer Stofferzeugung aus erneuerbaren Grundstoffen zur praxisreifen Anwendung gelangt sind. Viele Ideen, Konzepte und Anwendungen sind inzwischen so weit entwickelt worden, dass diese neuartige Sicht auf den Gebrauch unserer Alltagsstoffe und auf die Prinzipien, nach denen sie erzeugt werden, jetzt erstmals in einen ernsthaften Wettbewerb mit den bisher maßgebenden Grundsätzen der industriellen Chemie getreten sind. Das kommende Jahrzehnt wird entscheidend dafür sein, wie rasch sich diese Ideen in der industriellen Praxis durchsetzen können – Widerstände und dynamische Aufbruchsstimmung halten sich an einem solchen Umschlagpunkt bekanntlich die Waage.

Das Manager Magazin beschreibt diese Widerstände unter der Überschrift: *Konzerne verzögern Öl-Alternativen*[1]: »Ohne Erdöl würden Basischemikalien für Konsumgüter wie Kosmetika und Waschmittel fehlen, ebenso die von vielen Industrie-Branchen benötigten Kunst- und Klebstoffe, Düngemittel, Farben, Lacke und Schmierstoffe. Erdöl wird allerdings stetig knapper – und teurer. Ebenso wie Automobilkonzerne und Energieversorger arbeiten Chemie-Unternehmen und ihre Kunden daher daran, in den verschiedensten Industriebranchen unabhängiger davon zu werden. Handfeste Alternativen bietet derzeit vor allem die industrielle Biotechnologie: Biokunststoff aus Maisstärke, aus Zucker oder Milchsäure und Lacke aus Raps sind inzwischen ebenso gebräuchlich wie Bioreaktoren, in denen Bakterien Feinchemikalien aus Krabbenschalen oder Holz herstellen.«

Weiter heißt es in dem Artikel: »Die Unternehmensberatung Arthur D. Little schätzt den Weltmarkt für Biochemikalien heute auf 77 Milliarden US-Dollar. Das entspräche erst etwa 4 Prozent des Gesamtmarktes. Bis 2025 könne der Marktanteil aber auf bis zu 17 Prozent steigen, prognostizieren die Branchenexperten. Damit wären die Unternehmen auf einem guten Weg, langfristig das zur Neige gehende Erdöl zu ersetzen. Die hiesige Industrie reagiert auf dieses Potenzial bislang allerdings verhalten. Von Euphorie ist wenig zu spüren.« Als einer der wesentlichen Gründe für diese Zurückhaltung wird benannt, dass die chemische Industrie für die neuen, biogenen Produkte ganz neue Anlagen bräuchte: »Beim Umstieg müssten Unternehmen daher nicht nur neue Anlagen kaufen. Auch würden die bestehenden Anlagen quasi wertlos.« Der bestehende Widerstand ist also nicht nur ideologisch, sondern vor allem mit dem Blick auf die Rendite begründet. Aber auch dieser Blick wird sich ändern: Der konsequente Einsatz solarer Grundstoffe bietet auch große wirtschaftliche Chancen – vor allem für kleinere und mittelständische Unternehmen, die von dem Dezentralitätsansatz der Solarchemie besonders profitieren werden.

Widerstände und ihre Überwindung

Bei der laufenden Energiewende haben wir zu spüren bekommen, wie stark das Beharrungsvermögen bei den namhaften Industrievertretern ist, wie schwer sie sich damit tun, die neue Denkweise für sich anzunehmen und wie eng die Bindungen und Abhängigkeiten zwischen dieser Industrie und vielen Wissenschaftlern und Ingenieuren tatsächlich ist.

In der Chemie haben wir gewiss keine einfachere Ausgangssituation. Die Strukturen sind dem Energiebereich verblüffend ähnlich – zu ähnlich, als dass wir darauf hoffen könnten, die Widerstände wären leichter zu überwinden. Hinzu kommt, dass die Großanlagen in der Industrie, die für petrochemische Prozesse errichtet und optimiert sind, entweder noch nicht voll abgeschrieben sind oder – wo dies schon der Fall ist – derzeit hervorragende Renditen erwirtschaften.

Trotzdem gibt gerade der Vergleich zwischen der Chemiewirtschaft, welche die Wende gerade erst begonnen hat, und der Energiewirtschaft, bei welcher die Wende bereits in vollem Gange ist, Anlass zur Hoffnung. So groß die Widerstände der Energie-Dinosaurier auch waren – die normative Kraft des Faktischen und der Meinungswandel in Politik und Gesellschaft waren einfach stärker. Dabei hinkten die Politik und deren Entscheidungsträger dem Bewusstseinswandel, der in der Öffentlichkeit stattgefunden hat, bekanntlich hinterher. Auch die Chemiewende wird vom Bewusstseinswandel der Menschen getragen sein, die als Verbraucherinnen und Verbraucher von der Chemie und ihren Produkten unmittelbarer betroffen sind, während die Energienutzung eine gewisse Anonymität aufweist und der Unterschied zwischen Strom aus erneuerbaren und Strom aus fossilen oder nuklearen Quellen nicht »fühlbar« ist.

Der andere, für die Chemiewende entscheidende Faktor liegt in der Bildung, Ausbildung und Fortbildung. Die Chemikergenerationen, die in 20 Jahren einen Beitrag zur Entwicklung und industriellen Implementierung der solaren Chemie leisten wollen, gehen heute schon zur Schule. Die Einstellung zur Chemie, zu chemischen Prozessen, zu Fragen von Roh- und Grundstoffen wird also in allernächster Zukunft durch die Art ihres naturwissenschaftlichen Unterrichts geprägt werden. Damit die Grundstoffwende nicht irgendwann an fehlenden Fachkräften zu scheitern droht, muss möglichst rasch hier angesetzt werden, um motivierende Impulse zu setzen.

Natürlich wollen und können nicht alle Schülerinnen und Schüler, die künftig einen motivierenden Chemieunterricht erleben, selbst in diese berufliche Richtung einsteigen. Aber sie bilden im besten Fall doch die Basis für ein weit günstigeres, tragfähigeres gesellschaftliches Klima hinsichtlich Naturwissenschaft und Technik und damit für eine verbesserte Akzeptanz der Chemie, der chemischen Technologie und schließlich auch chemisch erzeugter Produkte in der Öffentlichkeit.

Entscheidend in diesem Prozess ist jedoch die Ausbildung der in der künftigen Chemie Tätigen – vom Chemikanten und Chemielaboranten über den Chemiefacharbeiter bis hin zu den akademisch ausgebildeten

Chemikerinnen und Chemikern. Kenntnisse über Grundlagen der solaren Chemie müssen so rasch wie möglich in Ausbildung, Studium und Praxis integriert werden. Die Chancen dafür stehen nicht schlecht – schon heute zählt das Chemiestudium zu den besonders breit und umfassend angelegten akademischen Studiengängen; Andockmöglichkeiten für die zusätzlich erforderlichen Kenntnisse und Fertigkeiten finden sich im bisherigen Ausbildungskanon leicht. Andere Inhalte werden eher verzichtbar sein. Hinzukommen müssen in jedem Fall vertiefte Kenntnisse der solaren Grundstoffe. Eine Art Chemo-Botanik sollte die bisherigen Hauptfächer ergänzen. Aber auch chemiehistorische und wissenschaftsphilosophische Kurse sollten den Ausbildungsgang abrunden. Die neue, solare Chemie bedingt ein neues Selbstverständnis des Fachs. Der Paradigmenwechsel wird eher verständlich und akzeptierbar, wenn man sich einmal intensiver mit früheren Zeitenwenden in Wissenschaft und Technik befasst und daraus einen Einblick in die Struktur solcher Wandlungen erhalten hat.

Vor allem aber geht es um einen Wandel im Selbstverständnis der Chemikerinnen und Chemiker. Ihre bisherige Kernaufgabe – möglichst neuartige, naturfremde Stoffe zu erschaffen – wird abgelöst durch eine ganz andere Kernaufgabe: die Stoffe der Natur möglichst schonend, abfallarm, störfallsicher, energiesparend und mit möglichst geringer Modifikation der natürlich entstandenen molekularen Strukturen zu behandeln und neue Wege zu finden, die gesamte Palette an erforderlichen chemisch-technischen Alltagsprodukten bereitzustellen.

Die Wende zu einer solaren Chemie macht das Fach jedoch auch für Nicht-Spezialisten wieder spannender und lebensnäher. Die solaren Grundstoffe entstehen schließlich in unserer nächsten Umgebung und nicht in einem fernen, strikt abgeschotteten Chemiekomplex. Die Entstehungsweise der Grundstoffe in den Pflanzen ist uns viel leichter verständlich als die Synthese von Petrochemikalien in einem chemischen Reaktor, weil die natürliche Chemie der Biosphäre ein Spiegelbild der physiologisch-chemischen Vorgänge in unserem eigenen Organismus darstellt.

Über Qualität und Quantität in der solaren Chemie

Die bereits realisierten Beispiele und jetzt schon verfügbaren Technologien deuten klar darauf hin, dass praktisch alles, was heute aus den Retorten der chemischen Industrie kommt und aus Erdölprodukten hergestellt wird, künftig auch auf der Basis von »biogenem Kohlenstoff« erzeugt werden kann. Damit ist klar: Es geht in qualitativer Hinsicht – also mit Blick auf die Vielfalt heute verfügbarer Auswahlmöglichkeiten – nicht um »Verzicht«. Auf bestimmte Materialgruppen dennoch zu verzichten, ist dann lediglich eine Frage der weiteren Qualitätssteigerung – z. B. der Qualität der Raumluft, der Qualität sinnlicher Erfahrungen bei Farben, Formen, Gerüchen, Geräuschen, Texturen.

Dass der Ersatz petrochemischer durch biogene Stoffe keinen qualitativen Verzicht bedeuten muss, ist jedoch nur die eine Seite der Medaille. Die andere betrifft die Quantität unseres Materialverbrauchs. Wie wir gesehen haben, ist die Produktivität der Biosphäre bei der Erzeugung solarer Grundstoffe tausendfach höher als die jetzige Produktivität der fossilchemischen Industrie. Diese gigantische rein quantitative Überlegenheit der Pflanzenchemie hat etwas Beruhigendes – wenn in der Natur nur ein Zehntel der Menge durch Fotosynthese entstünde, die wir im gleichen Zeitraum an Erdölprodukten verbrauchen, wäre tatsächlich Grund zur Sorge.

Dennoch sollten wir aus der enormen stofferzeugenden Leistungsfähigkeit der Biosphäre nicht den Schluss ziehen, einfach »fossil« gegen »biogen« im Verhältnis eins zu eins auszutauschen und den quantitativen Aspekt unseres Stoffgebrauchs unangetastet zu lassen. Ein solcher Kurz-Schluss würde nur vertuschen, dass schon die schiere Quantität unserer Stoffströme heute bewirkt, dass die Qualität unseres Lebens ihr physisches, psychisches, gesellschaftliches und wirtschaftliches Optimum überschritten hat. Längst sind wir vom Antreiber und Herrscher über die von uns in Gang gesetzten Stoffströme zu ihren Dienern und Sklaven geworden – und das geht eben auch auf Kosten unserer Lebensqualität.

Die Stoffe, die wir in unserem Alltag einsetzen, sind schließlich nur Mittel zum Zweck – dem Zweck nämlich, uns das Leben bequemer, genussreicher, sicherer und interessanter zu machen. Die schiere Masse der synthetischen Stoffe, mit denen wir uns täglich umgeben, ist aber zu einem Teil inzwischen zum Selbstzweck geworden: Sie befriedigen weniger unsere Bedürfnisse als vielmehr die Renditebedürfnisse derer, die uns mit ihren gigantischen Werbekampagnen einreden, unser Leben wäre ohne dieses stoffliche Übermaß nichts wert.[2]

Da dieser stoffliche Overkill letztlich von uns Verbraucherinnen und Verbrauchern erworben und bezahlt werden muss, geht das, was nicht unseren wirklichen Bedürfnissen entspricht, im Wortsinn auf unsere Kosten: wenden wir doch einen erheblichen Teil unserer Arbeitsleistung und unserer Lebensenergie auf, um Überflüssiges erwerben zu können, das uns als unverzichtbar suggeriert wird. Auch hier ist das Optimum oft bereits überschritten, und wir sind auf der Rückseite der Kurve angekommen, auf welcher der weitere Zuwachs eine Abnahme unserer Lebensqualität nach sich zieht.

Skeptiker und Gegner der solaren Chemie

Chemie lebt von Innovation und Kreativität. Es ist daher ein seltsamer Widerspruch, dass ausgerechnet in dieser Branche oft eine konservative Grundhaltung herrscht. Für die Vertreter der großindustriellen Chemie ist das noch gut nachvollziehbar – immerhin sind solche riesigen Wirtschaftseinheiten wie ein fahrender Supertanker: schwer zu lenken und nur mit Mühe auf einen neuen Kurs zu bringen. Zudem stehen die Führungskräfte meist unter dem Druck kurzfristiger Renditeerwartungen und im ökonomischen Zwang, die riesigen Produktionsanlagen mindestens bis zur vollständigen Abschreibung voll auszulasten.

Weniger nachvollziehbar ist jedoch, dass auch viele Fachvertreter der Chemie in Wissenschaft und Politikberatung sich innovativen Konzepten oft hartnäckig verweigern. Die Auseinandersetzung wird dann nicht mit der notwendigen und gesunden Portion Skepsis geführt, sondern mit einer seltsamen Mischung aus Faktenblindheit und ideologischem Vorurteil. Blindheit vor allem vor der schlichten Notwendigkeit, eine in absehbarer Zeit erschöpfte Quelle von Grundstoffen durch eine andere, nicht erschöpfbare Quelle zu ersetzen.

Folge dieser Realitätsverweigerung sind Konzepte, die allein auf Themen wie Effizienzsteigerung, Entkoppelung von Wachstum und Ressourcenverbrauch, Materialrecycling und andere technologische Möglichkeiten zur Schonung und Streckung der fossilen Grundstoffe setzen, nicht jedoch auf einen tatsächlichen Wechsel der stofflichen Basis. Dass das Problem damit bestenfalls in eine etwas weiter entfernte Zukunft verschoben wird, nimmt man offenbar in Kauf. Eine Folge sind bisweilen geradezu absurde Konzepte. Manche Technologen träumen von einer neuen Art von Chemie, die z.B. auf der Rückumwandlung von Kohlendioxid in komplexe chemische Produkte basieren soll. Auf die Frage, woher die ungeheuren Energiemengen kommen sollen, die man für das »Heraufpumpen« des energetisch und strukturell extrem niedrigwertigen Kohlendioxids auf das Niveau von komplexen organischen Molekülen bräuchte, bleiben solche Experten wohlweislich eine Antwort schuldig – wenn sie nicht gar davon fantasieren, diese Energiemengen aus Kernspaltung oder Kernfusion, d.h. nuklear, beziehen zu wollen.[3]

Hemmend wirkt auch eine oft zu hörende Skepsis gegenüber den erneuerbaren Grundstoffen an sich. Da wird als Gegenargument gern auf die Tatsache verwiesen, in der Natur gebe es ja auch starke Giftstoffe. Auf diese Binsenweisheit folgt dann sofort der toxikologische Vergleich zwischen den letalen Dosen von (natürlichem) Botulinus-Toxin und (synthetischem) Dioxin. Die eigentlich naheliegende Erkenntnis, dass die Biosphäre den angemessenen Umgang mit dem Botulinus-Toxin in Jahrmillionen einüben konnte, nicht jedoch den mit Dioxin, wird dabei unterschlagen.

Psychologisch scheint in der Ablehnung einer solaren Chemie bisweilen eine Art Urangst gegenüber dem Unberechenbaren, Dunklen der lebendigen Natur durchzuschimmern – einer Natur, die sich einer 100-prozentigen Ausrechenbarkeit und Planbarkeit entzieht. Die Sozialisation von Naturwissenschaftlern verläuft immer noch so, dass solche Unwägbarkeiten, Nichtplanbarkeiten grundsätzlich negativ gesehen werden. Bei den konventionellen, fossilen Grundstoffen scheint es diese Unberechenbarkeit nicht zu geben – oder man hat sich zumindest über Jahrzehnte hinweg mit den immanenten Unwägbarkeiten wissenschaftlich und technisch arrangiert.

Skepsis ergibt sich auch aus der möglichen Konkurrenz der nachwachsenden Grundstoffe mit der Nahrungsmittelerzeugung, die wir im Kapitel 6 diskutiert haben (vgl. S. 166 ff.). Bei aller berechtigten Sorge bleibt es intellektuell unredlich, den nachwachsenden Rohstoffen die Endlichkeit der Anbauflächen vorzuhalten, um damit für eine Fortsetzung der Ausbeutung der Erdölvorräte bis zum letzten Tropfen zu plädieren. Wir reden hier schließlich von zwei Endlichkeiten ganz unterschiedlicher Art. Die Endlichkeit der fossilen Ressourcen ist absolut – nach ihrer Erschöpfung kehren sie nicht wieder. Die Endlichkeit der nachwachsenden Rohstoffe – soweit sie die begrenzte Fläche betrifft, auf der Nahrungsmittel und Chemiegrundstoffe angebaut werden können – ist hingegen relativ. Denn auch auf begrenzten Flächen kann pflanzliche Produktion praktisch in unendlicher Wiederholung stattfinden: Es können zwar keine unbegrenzten Mengen erzeugt werden, die begrenzten Mengen jedoch in unendlicher Wiederholung und Erneuerung.

Das ist eben das Wesen der erneuerbaren Grundstoffe: dass diese Erneuerung immer wieder und ohne zeitliches Limit stattfinden kann, solange die Sonne die dazu notwendige Syntheseenergie liefert und solange die Böden und Wasservorräte so pfleglich behandelt werden, dass eine fortgesetzte Produktion nicht durch Auslaugung, Zerstörung der Bodenfruchtbarkeit usw. durchkreuzt wird. Dies aber ist eine Frage der Qualität des Umgangs mit diesen Produktionsgrundlagen und – anders als beim Erdöl – keine Frage der Quantität. Erdölchemie setzt uns sowohl qualitativ als auch quantitativ unüberschreitbare Grenzen, solare Chemie hingegen zwingt uns »nur« dazu, für den Erhalt der Qualität der Produktionsgrundlagen Sorge zu tragen.

Vielleicht wirkt bei den Gegnern der solaren Grundstoffe sogar eine psychologische Komponente mit. Immerhin hatte die Chemie der vergangenen 150 Jahre eine Art Schöpfungsanspruch: Chemiker synthetisierten neue Moleküle, die es im Rahmen der klassischen »Schöpfung« nie gegeben hatte. In Goethes *Faust*, der mit der Erzeugung eines künstlichen Menschen (Homunkulus) ein ähnliches Neuschöpfungsprojekt verfolgte, geht es auch um solche Gottähnlichkeit. Mephisto allerdings prophezeite schon dem Schüler, dem er noch die teuflische Verheißung »Ihr werdet sein wie Gott« der Paradies-Schlange ins Stammbuch geschrieben hatte: »Dir wird gewiß einmal bei deiner Gottähnlichkeit bange«[4]. Ein leidenschaftlicher Anhänger der Synthesechemie könnte den Verlust seines Neuschöpfungsmonopols durchaus als Kränkung empfinden.

Solares Netzwerk: Förderer und Nutznießer der solaren Chemie

Während auf der einen Seite noch viele Bedenkenträger an der Notwendigkeit eines Stoff-Wechsels zweifeln oder seine Realisierbarkeit infrage stellen, gibt es inzwischen eine bunte »Koalition der Willigen«, die nicht nur die Unausweichlichkeit der Chemiewende erkennen, sondern auch ihre Durchführbarkeit und die vielfältigen Chancen und Perspektiven, die sich aus einer beschleunigten Abwendung von den fossilen Rohstoffen nicht nur im Energiebereich, sondern auch in der Chemie ergeben.

Umwelt-, Natur- und Klimaschützer

Jedes Kohlenstoffatom, das aus fossilen Lagerstätten gefördert wird, landet nach seiner Nutzung als Kohlendioxid in der Atmosphäre und steigert damit den Treibhauseffekt. Das gilt nicht nur für die fossilen Kohlenstoffträger, die wir verheizen, verfahren, verfliegen oder zur Stromerzeugung nutzen – das ist inzwischen fast jedem Menschen bewusst –, sondern es gilt auch für den Kohlenstoff, den wir in chemische Produkte einbauen. In diesen Produkten erfolgt zwar eine gewisse Zwischenspeicherung des fossilen Kohlenstoffs, aber bereits nach wenigen Jahren, allenfalls Jahrzehnten wird auch dieser Kohlenstoff in die Atmosphäre entlassen. Eine Verminderung dieses Kohlenstoffeintrags in die Atmosphäre durch die Konversion der Chemie zu biogenen Grundstoffen ist also auch ein Beitrag zum Klimaschutz. Engagierte Klimaschützer zählen daher auch zu den Förderern der anstehenden Chemiewende.

Darüber hinaus leistet die Chemiewende aber natürlich auch einen wichtigen Beitrag zum Umweltschutz. Die herkömmliche Produktion von chemisch-technischen Alltagsprodukten entlässt Tausende von naturfremden Substanzen in die Umwelt – und das längs der gesamten Stoffkette, beginnend bei den unvermeidlichen Leckagen beim Transport, in den Anlagen der Petrochemie und der sich daran anschließenden Synthesechemie, in Gestalt der Inhaltsstoffe der Produkte selbst bis hin zu den Zwischenprodukten beim chemischen, biologischen oder thermischen Abbau. Hundertfünfzig Jahre konventionelle Chemie haben dazu geführt, dass wir heute zahllose Fremdstoffe in der Umwelt finden – als Plastikabfall oder Geruchsemission der Chemiefabriken, aber auch in niedrigeren Konzentrationen, dafür allgegenwärtig in Wasser, Boden und Luft. Dagegen leistet die Erzeugung chemischer Produkte aus solaren Grundstoffen einen wichtigen Beitrag zur Entlastung der Umwelt. Von Umweltschützern kommt daher ein entsprechender Rückenwind für die Chemiewende.

Die Unterstützung der Chemiewende durch den Naturschutz ist hingegen zunächst nicht selbstverständlich. Zu deutlich haben Monokulturen wie die »Vermaisung« der Agrarlandschaft oder ein übertrieben großflächiger Anbau von Ölsaaten wie Raps die Zielkonflikte zwischen der heute üblichen Landwirtschaft und dem Naturschutz offengelegt. Vorbehalte auch gegen den Anbau biogener Grundstoffe beginnen sich jedoch zu lockern. Ihre positiven Auswirkungen auf die Qualität der Umwelt und auf die Erhaltung der Artenvielfalt sind dabei nur ein Aspekt. Viel wichtiger ist die Erkenntnis, dass die vermehrte Nutzung von Acker- und Forstflächen zur Erzeugung biogener Rohstoffe auch einen Ausweg aus der Monokulturproblematik weisen könnte. Durch die Vielfalt der nachwachsenden Rohstoffe, die bei einer weiteren Umsetzung der Chemiewende gebraucht werden, erweitert sich das Anbauspektrum in ungeahnter Weise. Statt relativ wenige Standardfrüchte zu produzieren, wird die Landwirtschaft künftig Dutzende, ja Hunderte verschiedener Pflanzenarten in ihr Anbauprogramm aufnehmen können. Das Problem großflächiger Monokulturen wird stark vermindert oder ganz verschwinden. Die jeweils unterschiedlich genutzten Teilflächen fördern die Vielgestaltigkeit der Landschaft, der Schädlingsdruck nimmt ab, und die Biodiversität in landwirtschaftlich genutzten Regionen steigt. Im Gefolge der zunehmenden Vielfalt der Feldfrüchte wird auch ein häufiger Fruchtwechsel möglich, mit allen positiven Wirkungen auf Bodenfruchtbarkeit, Minimierung von Düngemitteleinsatz und weitgehendem Verzicht auf Pestizide. Eine ganz auf diese Vielfalt hin orientierte Konzeption für die Chemiewende hat daher ausgesprochen positive Naturschutzaspekte und wird von Naturschützern eine starke Unterstützung erfahren.

Chemiker und Ingenieure

Die Grundstoffwende verändert die Berufsbilder im Bereich der chemischen Industrie erheblich. Die Verschiebung der Akzente von der heutigen extremen Eingriffstiefe in die molekularen Identitäten hin zur möglichst strukturerhaltenden, schonenden Gewinnung, Verarbeitung und – wenn nötig – Modifikation der solaren Grundstoffe ist eine Herausforderung besonderer Art. Sie bietet aber vielfältige neue Kompetenzen und Tätigkeitsfelder für Chemielaboranten, Chemiker, Chemiefacharbeiter, Chemieingenieure, Anlagenplaner, Verfahrenstechniker und viele andere Berufe, die mit der praktischen Umsetzung der Chemiewende befasst sind. Im weiteren Verlauf der Entwicklungen werden sich gewiss auch neue Spezialisierungsfelder ergeben. All diese Veränderungen mögen vielleicht von einem Teil der heute in der Chemie Tätigen als problematisch oder gar bedrohlich wahrgenommen werden. Für die überwiegende Zahl der Tätigen stellen diese Veränderungen aber eine Bereicherung ihrer Alltagsarbeit und eine Verbesserung ihrer beruflichen Chancen und Perspektiven dar.

Auch das Image der chemischen Berufe in der Öffentlichkeit wird sich durch die Chemiewende verbessern und immer mehr junge Menschen anziehen, die sich eine Vereinbarkeit von Umweltengagement und chemischer Produktivität wünschen. Ein weiterer positiver Effekt auf den Berufsstand ergibt sich aus dem Dezentralitätsprinzip, das der Chemiewende zugrunde liegt. Die Anlagen zur Gewinnung und Aufbereitung der solaren Grundstoffe, die chemischen Fabriken zu ihrer Veredelung und Modifikation sowie die Unternehmen, die daraus schließlich Alltagsprodukte herstellen, werden nicht mehr in solcher extremen regionalen Konzentration auftreten wie die derzeitigen Mammutbetriebe, die sich entlang der großen Flüsse ausgebreitet haben.

Fabriken für solare Grundstoffe und Produkte benötigen nicht die hohen Sicherheitsabstände, die konventionelle Chemiefabriken mit deren Gefahrstoffinventar zu den Wohnorten und zum Arbeits- und Lebensumfeld der Menschen einhalten müssen. Das höchste Störfallrisiko ist vermutlich die Brandgefahr, da viele der pflanzlichen Grundstoffe ebenso brennbar sind wie z.B. Holz. Die Anlagen der solaren Chemie haben eine überschaubare Größe. Die enormen Skaleneffekte, die wir aus der chemischen Großindustrie kennen (große Reaktoren arbeiten dort effektiver, produktiver und kostengünstiger), treten bei der solaren Chemie kaum auf. Das gilt natürlich vor allem für die eigentliche Grundstofferzeugung in der Pflanze – die Produktivität der Fotosynthese steigt nicht mit der Pflanzengröße, sonst hätte die Evolution eine Tendenz zum Riesenwuchs bewirkt. Tatsächlich synthetisieren winzige, mittlere und große Pflanzen ihre jeweiligen Stoffwechselprodukte annähernd gleich effektiv.

Die durchschnittliche Größe chemischer Fabriken wird im Zuge der Chemiewende folglich deutlich abnehmen. Kleinere und mittlere Unternehmen werden das Hauptvolumen der Produktion übernehmen und die bisher dominierenden Großstrukturen nach und nach ablösen. Die Weiterverarbeitung (Extraktion, Reinigung, Aufarbeitung und eventuell Modifikation sowie die anschließende Verarbeitung zum Fertigprodukt) kann in überschaubaren Produktionseinheiten erfolgen. Zudem sind dafür jetzt neue Technologien verfügbar, durch die klassische Skaleneffekte ohnehin obsolet werden (z.B. Mikroreaktoren, siehe Kapitel 7). Im Gefolge dieser Dezentralisierung wird es viele positive Effekte sozialer und ökonomischer Art geben – geringere Entfernung zu den Grundstoffproduzenten und Abnehmerkreisen, kürzere Arbeitswege, bessere Vereinbarkeit des Berufslebens mit dem Familien- und Freizeitleben, Verringerung der Abhängigkeit von einigen wenigen, großen Arbeitgebern. Mehr Gemeinden als bisher werden durch den Dezentralisierungseffekt in den Genuss von Steueraufkommen aus der chemischen Klein- und Mittelindustrie kommen.

Die Tendenz zu kleineren, dezentralen Einheiten wird auch die Bereitschaft vieler – insbesondere jüngerer – Fachleute fördern, sich im Bereich der solarchemischen Stoffkette selbstständig zu machen – an der Schnittstelle zwischen Landwirtschaft und Grundstoffverarbeitung, in der Erforschung und Entwicklung neuartiger Produkte auf solarchemischer Grundlage, in der Erzeugung von modifizierten Grundstoffen, als Hersteller spezieller Alltagsprodukte aus nachwachsenden Grundstoffen oder in weiteren Tätigkeitsfeldern, die sich im Umfeld der Stoffwende etablieren werden. Gerade weil noch nicht alle denkbaren Grundstoffe erforscht, noch nicht alle Erfindungen getätigt, alle Methoden erprobt sind, ist die neue Chemie das ideale Feld für innovative Start-up-Unternehmen.

Aber auch bei den »Early Adopters« der solaren Chemie wird es viele neue und attraktive Arbeitsplätze geben. Den erfolgreichen Pionierbetrieben ist gemeinsam, dass sie mit den gestiegenen Anforderungen auch wissenschaftlich und technologisch gewachsen sind. So findet heute bei den markt- und meinungsführenden Unternehmen wie selbstverständlich eine Forschung und Entwicklung nach aktuellem wissenschaftlichem Stand statt. Die Forschungsintensität mancher Betriebe hat sich so weit herumgesprochen, dass diese kleinen Unternehmen nicht selten als eine Art »Kaderschmiede« für die Solarchemie wirken: Junge Chemikerinnen und Chemiker, die nach ihrer Universitätsausbildung in solchen Unternehmen gearbeitet und die Umsetzung der theoretischen Nachhaltigkeitsaspekte in marktfähige Produkte gelernt haben, landen nach einigen Jahren bei mittleren und größeren Unternehmen der konventionellen Industrie, um ihre gewonnenen Überzeugungen und erprobten Fertigkeiten nun für die Umsteuerung der oft sehr traditionsverbundenen und damit auch schwer beweglichen konventionell orientierten Firmen einzusetzen.

Ein derartiger Personaltransfer mag für die kleinen Pionierbetriebe schmerzhaft sein, aber ein ökologischer Braindrain hat auch für sie Positives. Schließlich kann sich die solare Chemie nur dann dynamisch genug in der ganzen Breite der chemischen Produkte und Sortimente entwickeln, wenn auch die traditionellen, größeren Unternehmen ihre eigene Chemiewende so schnell als möglich vollziehen. Und bei diesem Prozess können die in den Pionierbetrieben ausgebildeten und »nachhaltig sozialisierten« Mitarbeiterinnen und Mitarbeiter als Katalysatoren wirken. Die gesamte solarchemische Branche wird davon schließlich profitieren.

In den Betrieben, die schon früh eine praktische Erprobung solarchemischer Produkte wagten, hat sich auch die Produktionstechnologie in den letzten Jahren stark gewandelt und professionalisiert. Wurden beispielsweise die ersten Pflanzenfärbungen von Naturtextilien noch in kleinen, offenen Bottichen in reiner Handarbeit vorgenommen, so setzen die Betriebe heute in der Regel die Apparaturen ein, die in der konventionellen Textilfärbeindustrie gängig sind. Ähnlich sieht es bei den Herstellern von Naturfarben oder ökologischen Wasch- und Reinigungsmitteln aus: Sie unterscheiden sich in der Qualität und Aktualität ihrer Produktions-, Abfüll- und Verpackungsanlagen oft kaum noch von ihren konventionellen Mitbewerbern. Nur die Grundstoffe, die in diesen Anlagen verarbeitet werden, sind grundlegend andere.

Diese Entwicklung zu mehr technologischer Kompetenz ist auch eine Folge der gestiegenen personellen Kompetenz. Immer mehr qualifizierte Maschinenbauer, Chemiker, Ingenieure und Techniker, aber auch Kaufleute, Betriebswirte und Marketingexperten bringen heute die Pionierbetriebe nach vorn, sodass es eine gute Mischung zwischen den idealistisch geprägten, aber nicht unbedingt fachkompetenten Innovatoren und Treibern der Gründungszeit einerseits und den eher pragmatischen, lösungskompetenten, technisch und wissenschaftlich versierten Menschen der zweiten (und heute oft auch schon dritten) Generation andererseits gibt.

Land- und Forstwirte

Land- und Forstwirte herrschen schon heute über die mit Abstand größten Energie- und Stoffströme auf der Erde – sie sind sich dieser Tatsache oft nur noch nicht bewusst. Die Tagungen der Vereinigung Eurosolar für »Land- und Forstwirte als Grundstoffproduzenten« haben dieses Bewusstsein zwar bereits deutlich gefördert. Trotzdem ist vielen Land- und Forstwirten noch nicht klar geworden, welche Schlüsselrolle sie für die Entwicklung einer künftigen Chemie spielen und welche enormen Chancen sich für ihre Branchen mit der Chemiewende eröffnen.

Land- und Forstwirte organisieren über ihre Anbaumethoden nicht nur die optimale Verwertung der Sonnenenergie in den Pflanzen, welche die im weiteren Wirtschaftsprozess benötigten Substanzen erzeugen – sie sind letztlich auch die ersten Nutznießer der enormen stofflichen wie ökonomischen Wertschöpfung, die durch diesen pflanzlichen Syntheseprozess stattfindet. Sie sind damit eigentlich im Kern die Ölscheichs und Chemiebosse der Zukunft. Erdöl und fossile Rohstoffe werden in Kürze wie ein Spuk vorbei sein – landwirtschaftliche Stofferzeugung aber ist möglich, solange die Sonne Wärme und Licht sendet und solange die Land- und Forstwirte bereit und in der Lage sind, die Böden gesund zu erhalten.

Dieser hohe Bedeutungszuwachs der Land- und Forstwirtschaft wird positive Auswirkungen auf die ökonomische und soziale Akzeptanz und damit Attraktivität der landwirtschaftsnahen Berufe haben. Da sich die Unternehmen zur dezentralen Weiterarbeitung der landwirtschaftlichen Produkte in nicht zu großer Entfernung ansiedeln werden, ist mit der Aufwertung der landwirtschaftlichen Berufsstände nicht zuletzt auch eine Umkehr der jahrzehntelangen Landflucht denkbar, weil in den mit solarer Produktion befassten Betrieben viel mehr Arbeitskräfte benötigt werden. Landwirte als Lebensmittel-, Energie- und Rohstoff-Wirte kehren im Verlauf dieser Entwicklungen dahin zurück, wo sie eigentlich hingehören: in die Mitte der Gesellschaft.

Ökonomen und Friedensforscher

Viele der negativen Erscheinungen, Krisen und Widersprüche unserer gegenwärtigen Wirtschafts- und Finanzsysteme haben direkt mit den Verwerfungen zu tun, die sich aus dem extremen Ungleichgewicht von Produktion und Verbrauch der Energieträger und Grundstofflieferanten auf unserem Globus ergeben. Da die solare Stoffwirtschaft direkt an den tatsächlichen Wurzeln dieser Übel ansetzt, hat sie nicht zuletzt enorme volkswirtschaftliche Vorteile.

Es geht dabei keineswegs um isolationistische Tendenzen – ganz im Gegenteil. Auch die solarchemische Wirtschaft wird weltweit vernetzt und verwoben sein. Manche Grundstoffe wachsen in bestimmten Regionen einfach besser als in anderen, also ist eine globale Arbeitsteilung selbstverständlich. Sie findet dann aber im Unterschied zu heute nicht mehr hauptsächlich zwischen großen Einheiten (den multinationalen Giganten der Wirtschaft) statt, sondern im fairen Austausch zwischen den weltweit verteilten dezentralen Produktions- und Verarbeitungseinheiten.

Außerdem ist in dieser neuen internationalen Arbeitsteilung nicht mehr die eine Seite überwiegend Lieferant, die andere überwiegend Abnehmer, jede Region ist beides zugleich. Eine solche Struktur fördert nicht nur die regionale Selbstständigkeit, sondern auch das Selbstbewusstsein der jeweiligen Regionen und verringert zugleich die Transportkosten und Schadstoffemissionen.

Die so eintretenden Entzerrungen und Entflechtungen von Stoffströmen haben auch eine positive Wirkung auf die jeweiligen Zahlungsbilanzen. Während diese in vielen Ländern heute durch die hohen Importe an fossilen Energieträgern und Rohstoffen extrem belastet sind, kann es künftig zwischen den Regionen der Welt zu einer größeren ökonomischen und sozialen Ausgeglichenheit kommen, die auch die bestehenden scharfen Interessengegensätze und Konfliktpotenziale verringert.

Aus den heutigen globalen Konfliktrisiken beim »Krieg um die Ölreserven« wird eine weltweite Struktur, die viel mehr auf Kooperation, Austausch, wechselseitige Förderung und gemeinsame Entwicklung setzt. Diese friedensstiftende Wirkung der solaren Chemie wird noch dadurch verstärkt, dass viele »fossile Habenichtse« unter den Entwicklungsländern künftig zu den »solar Besitzenden« gehören werden. Sie erhalten damit im Konzert der Nationen nicht nur ein größeres Gewicht, sondern sind auch eher in der Lage, ihre strukturellen und wirtschaftlichen Probleme aus eigener Kraft – eben auf der Grundlage ihrer eigenen, lokal und regional verfügbaren solaren Potenz – zu lösen.

Verbraucher

Obwohl sich die beginnende Verknappung der nicht erneuerbaren Ressourcen bei den Verbraucherinnen und Verbrauchern bisher allenfalls in Gestalt steigender Preise, aber noch kaum in mangelnden Verfügbarkeiten bemerkbar macht, bietet die Chemiewende doch eine Verbesserung der Versorgungssicherheit für die Alltagsprodukte, auf die wir nicht verzichten können und die heute noch stark von erdölbasierten Rohstoffen abhängen. Es ist nur logisch, dass die Abhängigkeit von einer einzigen Rohstoffkategorie, die noch dazu nur begrenzt verfügbar ist, auf Dauer – und schon auf mittlere Sicht – Versorgungskrisen unausweichlich macht. Die hohe regionale und stoffliche Verteilung, die einen zentralen Wesenszug der solaren Chemie ausmacht, minimiert dieses Risiko.

Diese gegenüber der klassischen Petrochemie völlig andersartige Struktur gibt aber nicht nur mehr Versorgungssicherheit, sondern auch eine wesentlich größere Vielfalt des Angebots, die mit fossil basierten Produkten kaum zu erreichen ist. Jede Pflanze hat ihre ganz individuelle stoffliche Signatur, die sich in den aus ihr gewonnenen solaren Grundstoffen natürlich widerspiegelt. Dieser individualisierte Charakter ist auch ein zusätzliches Argument für die Zurückhaltung, die bei jeder chemischen Modifikation eines Naturstoffs walten sollte: Je tiefer der chemische Eingriff erfolgt, umso eher werden die individuellen Eigenschaften des Grundstoffs egalisiert und neutralisiert.

Die Vielfalt des stofflichen Angebots an solaren Grundstoffen mit ihren jeweils individuellen Signaturen ist aber auch ein Vorteil für eine verbesserte Materialästhetik. Die Gleichförmigkeit, die wir heute mit den entindividualisierten chemischen Alltagsgegenständen oft erleben: genormte Farben, strukturarme oder strukturlose Oberflächen, penetrante, eindimensionale Gerüche – all diese ästhetischen Vereinheitlichungen, denen wir seit einigen Jahrzehnten ausgesetzt werden, sind für den Menschen eigentlich eine Zumutung.[5] Tief im Innern empfinden wir den Verlust der einst gewohnten Vielgestaltigkeit als Mangel, als schmerzliches Defizit für unsere Sinne, die auf eine große Variationsbreite der Erscheinungen angelegt sind und durch Uniformität verkümmern. Die in den solar basierten Materialien angelegte ästhetische Variabilität und Vielfalt erfüllt damit heilsam Grundbedürfnisse von Leib und Seele.

Ähnliches gilt auch für die toxikologischen Risiken, die von Alltagsprodukten ausgehen. Natürlich haben die gesetzlichen Regulierungen der letzten Jahrzehnte diese Risiken durch Mengenbegrenzungen, Emissionsvorgaben etc. verringert. Und doch sind solche Maßnahmen immer wie ein Wettlauf zwischen Hase und Igel – jede regulative Einschränkung ruft die Kreativität des Eingeschränkten auf den Plan, der sich z.B. durch neu eingesetzte Stoffe neue Freiräume zu verschaffen sucht.[6]

Im Ergebnis bleiben die zahlreichen chemischen Produkte, die heute unseren Alltag bestimmen, auf Dauer Quellen von »diffusen« Einträgen kleiner oder sogar kaum nachweisbarer Mengen von Fremdstoffen in unsere Umwelt und damit auch in unseren Organismus. Der eine große, leicht zu identifizierende und vielleicht auch relativ leicht zu bannende »Schadstoff der Woche« ist inzwischen abgelöst durch einen Ozean von Mikroschadstoffen, die jeder für sich alle regulativen Grenzwerte unterschreiten und doch in ihrer Summe, oft auch in ihrer wechselseitigen Verstärkung, ein möglicherweise noch höheres Gesundheitsrisiko darstellen. Jedenfalls kann wohl keine Rede davon sein, dass sich der Gesundheitszustand der Bevölkerung, seit die zum Zeil scharfen Auflagen für chemische Schadstoffe greifen, entscheidend gebessert hat.

Die Produkte einer solaren Chemie schaffen auch auf diesem Feld eine wesentliche Entlastung, sind sie doch in wechselseitiger Anpassung und Absicherung über Millionen von Jahren hinweg entstanden und daher keine »Fremdstoffe«. Schon deshalb sollte bei chemischen Modifikationen von Naturstoffen Zurückhaltung walten: Jede Veränderung der Molekülstruktur verfremdet diese auch und vermindert die physiologische Wiedererkennbarkeit.

Dass es sich bei solaren Grundstoffen um vertraute Substanzen handelt, hat auch Vorteile für die warenkundliche Transparenz. Sowohl der konkrete Lebenslauf aller Bestandteile des Produkts als auch seine genaue Zusammensetzung sind viel leichter erkennbar und kommunizierbar, als das bei einem petrochemischen Produkt je der Fall sein könnte. Selbst bei einer perfekten Volldeklaration sind ja die Namen der vielen synthetischen Inhaltsstoffe in einem konventionellen Produkt für Konsumenten weder auch nur halbwegs verständlich, noch gar nachvollziehbar oder überprüfbar.

Hier hat auch die Normung der Inhaltsstoffangaben (z. B. nach INCI bei Kosmetika) eher zur Verschleierung als zur Aufklärung beigetragen. Nach der INCI-Nomenklatur lesen sich viele reine Naturstoffe wie Chemikalien – und umgekehrt. Der ursprünglich angestrebte Nutzen, dem Verbraucher eine Unterscheidungsmöglichkeit und damit Hilfe bei seiner Kaufentscheidung an die Hand zu geben, verkehrt sich oft geradezu in sein Gegenteil. Die tatsächlichen Unterschiede zwischen Naturprodukten und solchen aus synthetischen Chemikalien werden dadurch verwischt – sicher nicht zum Nachteil der chemischen Produkte.

Der Zeithorizont der Konversion bis 2050

Trotz ihrer inzwischen beachtlichen Erfolge hat die solar basierte Chemie noch eine weite Wegstrecke vor sich – auch das gehört zum typischen Erscheinungsbild eines Tipping Point. Die solar erzeugten Mengen an chemisch-technischen Alltagsprodukten sind in einigen Branchen bereits beeindruckend, aber immer noch klein im Vergleich zu der anhaltenden Dominanz der Petrochemie, auch wenn das »Imperium« deutliche Auflösungserscheinungen zeigt. Die Länge der noch vor uns liegenden Wegstrecke und die Zahl der noch zu lösenden Probleme sind aber kein Grund zur Verzagtheit, sondern ein Ansporn, die Kreativität, Fachkunde und Leistungsbereitschaft gerade der jüngeren Menschen, die sich in chemischen Fragen engagieren, noch intensiver auf die anstehenden Aufgaben zu fokussieren.

Die fossil basierte Chemie hatte schließlich 150 Jahre Zeit, sich zu ihrem heutigen wirtschaftlichen und technologischen Stand zu entwickeln – und trotzdem sind auch dort noch viele Probleme ungelöst geblieben. Man stelle sich nur einmal vor, welchen Entwicklungsstand eine rein solar basierte Chemie heute hätte, wenn schon vor 150 Jahren Forscher und Entwickler sich auf diese Stoffgrundlage konzentriert hätten – statt auf Steinkohlenteer und später auf Erdöl! Bei der nachhaltigen Chemie liegen erst wenige Jahre – oder allenfalls Jahrzehnte – der Entwicklung hinter uns. Ist der Tipping Point aber einmal überschritten, können sich die Entwicklungen stark beschleunigen. Auch bei den regenerativen Energien wurden engagierte Befürworter einer Wende noch vor 15 Jahren als »hoffnungslose Utopisten« verlacht – heute liefern die Erneuerbaren an manchen Tagen bereits die Hauptmenge unseres gesamten Stromverbrauchs.

Es gibt allerdings einen wichtigen Unterschied zwischen der Entwicklung der modernen Erdölchemie und der Entwicklung der solaren Chemie: Wir haben keine 150 Jahre Zeit mehr, um die Wende zu einer Chemie ohne fossile Rohstoffe zu bewerkstelligen. In 150 Jahren werden die fossilen Kohlenstoffquellen längst Geschichte sein. Die wesentlichen Innovationen zur Etablierung einer vollständig auf erneuerbaren Grundstoffen basierenden Chemie werden in einem Zeitraum geschaffen werden müssen, der nicht viel mehr als eine Generation umfasst. Von heute an gerechnet, sollte die Konversion also zwischen 2040 und 2050 abgeschlossen sein. Bei dem enormen Potenzial an Kreativität, Fachwissen und Engagement, das in der »Chemical Community« vorhanden ist, wird dies auch gelingen. Die genannten Beispiele solarer Chemie belegen, dass die Chemiewende längst im Gange ist. Der Leidensdruck infolge abnehmender fossiler Vorräte, zunehmender Umwelt- und Klimaprobleme und schwindender Akzeptanz der konventionellen Chemie in der Bevölkerung wird diesen Innovationsprozess zusätzlich beschleunigen.

Zwar steht auch nach dem Jahr 2050 immer noch Erdöl zur Verfügung, aber vermutlich nur noch aus Lagerstätten, die mit den konventionellen Fördermethoden nicht mehr ausgebeutet werden können. Knapp 40 Jahre wären also noch Zeit, um die Chemie stufenweise von ihrer heute überwiegend fossilen auf eine erneuerbare Basis zu stellen. Derzeit ist auf dieser Wegstrecke bereits ein Konversionsgrad von etwa 10 Prozent erreicht. Allerdings genügen die Begleitumstände der real existierenden Konversion oft keineswegs den notwendigen Nachhaltigkeitskriterien – zu viele der heute eingesetzten solaren Grundstoffe stammen immer noch aus Monokulturen oder Raubbau (z. B. bei manchen Methoden der Palmölgewinnung). Es wäre daher notwendig, in den nächsten Jahren parallel zu einer weiteren Steigerung des Anteils biogener Grundstoffe in der Chemie auch eine ökologische Verbesserung des bereits bestehenden Anteils zu erreichen. Gerade bei den Pflanzenölen wäre dies ohne Weiteres möglich. Eine Ölgewinnung aus vielen verschiedenen Ölpflanzenarten in möglichst kleinräumigen, dezentralen Anbauverfahren könnte die derzeit übernutzten Quellen (wie z. B. Palmöl) spürbar entlasten.

Realistisch kann angenommen werden, dass im nächsten Jahrzehnt neben diesem Qualifizierungs- und Steigerungsprozess auch die beschriebenen neuen Technologien (wie Mikroreaktoren) zu voller Reife und breiter Einsatzfähigkeit gelangen, sodass der Anteil erneuerbarer Grundstoffe an der (organischen) Chemieproduktion bis ca. 2025 auf etwa 30 Prozent gesteigert werden kann. Ein solcher 30-prozentiger Anteil bedeutet im Übrigen keineswegs, dass dann 30 Prozent der *heute* eingesetzten Rohstoff*menge* solar generiert werden müssten. Parallel zur stofflichen Konversion muss nämlich auch die stoffliche Extensivierung weiter vorangetrieben werden. Der 30-prozentige *Anteil* an der Gesamtproduktion wird durch Effizienzsteigerungen, Kaskadennutzungen, optimierte Materialdimensionierungen usw. schließlich nur 15–20 Prozent der *absoluten Menge* an Grundstoffen erfordern, die wir heute im Bereich der Chemie einsetzen.

Erleichtert wird das Erreichen eines solchen Zwischenziels durch die Tatsache, dass viele der heutigen Massenprodukte – z.B. Kunststoffprodukte, Bindemittel, Fasern – vergleichsweise leicht in ihrer jeweiligen biogenen Version hergestellt werden können, weil die entsprechenden Technologien bereits zur Verfügung stehen. Entscheidend wird aber sein, dass die Strukturentwicklung in der Landwirtschaft mit den qualitativen und quantitativen Zielen dieser Konversion Schritt hält.

Eine wichtige Rolle bei der weiteren Steigerung des biogenen Anteils an unseren chemisch-technischen Alltagsprodukten fällt den Verbraucherinnen und Verbrauchern zu. Dabei wird ihnen die Entscheidung für biogene Alternativen auch in preislicher Hinsicht mehr und mehr erleichtert werden: Angesichts der steigenden Erdölpreise, die tendenziell im gleichen Zeitraum sicher auch zu einer starken Preissteigerung bei erdölabhängigen Chemieprodukten führt, wird sich die Preisrelation zwischen solaren und fossilen Produkten sicher zugunsten der erneuerbaren Produkte verändern. Schon heute sind viele dieser Produkte nicht teurer als das jeweilige fossile Pendant – auf die Produktleistung bezogen, nicht selten sogar preiswerter, z.B. infolge höherer Wirkstoffkonzentration, besserer Ergiebigkeit oder größerer Reichweite.

Es muss den Konsumenten aber auch erleichtert werden, Produkte biogenen Ursprungs als solche zu erkennen. Die Deklaration der Inhaltsstoffe, die sich für viele solcher Produkte bereits auf den Etiketten oder auf den Internetseiten der Hersteller findet, kann schon jetzt bei einer gezielten Auswahl helfen. Verbraucher sollten im Handel auch immer wieder ganz gezielt danach fragen, wie hoch der biogene Anteil in einem gewünschten Produkt ist. Mittelfristig sollte es jedoch auch gesetzliche Vorgaben und Normungen geben, die ein Verfahren zur Ermittlung und Kennzeichnung dieses Anteils auf dem Produkt regeln.

Am einfachsten und transparentesten wäre eine Kennzeichnung, die den Gehalt an biogenem Kohlenstoff in Relation zum Gesamtgehalt in Prozent angibt. Für die Hersteller ist es relativ einfach, diese Prozentzahl anhand der Produktrezeptur und der Herkunft der eingesetzten Rohstoffe zu errechnen. Bei den verwendeten Vorprodukten würde sich die hierfür erforderliche Recherche dann durch die gesamte Produktions- und Lieferkette zurück bis zum ursprünglichen pflanzlichen oder fossilen Grundstoff fortsetzen. Allein die Notwendigkeit, den biogenen Anteil auf jeder Produktlinienstufe zu erfahren, würde die Umstellung auf einen immer höheren Anteil an erneuerbaren Rohstoffen beschleunigen, da ein möglichst hoher biogener Anteil mehr und mehr zu einem verkaufsfördernden Marketingargument heranwächst.

Im Zuge einer solchen verbesserten Transparenz der Produktherkunft sollten die Hersteller biogener Produkte eine breit angelegte Aufklärungs- und Informationskampagne starten, um den modernen Charakter, die Zukunftsfähigkeit, die Gebrauchstauglichkeit sowie die ästhetischen, gesundheitlichen und nicht zuletzt ökologischen Vorteile dieser Produkte noch stärker ins Bewusstsein der Konsumenten zu heben. Diese Aufgabe ist anspruchsvoll, zumal das Störfeuer der konventionellen Produzenten nicht ausbleiben wird. Erleichtert wird eine solche Informationsstrategie durch den besonderen Charakter der biogenen Grundstoffe. Ganz anders als das gesichts- und konturenlose Erdöl kann jeder nachwachsende Rohstoff eine interessante und überzeugende Geschichte erzählen. Wonach jeder Werbefachmann sonst händeringend suchen muss – eine spannende Story für das zu bewerbende Produkt –, wird von den solaren Grundstoffen und den hinter ihnen stehenden Pflanzenindividualitäten quasi frei Haus geliefert. Arg bemüht wirkende, die Probleme nur verschleiernde und damit eher peinliche Imagekampagnen synthetischer Produkte wie derzeit z.B. »PVC ist cool« haben die für sich selbst sprechenden erneuerbaren Grundstoffe glücklicherweise nicht nötig.

Es spricht auch vieles dafür, die Chemiewende durch gezielte Verbote besonders umweltschädlicher fossilchemischer Massenartikel zu befördern. Leider ist eine entsprechende EU-Initiative für das Verbot von konventionellen Plastiktüten im Frühjahr 2012 zunächst aufgrund rechtlicher Bedenken gescheitert – stattdessen könnte jedoch eine Pflichtabgabe auf jede nicht kompostierbare Plastiktüte den derzeitig sehr hohen Verbrauch des umweltbelastenden Wegwerfartikels (500 Tüten auf jeden EU-Einwohner pro Jahr) deutlich senken. In Irland hat

eine solche Abgabe seit 2002 zu einem 90-prozentigen Verbrauchs-
rückgang geführt. Es ist bedauerlich, dass ausgerechnet Deutschland in
diesem Bereich gegenüber vielen anderen Ländern, in denen Plastiktüten aus Erdöl längst verboten sind (z. B. Italien, Frankreich, aber auch
Indien), seinem Ruf als Vorreiternation im Umweltschutz nicht gerecht
wird.

Wenn einmal eine Konversion von knapp einem Drittel der organischen zu biogenen Chemieprodukte erreicht ist, dürfte nach den Erfahrungen mit neuen Technologien (wie Smartphones, Laptops und Tab-
lets im Bereich der Kommunikation) ein selbstverstärkender Effekt
einsetzen, der den weiteren Verlauf der Chemiewende beschleunigt.
Um in dieser dynamischen Phase der Entwicklung die kontinuierliche
Verfügbarkeit qualitativ und quantitativ ausreichender Mengen an solaren Grundstoffen zu gewährleisten, wäre es vernünftig, so früh wie
möglich eine unabhängige »solare Stoffagentur« zu etablieren, die – in
deutlicher Erweiterung der heutigen Aufgaben der »Fachagentur Nachwachsende Rohstoffe« – als Koordinations- und Informationsstelle für
Wirtschaft, Politik und Verbraucher fungiert und einen Beitrag dazu
leisten könnte, dass es im Verlauf der Konversion nicht zu ökologisch
schädlichen Fehlentwicklungen kommt. Bei Nutzung aller intelligenten
Förder- und Steuerungsmaßnahmen könnten fossile Rohstoffe in der
Chemie bis 2050 vollständig durch solare abgelöst werden.

Die Chemie kehrt zurück in die Mitte der Gesellschaft

Die Grundidee einer nachhaltig zukunftsverträglichen Chemie besteht
darin, die bewährten Stoffwechselprinzipien der belebten Natur mit der
Materialkenntnis und Stoffumwandlungskompetenz heutiger Chemiker so zu verknüpfen, dass der immanente Reichtum, die überwälti-
gende Funktionalität und die systemstabilisierende Flexibilität der biogenen Stoffzyklen erhalten bleiben. Dass diese Grundidee keine Utopie
bleiben *darf*, ergibt sich aus den Grenzen, an welche die konventionelle, auf Erdölverarbeitung basierende Chemie bereits heute stößt. Dass

sie keine Utopie bleiben *wird*, zeichnet sich anhand der zahlreichen, in der Alltagspraxis erprobten Beispiele für chemische Produkte aus erneuerbaren Grundstoffen deutlich ab. Sie zeigen schon jetzt: Das Leben mit solaren Grundstoffen wird für uns nicht grauer und trister, sondern bunter, vielfältiger und lebendiger.

Der allmähliche Abschied von den nicht regenerierbaren fossilen Rohstoffen wird uns zunehmend leicht fallen. Jedes neue Produkt aus biogenen Stoffen zeigt, wie groß der Gewinn an Lebensqualität ist, den wir dadurch erlangen. Die Chemiewende, die mit der Energiewende als eine ebenso logische wie ebenso unausweichliche Entwicklung parallel geht, ist ein der Zukunft zugewandtes, fröhliches Konzept, in dem für Nostalgie wenig Platz ist, wohl aber für Genuss, Sicherheit, Verlässlichkeit und Zukunftsfähigkeit.

Der Stoff-Wechsel wird darüber hinaus weltweit Millionen sichere und befriedigende Arbeitsplätze schaffen, Hunderttausende davon im europäischen Raum. Europa hat die einmalige Chance, in der Grundstoffwende abermals eine Vorreiterrolle zu erringen – eine Rolle, die es bei der Entwicklung der Teerchemie im 19. Jahrhundert bereits einmal innehatte. Damit schließt sich der Kreis. Teer- und Erdölchemie waren aus historischer Perspektive nur eine Episode. Die solare Chemie hingegen ist auf Dauer angelegt. Wenn wir es klug anstellen, können Produkte aus solaren Grundstoffen den Stoffbedarf der Menschheit für die kommenden Jahrhunderte gewährleisten.

Mit einem erfolgreich vollzogenen Stoff-Wechsel und einer ebenso erfolgreich gestalteten Energiewende wird die Menschheit die beiden für ihre Zukunftsfähigkeit unumgänglichen Projekte bewältigt und sich aus den Nöten, Zwängen und Deformationen der fossilen und nuklearen Episode befreit haben. Sie kann sich dann mit neuer Kraft der freien Gestaltung ihrer kulturellen Zukunft zuwenden. Der Stoff-Wechsel kennt – mit wenigen, verschmerzbaren Ausnahmen – nur Gewinner.

Auch die Chemie bekommt mit der Wende zu erneuerbaren Grundstoffen eine Chance zu ihrer Erneuerung – konzeptionell, wirtschaftlich, in ihrer sozialen Funktion und natürlich in ihren materiellen Grundlagen. Im Prozess dieser Erneuerung steigt die moderne Chemie quasi aus der Unterwelt des Abgestorbenen wieder hinauf ans helle Licht der Sonne, in die Sphäre des Lebendigen. Gelingt ihr dieser Aufstieg, dann wird sie die in den solaren Grundstoffen liegenden Erneuerungskräfte auch nutzen können, um als bedeutende, fruchtbare und faszinierende menschliche Kulturleistung vom Rande der Gesellschaft wieder in deren Mitte zurückzukehren.

Anmerkungen

1 In uns und um uns: ein Kosmos der Stoffe

1. Das schöne Bild von der »Raserei der Moleküle« ist eine Schöpfung des Dichters Christian Morgenstern in seinen *Galgenliedern*, wo es am Beginn heißt:
   »Laß die Moleküle rasen,
   was sie auch zusammenknobeln!
   Laß das Tüfteln, laß das Hobeln,
   heilig halte die Ekstasen.«

2. Donata Elschenbroich: *Weltwissen der Siebenjährigen. Wie Kinder die Welt entdecken können.* München: Kunstmann 2001

3. Gegenüber unseren näheren Verwandten unter den Tieren, z. B. Affen, Hunden und Katzen, haben wir im Verlauf der Evolution etwa zwei Drittel der ursprünglichen Rezeptorarten verloren. Viele Tiere können ein Mehrfaches an unterschiedlichen Gerüchen in viel geringeren Konzentrationen unterscheiden als wir Menschen. Sie leben daher auch sinnlich in einer anderen – reicheren, aufregenderen – Welt als wir.

4. Eine wunderbare Beschreibung dieses elementaren Charakters unserer Sinneswahrnehmung verdanken wir Novalis in dessen *Lehrlingen zu Sais* (im 2. Kapitel »Die Natur«, entstanden 1798–1799): »Den Inbegriff dessen, was uns rührt, nennt man die Natur, und also steht die Natur in einer unmittelbaren Beziehung auf die Gliedmaßen unsers Körpers, die wir Sinne nennen. Unbekannte und geheimnißvolle Beziehungen unsers Körpers lassen unbekannte und geheimnißvolle Verhältnisse der Natur vermuthen, und so ist die Natur jene wunderbare Gemeinschaft, in die unser Körper uns einführt, und die wir nach dem Maaße seiner Einrichtungen und Fähigkeiten kennen lernen.«

5. »Syntropie« als Synonym für hohen Ordnungszustand und hohe freie Energie eines Systems steht hier als Gegenbegriff zur Entropie, im Sinne eines Systemzustands mit niedrigem Ordnungsgrad, der sich in geschlossenen Systemen aufgrund physikalischer (thermodynamischer) Gesetzmäßigkeiten unumkehrbar einstellt. Die »Syntropie« der Sonne macht also im System Erde (durchaus großräumige) lokale Prozesse des strukturellen Aufbaus und höherer Ordnungsgrade erst möglich (und damit die Existenz lebender Organismen).

6. Natürlich sind die in Anführungszeichen gesetzten Begriffe menschliche Konstrukte aus dem Bemühen, das ungeheuer komplexe Geschehen in der Welt der natürlichen Stoffe und deren Umwandlungen mit eigener Bildlichkeit verständlich zu machen. Der Autor ist sich der Problematik solcher personifizierenden Zuschreibungen durchaus bewusst. – Ob der schaffenden, verwandelnden und

zerstörenden Natur ein eigenes, gar göttliches Wesensprinzip zugrunde liegt, hat die Fantasie und den philosophischen Trieb der Menschen seit Jahrtausenden beschäftigt – gerade in den letzten Jahren wieder mit erstaunlichem, teils fanatischem Eifer, z.B. im Streit der »Kreationisten« gegen die »Darwinisten«.

7. Einer der Pioniere, die eine ökonomische Evaluierung der Biosphärenpatente versucht haben, ist Frederic Vester, z.B. in: *Ein Baum ist mehr als ein Baum – ein Fensterbuch*. München: Kösel 1985 und *Der Wert eines Vogels*. München: Kösel 1987. Mit verwandten Fragen befasst sich bis in die Gegenwart die Erforschung der Ökosystemdienstleistungen. Ex negativo kann dieser Wert als globalökonomischer Verlust angesehen werden, der z.B. bei der Ausrottung einer Pflanzenart entsteht.

8. Genau genommen, geht es hier um den (ökonomisch besonders potenten) Teil der chemischen Industrie, der sich mit der Herstellung sogenannter »organischer« (d.h. kohlenstoffhaltiger) Stoffe befasst. Der andere Zweig der chemischen Industrie, der sich den »anorganischen« Produkten (wie z.B. Schwefelsäure oder Soda) widmet, ist mit seiner Entstehung im 18. Jahrhundert schon etwas älter als die Industrie der Organischen Chemie. Auch die anorganischen Chemikalien haben eine sehr interessante und gesellschaftlich folgenreiche Geschichte, wie schon das prominente Beispiel »künstlicher Mineraldünger« und dessen Zusammenhang mit der Geschichte der Landwirtschaft – aber auch z.B. der Sprengstoffe – zeigt.

9. Natürlich gibt und gab es auch andere stoffliche Wechselwirkungen im Bereich der Biosphäre, z.B. in Form von Stoffzuflüssen aus vulkanischer Aktivität oder aus Meteoriten – oder im Gegenzug durch längerfristige stoffliche Deponierungsvorgänge, beispielsweise die Aufnahme von Kohlendioxid durch Meerwasser oder die Umwandlung abgestorbener Organismen in mineralische oder organische Fossilien.

10. Auch hier noch einmal der Hinweis, dass sich die vorliegende Arbeit im Wesentlichen auf den Bereich der sogenannten »organischen« Chemie konzentriert. Diese Chemie auf der Basis von (vereinfacht gesprochen) kohlenstoffhaltigen Verbindungen ist durch die enorme Anzahl sehr verbrauchernaher Produkte (von der Plastiktüte bis zum Waschmittel), durch die besonders tiefgreifenden chemischen Veränderungen der Rohstoffe, die speziellen Risiken vieler Produktionsverfahren, die Entstehung von besonders umweltschädlichen Abfallprodukten sowie durch den oft lange anhaltenden Verbleib der Produkte oder ihrer Abbauprodukte in der Umwelt ökologisch und toxikologisch ganz besonders relevant.

11. Nicht umsonst trägt eine wichtige Gruppe der chemischen Bestandteile des Erdöls die Bezeichnung »Paraffine«. Der Begriff leitet sich her vom Lateinischen: parum affinis bedeutet »wenig verwandt« oder »wenig reaktionsfähig« und beschreibt damit schon im Namen die auffallende Reaktionsträgheit dieser Substanzgruppe.

12. Natürlich hatte es schon in den Jahrhunderten, sogar Jahrtausenden zuvor Stoffumwandlungen gegeben, die auf die Menschen wie »magisch« wirken mussten, z.B. bei der Verhüttung von Erzen zu Metallen. Das Neuartige der frühen Teer-

chemie war jedoch, dass es sich um eine Art »Alchemie« auf dem Gebiet der *organischen* Stoffe handelte, die bis dahin, von sehr wenigen Ausnahmen abgesehen, als ein unantastbares Monopol der belebten Welt galt.

13. Rachel Carson hatte übrigens bei der Abfassung ihres Buches Bedenken, ob die Nennung zahlreicher chemischer Stoffnamen und die wissenschaftliche Beschreibung ihrer Eigenschaften nicht viele Leser von einer Lektüre abschrecken würden. *Silent Spring* wurde jedoch ein absoluter Bestseller. Das Buch wird heute aufgrund der heftigen öffentlichen Diskussion, die es auslöste (die US-Regierung befasste sich noch vor Erscheinen mit dem Thema, und Präsident Kennedy nahm es zum Anlass von Initiativen zum Umweltschutz), als eines der einflussreichsten Bücher des 20. Jahrhunderts angesehen. Seltsamerweise führte das Erscheinen der deutschen Übersetzung (bereits 1963) zu keiner vergleichbaren Debatte im deutschsprachigen Raum. Erst die 1968 erschienene Taschenbuchausgabe fand ein gesellschaftlich verändertes Klima vor und beeinflusste die beginnende ökologische Bewegung in Mitteleuropa sehr nachhaltig.

14. Eines der wichtigsten frühen Bücher war: Egmont R. Koch und Fritz Vahrenholt: *Seveso ist überall – Die tödlichen Risiken der Chemie*. Köln: Kiepenheuer & Witsch 1978. Eine auf die gesamte Industrie bezogene Darstellung lieferte z.B. Hanswerner Mackwitz mit Barbara Köszegi: *Zeitbombe Chemie*. Wien: Orac-Pietsch 1983. Eine spätere grundsätzlichere Analyse der Risiken lieferte z.B. Karl Otto Henseling: *Ein Planet wird vergiftet – der Siegeszug der Chemie. Geschichte einer Fehlentwicklung*. Reinbek: Rowohlt 1991

15. Der Autor weiß von diesen Methoden ganz persönlich ein Lied zu singen. Nur die Tatsache, dass er als promovierter Chemiker fachlich nicht leicht angreifbar war und zudem schon Ende der 1970er-Jahre über ein breites Netzwerk von Unterstützern in Wissenschaft, Umweltverbänden und einigen Medien verfügte, stellte damals einen gewissen Schutz vor dem Versuch dar, den lästigen Kritiker – wie viele andere – nicht nur in seinem guten Ruf, sondern auch wirtschaftlich zu ruinieren. Zur Ehrenrettung der damals beteiligten Institutionen und Unternehmen sei allerdings hinzugefügt, dass sich der anfängliche Hass in den folgenden Jahren allmählich in vorsichtige Anerkennung und schließlich sogar in weitgehende Akzeptanz verwandelt hat. Zu dieser Entwicklung hat natürlich beigetragen, dass die alten »Hardliner« der chemischen Industrie, die noch dem Ideal »Chemie erobert die Welt« anhingen, allmählich an Einfluss verloren.

16. Dabei bergen die Methoden, mit denen man eine solche Verlängerung unserer »fossilen Gnadenfrist« erreichen könnte, ihre ganz eigenen Risiken. Die Erschließung von ansonsten unergiebigen Erdgaslagerstätten durch Einbringen von Dampf und Förderhilfsmitteln unter hohem Druck (»Fracking«) bringt einen hohen Chemikalien- und Energieverbrauch sowie erhebliche Risiken für das Grundwasser mit sich. Bei der Gewinnung von Erdöl in sogenannten »tertiären« Verfahren wird besonders hoher Aufwand getrieben, um auch noch die letzten Reste von Rohöl aus einer Lagerstätte auszubeuten. Die dabei angewendeten Hilfsmittel wie Wasserdampf, spezielle Hilfsstoffe und sogar Mikroorganismen erfordern nicht nur einen hohen Energieaufwand und Chemikalienverbrauch, sondern bergen auch das Risiko erheblicher Umweltschäden. Ähnlich ist die Öl-

gewinnung aus Ölsänden und Ölschiefern zu beurteilen, bei denen es zu großflächigen und langanhaltenden Beeinträchtigungen der Biosphäre kommt.

17. Bewusst wird hier bei den Stoffen, die aus solarer – fotosynthetischer, pflanzlicher – Erzeugung stammen, von »Grundstoffen« gesprochen – im Kontrast zu
den fossilen »Rohstoffen« wie Erdöl und Erdgas. Letztere sind nämlich wirklich
noch »roh«, d.h. in der Form, wie sie gewonnen werden, noch zu (fast) nichts zu
gebrauchen, außer zur Nutzung ihres Energieinhalts durch direkte Verbrennung.
Zu chemisch-technischen Zwecken können diese Roh-Stoffe erst verwendet werden, wenn sie molekulare Aufbauprozesse durch klassische chemische Syntheseverfahren durchlaufen haben. Die pflanzenchemischen Produkte hingegen sind
keineswegs mehr »roh«, sondern wirklich bereits so, wie sie aus den Pflanzen gewonnen werden, echte Grund-Stoffe: Sie besitzen infolge ihrer komplexeren Molekülstruktur bereits chemisch-technische Eigenschaften, welche direkt stofflich
genutzt werden können.

18. »Biogen« sind Grundstoffe, die als Ergebnis biologischer Prozesse (hauptsächlich
Fotosynthese) entstehen (wörtlich etwa: »aus Lebendem stammend«). »Biogene
Grundstoffe« werden hier also synonym für »solare Grundstoffe« oder »erneu-
erbare/ nachwachsende Rohstoffe« verwendet, wobei das Adjektiv »solar« vor allem auf die Energiequelle der Fotosynthese – die Sonne – hinweist.

2 Harte Chemie – Auslaufmodell aus dem 19. Jahrhundert

1. Wöhler schrieb dazu am 22. Februar 1828 an den Chemiker-Kollegen Berzelius:
»Ein Naturphilosoph würde sagen, dass sowohl aus der tierischen Kohle, als auch
aus den daraus gebildeten Zyanverbindungen, das Organische noch nicht ver-
schwunden, und daher immer noch ein organischer Körper daraus wieder hervorzubringen ist.«

2. Friedrich Wöhler und Justus Liebig: *Untersuchungen über die Natur der Harn-
säure*, Annalen der Chemie Bd. 26 (1838), S. 242 (Einleitung)

3. Walter Greiling: *Chemie erobert die Welt*. Berlin: Limpert 1938. In der Erstaus-
gabe verwendet Greiling (1900–1986) noch ganz die Terminologie des Naziregimes, z.B.: »ein Teil unserer Überlegenheit rührt von dem her, was man mit den
Worten bezeichnen kann: Totaleinsatz der Chemie«. Die ebenfalls sehr erfolgreichen Nachkriegsausgaben wurden dann an solchen Stellen bereinigt – der
hymnische Ton blieb jedoch erhalten. Später bewies Greiling jedoch durchaus
Weitblick: Schon 1954 prophezeite er hellsichtig einen sich steigernden Raubbau,
eine an der Jahrtausendwende beginnende Knappheit an fossilen Ressourcen
und die Umstellung der Chemie auf erneuerbare Grundstoffe im Verlauf des 21.
Jahrhunderts.

4. Die Wissenschaftshistoriker Robert Harris und Jeremy Paxmann schreiben
dazu: »Die chemische Industrie war die Basis der deutschen Kriegsmaschinerie.
Ohne die Entdeckungen in Duisbergs Fabriken und die Gewinnung von Stickstoff aus der Luft wäre der Kaiser gezwungen gewesen, 1915 um Frieden zu bit-
ten.« (*Eine Höhere Form des Tötens. Die geheime Geschichte der B- und C-Waffen.*
Düsseldorf: Econ 1983, S. 23)

5. Auch hierzu wieder Harris und Paxmann: »Die meisten Giftgase des Ersten Welt-

kriegs konnten in Mengen produziert werden, indem die Methoden und Maschinen benutzt wurden, die normalerweise der Farbherstellung dienten.« (Ebd., S. 22)

6. Natürlich gibt es auch bei der Herstellung, Verarbeitung und Verwendung solarer Grundstoffe einen gewissen Energiebedarf, z. B. bei der Bestellung der landwirtschaftlichen Flächen, bei der Pflanzenernte, Aufbereitung, Transport usw. Aber dieser Energiebedarf ist in Relation zum enormen Energiegewinn bei der Fotosynthese sehr gering und kann zudem in einem integrierten System solarer Grundstoffversorgung großteils im System selbst erzeugt werden, z.b. durch Nutzung von organischen Reststoffen.

7. Etwas anders sieht dies mit Giftstoffen geologischen Ursprungs aus – die Schwefel- und Ascheemissionen großer Vulkanausbrüche haben in der Erdgeschichte durchaus zu katastrophalen, großflächigen Vergiftungserscheinungen geführt und zahlreiche Arten global oder lokal vernichtet. Solche geologischen Ereignisse sind jedoch nicht zu vergleichen mit den Giftwirkungen, die sich im Lauf evolutionärer Anpassungsprozesse als offensichtlich »vertretbar« und für die weit überwiegende Mehrzahl der Organismen verkraftbar herausgebildet haben.

8. Die aktuellen Normen für Stoffbezeichnungen empfehlen zwar, den Begriff »Reagenz« zu vermeiden, da alle Ausgangsstoffe einer chemischen Reaktion im Prinzip gleichrangig seien: Alle sind »Edukte«, und das, was nach der Reaktion vorliegt, sind »Produkte«. In unserem Fall werden jedoch bewusst die Begriffe »Substrat« und »Reagenz« verwendet, um damit auch sprachlich zu kennzeichnen, dass das eine, eher reaktionsträge Material die Reaktion quasi »erfährt«, die andere, aggressivere Komponente sie hingegen erst anstößt und aufgrund ihres hohen freien Energieinhalts überhaupt ermöglicht.

3 Momentaufnahmen aus der Alltagschemie

1. Diese Bestandsaufnahme gilt vor allem für den Alltag von Menschen in den entwickelten Ländern. In zunehmendem Maße ist er aber auch repräsentativ für die Situation in den Schwellenländern, die in raschem Tempo die bei uns schon gängige »Chemisierung des Alltags« nachzuholen suchen. Und wieder geht es im Folgenden nur um die (kohlenstoffhaltigen) Produkte der organischen Chemie, die derzeit weit überwiegend auf Erdöl oder Erdgas basieren.

2. Unter diesem Titel erschien 2009 ein aufsehenerregender Film von Werner Boote, der die weltweite Allgegenwart von Kunststoffen dokumentiert und sich dabei kritisch mit den Problemen und Folgen (von den Weichmachergefahren bis hin zu den gigantischen Müllstrudeln aus Plastikabfällen, die sich in den Weltmeeren drehen und dort die Lebewesen bedrohen) auseinandersetzt

3. Besorgniserregende Phänomene wie dieser Meeresstrudel aus unglaublichen Mengen an Plastikteilen bringen immer mehr Verbraucherinnen und Verbraucher dazu, in ihrem Alltagsleben nach Möglichkeit auf Plastik (Kunststoffe) vollständig zu verzichten. Ein sehr interessantes und anregendes Projekt dazu ist von der Familie Krautwaschl in Österreich ins Leben gerufen worden. Angeregt durch den aufrüttelnden Film *Plastic Planet* hat die Familie versucht, über einen längeren Zeitraum in ihrem Alltag ohne Plastikprodukte auszukommen. Dabei

ist eine sehr informative, humorvolle, lebendige und vor allem ganz undogmatische Internetseite mit zahlreichen Blogs entstanden (http://www.keinheimfuerplastik.at). Inzwischen hat Sandra Krautwaschl dazu auch ein lesenswertes Taschenbuch veröffentlicht: *Plastikfreie Zone: Wie meine Familie es schafft, fast ohne Kunststoff zu leben.* München: Heyne 2012

4. Die verdienstvolle Aufklärungsarbeit z.b. der Deutschen Gesellschaft für Warenkunde und Technologie DGWT (www.dgwt.de) mit regelmäßigen Veranstaltungen und der Herausgabe der jährlich erscheinenden Zeitschrift *Forum Ware* leidet unter diesem nachlassenden Interesse an Warenkundefragen in der Gesellschaft, hat aber nicht die personellen und finanziellen Mittel, der Warenkunde wieder mehr gesellschaftliche Relevanz zu verschaffen.

5. Den Anfang mit einer sogenannten »Volldeklaration« machten in den 1970er-Jahren auf freiwilliger Basis einige Anbieter von Naturkosmetika und Naturfarben. Dadurch wurde der Gesetzgeber in Zugzwang versetzt und erließ Vorschriften zur Deklaration bei verschiedenen chemisch-technischen Gebrauchsprodukten. Die anbietende Industrie kann sich mit diesen Vorschriften gut arrangieren, ist die Art der Inhaltsstoffangabe doch in der Praxis entweder – z.B. bei Anstrichstoffen – sehr pauschal oder – z.B. bei Kosmetika – so mit verwirrenden Fachbegriffen überladen, dass schließlich kein wirklich nennenswerter Aufklärungs- oder gar Lenkungseffekt eintritt. Eine Beispieldeklaration aus der Lackindustrie: »Alkydharz, Titandioxid, Aliphaten, Aromaten, Additive«. Deklarationen dieser Art sind so pauschal und unspezifisch, dass ihr Informationswert gegen null geht.

6. Die von dem langjährig in der Umweltbewegung aktiven Chemiker Michael Braungart in Hamburg gegründete EPEA GmbH bietet unter dem geschützten Warenzeichen »cradle to crade« Dienstleistungen zur Evaluation von Produkten und zur Aufzeigung und Umsetzung von Optimierungen gemäß diesem Prinzip an. Die Grundlagen der Arbeit von EPEA orientieren sich dabei explizit an den Erfolgskonzepten der Biosphäre, sodass es zahlreiche argumentative Querverbindungen zum Konzept der »solaren Chemie« gibt. Allerdings basieren viele der auf diesem Wege zertifizierten Produkte noch mehr oder weniger vollständig auf nicht erneuerbaren Grundstoffen. Da internationale Markenartikler als Kunden von Beratung und Zertifizierung ein auffallendes Übergewicht bilden und Braungarts Bücher sehr viel Werbung eben dieser Klienten enthalten, ist dieses Dienstleistungssystem bisweilen heftig als »Greenwashing« kritisiert worden. Ein solches Verdikt erscheint angesichts der vielen positiven Anstöße, die Braungart in Wissenschaft und Industrie gegeben hat, zu einseitig.

7. Eine solche umfassende Warenkunde ist allerdings kaum auf den heute ohnehin überladenen Produktetiketten unterzubringen. Dennoch wäre es bei vielen besonders gesundheits- und umweltrelevanten Produkten wichtig, dass Verbraucher Zugang auch zu detaillierteren Informationen erhalten, z.B. bei Farben, Waschmitteln, Kosmetika und allen biozidhaltigen Produkten. Es wäre sicher kein Problem, diese Informationen z.B. auf der Webseite des Herstellers an leicht zugänglicher Stelle zu hinterlegen und auf dem Produktetikett den entsprechenden Link anzugeben.

8. Der Gedanke solcher »Stoffgeschichten« ist nicht neu, hat aber in den letzten Jahren eine interessante Wiederbelebung in einer Buchreihe des Oekom-Verlages erfahren, in der bislang die Titel *Staub, Aluminium, Dreck, Holz, CO₂, Kaffee* und *Kakao* erschienen sind. Die Verlagsbeschreibung der Reihe klingt vielversprechend: »Es gibt Stoffe, die sind für unsere gesellschaftliche, wirtschaftliche und ökologische Entwicklung elementar. Scheinbar banale Substanzen wie Staub oder revolutionäre Werkstoffe wie Aluminium bestimmen den Stoffwechsel zwischen Mensch und Natur. Den unterschätzten Stoffen, die unser Leben prägen, widmet sich die Reihe Stoffgeschichten. Band für Band entsteht so ein Periodensystem des Alltags, das die Leser in unbekannte Dimensionen einer nur scheinbar bekannten Welt entführt.« Die Ausdehnung dieser Reihe auf wichtige chemisch-technische Alltagsprodukte könnte Lücken in der modernen Warenkunde schließen.

9. Kantonales Laboratorium Basel-Stadt: »Kugelschreibertinten und -farbstoffe/ Aromatische Amine«, erstellt am 26.11.2003

10. Vgl. z. B. den Protest gegen eine Anlagenplanung der Firma BAYER MaterialScience in Brunsbüttel bei Hamburg durch die Bürgerinitiative »Coordination gegen BAYER-Gefahren« (CBG).

11. Remmers Multi GS Bekämpfendes flüssiges Holzschutzmittel auf Lösemittelbasis, Artikel Nr. 2052. Technisches Merkblatt der Fa. Remmers Baustofftechnik Löhningen, abgerufen am 2.8.2012

12. Chemisch: 3-(2,2-Dichloroethenyl)-2,2-dimethylcyclopropancarboxylsäure-(3-phenoxyphenylmethylester). Permethrin ist nicht ganz leicht zu synthetisieren. Man geht zwar von einer »Chrysanthemum-Säure« aus, aber die wird natürlich nicht aus der Pflanze gewonnen, sondern durch Umsetzung von Natriumsulfinat (einem Abkömmling des Benzols, das wiederum aus dem Erdölinhaltsstoffkomplex Naphta erzeugt wird) mit dem ziemlich reaktiven Halogenkohlenwasserstoff Allylbromid. Aus der Reaktion dieser beiden Chemikalien entsteht zunächst ein Allylsulfon, das mit einem ungesättigten Ester umgesetzt wird und nach einer sogenannten »intramolekularen Substitutionsreaktion« (einer Umlagerung von Atomen innerhalb des Moleküls selbst) die gewünschte Form der Chrysanthemsäure bildet.

13. Summenformel: a-tert-Butyl-a-(4-chlorphenylethyl)-1H-1,2,4-triazol-1-ylethanol. Tebuconazol wird durch Reaktion des entsprechenden Epoxids mit Triazol gewonnen. Bei der Gesamtreaktion reagiert 1-(4-Chlorphenyl)-2-cyclopropylethanon mit Methyliodid in Gegenwart von Natriumhydrid, gefolgt durch Behandlung mit Dodecyldimethylsulfoniummethylsulfat, wobei das Epoxid als Zwischenprodukt entsteht, welches mit Triazol in Gegenwart einer Base umgesetzt wird.

4 Magie und Vielfalt der Stoffe

1. Es gehört zu den tragischen Wirkungen des heute üblichen Angebots an (Plastik-) Materialien und (elektronischen) Medien, dass solche über Jahrtausende mögliche Entwicklungsschritte, die auch Schritte zum Erwerb von Stoffkompetenz sind, längst nicht mehr von allen Kindern durchlaufen werden können, da ent-

sprechende Angebote und Gelegenheiten fehlen oder weil der Sog der Plastikspielsachen und der elektronischen Spiele übermächtig geworden ist. Selbst wenn Eltern diese Defizite erkennen, haben sie es heute sehr schwer, sich dem herrschenden Gruppenzwang zu widersetzen. Dazu z.B. Richard Louv: *Das letzte Kind im Wald? Geben wir unseren Kindern die Natur zurück!* Weinheim: Beltz 2011

2. Brian Fagan: *Cro-Magnon. Das Ende der Eiszeit und die ersten Menschen.* Stuttgart: Theiss 2012, v.a. Kapitel 8: »Fell, Fett und Feuerstein«, S. 157 ff.

3. Brian Fagen: *Cro-Magnon,* S. 171

4. Brian Fagan schreibt in dem bereits erwähnten Werk über den Cro-Magnon-Menschen auf S. 193: »Diese exotischen Gegenstände waren mehr als nur Kuriositäten. Sie waren von großer gesellschaftlicher Bedeutung. Jede Muschel, ein Stück durchsichtiger Bernstein, ein Bergkristall – jeder dieser Gegenstände stand für eine Transaktion zwischen zwei Individuen, besiegelte vielleicht eine Freundschaft oder ein anderes dauerhaftes Band, das über Jahre oder sogar Generationen hinweg bestehen blieb.« Wir finden diese durch den Austausch als kostbar angesehenen »magischen« Objekte heute vor allem noch bei kleinen Kindern, die in ihrem Spiel beim Verschenken von Glasmurmeln, schön geformten Holzstücken, interessanten Steinen usw. diese alte Kulturtechnik des sozialen Bindungsaufbaus nachzuvollziehen scheinen.

5. Dabei hatten einige der Genannten neben ihrer »bezaubernden« Wirkung auf die Menschen ihrer Umgebung auch ein erstaunlich ausgeprägtes Interesse an der technischen Seite der Chemie und deren wirtschaftlicher Nutzung. So wird über den Grafen St. Germain berichtet, er habe Fabriken zur Herstellung von Farben und Betriebe zur Färbung von Seide errichtet; ganz ähnlich heißt es von Casanova, dass er 1763 mit Unterstützung des Graf Cobenzl in Tournai eine Färberei einrichtete.

6. Wie kaum ein anderer vermochte es der frühromantische Dichter und Bergingenieur Friedrich von Hardenberg (Novalis) dem analytisch-rationalen Blick des Wissenschaftlers auch den seelentiefen Blick des Künstlers hinzuzufügen. In seinen *Lehrlingen zu Sais* schreibt er: »Nur die Dichter haben es gefühlt, was die Natur den Menschen seyn kann … Alles finden sie in der Natur. Ihnen allein bleibt die Seele derselben nicht fremd, und sie suchen in ihrem Umgang alle Seligkeiten der goldnen Zeit nicht umsonst. Für sie hat die Natur alle Abwechselungen eines unendlichen Gemüths, und mehr als der geistvollste, lebendigste Mensch überrascht sie durch sinnreiche Wendungen und Einfälle, Begegnungen und Abweichungen, große Ideen und Bizarrereen. Der unerschöpfliche Reichthum ihrer Fantasie läßt keinen vergebens ihren Umgang aufsuchen. Alles weiß sie zu verschönern, zu beleben, zu bestätigen, und wenn auch im Einzelnen ein bewußtloser, nichtsbedeutender Mechanismus allein zu herrschen scheint, so sieht doch das tiefersehende Auge eine wunderbare Sympathie mit dem menschlichen Herzen im Zusammentreffen und in der Folge der einzelnen Zufälligkeiten.«

7. Selbst Justus Liebig kam zu der bemerkenswerten Einschätzung: »Die Alchemie war in der Naturerkenntnis anderer Naturwissenschaften voraus. Die Unkennt-

nis der Chemie und ihrer Geschichte ist der Grund der lächerlichen Selbstüberschätzung, mit welcher viele auf das Zeitalter der Alchemie zurückblicken.« An anderer Stelle heißt es: »Die Alchemie ist niemals etwas anderes als die Chemie gewesen; ihre beständige Verwechslung mit der Goldmacherei des 16. und 17. Jahrhunderts ist die größte Ungerechtigkeit.« (Justus Liebig: *Chemische Briefe*, 6. Aufl. Leipzig 1878)

8. »Kaum war ich einigermaßen wiederhergestellt und konnte mich, durch eine bessere Jahreszeit begünstigt, wieder in meinem alten Giebelzimmer aufhalten; so fing auch ich an, mir einen kleinen Apparat zuzulegen; ein Windöfchen mit einem Sandbade war zubereitet, ich lernte sehr geschwind mit einer brennenden Lunte die Glaskolben in Schalen verwandeln, in welchen die verschiedenen Mischungen abgeraucht werden sollten. Nun wurden sonderbare Ingredienzien des Makrokosmus und Mikrokosmus auf eine geheimnisvolle wunderliche Weise behandelt, und vor allem suchte man Mittelsalze auf eine unerhörte Art hervorzubringen. Was mich aber eine ganze Weile am meisten beschäftigte, war der sogenannte Liquor silicum (Kieselsaft), welcher entsteht, wenn man reine Quarzkiesel mit einem gehörigen Anteil Alkali schmilzt, woraus ein durchsichtiges Glas entspringt, welches an der Luft zerschmilzt und eine schöne klare Flüssigkeit darstellt. Wer dieses einmal selbst verfertigt und mit Augen gesehen hat, der wird diejenigen nicht tadeln, welche an eine jungfräuliche Erde und an die Möglichkeit glauben, auf und durch dieselbe weiter zu wirken.« (Johann Wolfgang Goethe: *Aus meinem Leben. Dichtung und Wahrheit*. Achtes Buch.)

9. Der Begriff stammt von dem heute kaum noch bekannten, zu seiner Zeit aber sehr einflussreichen Arzt und Naturforscher Gotthilf Heinrich von Schubert (1780–1860), der in seinem Buch *Ansichten von der Nachtseite der Naturwissenschaften* (Dresden 1808) den Blick auf die verborgenen seelischen Unterströmungen des wissenschaftlichen Ingeniums richtete. Schubert schrieb auch über die »Symbolik des Traumes« und beeinflusste damit nicht nur die Dichtungen eines E.T.A. Hoffmann, sondern auch noch ein Jahrhundert später die psychoanalytischen Forschungen von Sigmund Freud und C.G. Jung.

10. Der Physiker, Wissenschaftshistoriker und sehr erfolgreiche Autor populärwissenschaftlicher und wissenschaftshistorischer Werke Ernst Peter Fischer hat sogar eine Monografie zu diesem Thema verfasst, die mehrere Auflagen erreicht hat: Ernst Peter Fischer: *Die aufschimmernde Nachtseite der Wissenschaft. Träume, Offenbarungen und neurotische Missverständnisse in der Geschichte naturwissenschaftlicher Entdeckungen*. Lengwil: Libelle 1995. 3. Auflage u.d.T.: *Die aufschimmernde Nachtseite der Wissenschaft. Kreativität und Offenbarung in den Naturwissenschaften*. Lengwil: Libelle 2003.

11. Novalis: *Die Lehrlinge zu Sais*, in: *Novalis Werke*, hg. und kommentiert von Gerhard Schulz. München: Beck, 4. Aufl. 2001, S. 123

5 Chemie ist, wenn Stoffe sich wandeln

1. Mircea Eliade, *Schmiede und Alchemisten*. Stuttgart: Klett 1960, Neuaufl. Freiburg: Herder 1992

6 Stoff-Wechsel auf die geniale Art: »Solare Chemie«

1. Obwohl der Begriff »Chemie« streng genommen nur für die Naturwissenschaft steht, die sich mit Eigenschaften, Entstehung und Umwandlung von Substanzen befasst, wird das Wort im Alltagsgebrauch – wie hier – auch für die Produkte chemischer Umwandlungen und für die chemische Industrie als Branche verwendet.

2. Ausnahmen, z.B. natürliche Halogen-Kohlenwasserstoffe in Meeresorganismen, bestätigen die Regel, denn sie haben offenkundig die Evolution des Lebendigen nicht annähernd so behindert, wie es ihre menschengemachten Verwandten Pentachlorphenol, Lindan oder polychlorierte Biphenyle innerhalb weniger Jahrzehnte getan haben. Auch die natürlichen Biozide, mit denen sich z.B. Pflanzen gegen Insektenfraß wehren, sind kein entkräftendes Gegenbeispiel. Zwar sind sie natürlich für die Fraßfeinde »gesundheitsschädlich«, aber im Rahmen eines wohlausbalancierten und seit Jahrmillionen bewährten Gesamtablaufs, welcher eine funktionierende und höchst produktive Biosphäre nicht nur nicht zerstört, sondern geradezu hervorgebracht und gefördert hat. Menschengemachte, synthetische Biozide tun genau das Gegenteil: Sie greifen unkontrolliert in eingespielte biologische und chemische Kreisläufe ein und richten langfristig mehr Schaden als Nutzen an. Sie funktionieren vordergründig, aber korrigieren dabei doch nur mühsam und mangelhaft konzeptionelle Fehlentwicklungen wie Monokulturen und Artenarmut und legen dabei den Grundstein für neue Probleme wie Beeinträchtigung von Nutzinsekten, Schädigung des Grundwassers und Störung von Immunabläufen.

3. Der Zeitpunkt des ersten Auftretens von Fotosynthese im hier betrachteten engeren Sinn (Bildung von komplexen Molekülen aus Kohlendioxid und Wasser mithilfe von Sonnenenergie unter Freisetzung von Sauerstoff) ist in der Wissenschaft noch umstritten. Es mehren sich jedoch die Indizien, die für ein erstes Auftreten dieses Prinzips vor etwa 3 Milliarden Jahren sprechen. Nachdem es wohl erst vor etwa 3,8 Milliarden Jahren zur Bildung einer festen Erdkruste auf dem vorher noch glutflüssigen Planeten kam, ist die »Erfindung der Fotosynthese« als ein in der Erdgeschichte bereits außerordentlich früh vorhandenes chemisch-biologisches Stoffbildungsprinzip anzusehen. Entsprechend lang ist auch der Zeitraum, in dem dieses Prinzip zur heute erreichten Perfektion heranreifen konnte.

4. Von griechisch »synthesis«: Zusammensetzung, Verknüpfung. Fotosynthese heißt also wörtlich »Verknüpfung (von Ausgangsmolekülen) mithilfe von Licht«.

5. Fotosynthese ist kein Privileg der Pflanzen. Auch Algen und bestimmte Bakterien sind in der Lage, aus Kohlendioxid und Wasser mithilfe von Sonnenenergie energiereiche Moleküle herzustellen. Die Kernaussagen dieses Buches sollen jedoch vor allem an den Pflanzen entwickelt werden, obwohl vermutlich auch Algen für die Entwicklung einer solaren Chemie der Zukunft eine wichtige Rolle spielen könnten.

6. Die Physik des 20. Jahrhunderts hat aufgedeckt, dass diese Licht-»Teilchen« oder Photonen eine Doppelnatur besitzen und bei vielen physikalischen Versuchsanordnungen auch als »Wellen« in Erscheinung treten (ähnlich den Radiowellen, die sich von den Lichtwellen lediglich in ihrer Frequenz bzw. Wellenlänge unterscheiden). Für unsere Zwecke ist diese Unterscheidung jedoch belanglos – die

Hauptsache ist, dass durch das Sonnenlicht Energie zur Blattoberfläche transportiert wird.

7. Die künstliche Düngung des Ackerbodens mit synthetisch hergestelltem Mineraldünger stellt einen sehr hohen ökonomischen und ökologischen Aufwand dar, da der Energiebedarf bei der Herstellung der entsprechenden Düngemittel extrem hoch ist. Dieser Aufwand schmälert die Nettowertschöpfung der pflanzlichen Fotosynthese erheblich. Eine landwirtschaftliche Stoffproduktion der Zukunft wird andere Wege beschreiten, um eine ausreichende Bodenfruchtbarkeit und Nährstoffversorgung ohne synthetische Düngemittel zu gewährleisten. Der biologische Landbau bietet dafür die besten Voraussetzungen und hat in den letzten Jahrzehnten seine Bewährungsprobe längst bestanden. Diese Form der Landwirtschaft ist gleichzeitig auch die Antwort auf einen weiteren Faktor, der die Nettowertschöpfung in der konventionellen Landwirtschaft stark mindert: der hohe Aufwand bei der Herstellung von synthetischen Bioziden (Mitteln zur Pilz- und Insektenbekämpfung). Die konsequente Anwendung der Grundsätze des ökologischen Landbaus macht den Einsatz solcher Biozide weitgehend überflüssig. Die immer wieder vorgebrachte Behauptung, dass auf diese Weise nur sehr geringe Ernteerträge möglich sind, hat sich durch die jahrzehntelange Praxis dieser Landwirtschaftsform als durchsichtige Propaganda einer Industrielobby herausgestellt, die mit der Herstellung und dem Verkauf von synthetischem Dünger und »Pflanzenschutzmitteln« märchenhafte Renditen erzielt.

8. Hermann Scheer spricht bei den hier strukturell und gesellschaftspolitisch analogen Vorteilen der dezentralen Erzeugung von erneuerbarer Energie aus lokalen oder regionalen Quellen von *Energieautonomie* (siehe sein gleichnamiges Buch, München: Kunstmann 2005).

9. Die traditionelle Trennung zwischen pflanzlichem Primär- und Sekundärstoffwechsel wird zunehmend problematisiert. Während ursprünglich die Produkte des Primärstoffwechsels als allein lebensnotwendig für Aufbau und Entwicklung der Pflanze angesehen wurden, die sekundären Pflanzenstoffe dagegen eher als »ausgelagerte Deponien unerwünschter oder schädlicher Stoffe«, sind viele dieser Sekundärstoffe inzwischen als essenziell für die Entwicklung der Pflanze erkannt worden – insbesondere in ihrem Austausch mit und in ihrer Abgrenzung gegen ihre Umgebung.

10. Immer mehr Menschen verlieren allerdings inzwischen die Fähigkeit, diese Vielfalt aus eigenem Erleben wahrzunehmen. Die Wahrnehmung der unterschiedlichen Farben, Duftstoffe, Formen und Texturen ist nämlich nur am originalen Objekt – der Pflanze selbst oder ihren Extrakten – möglich. Die Wahrnehmung dieser Qualitäten durch ein Medium – heute vor allem durch Bildschirme von Computern, TV-Geräten und Smartphones – reduziert die unmittelbare Vielfalt auf eine neue Monotonie. Denn was den einzelnen Bildschirm-Pixel stofflich ausmacht, ist sehr eingeschränkt und verschafft durch Filtern und scheinbares Ineinanderfließen nur eine Simulation von Vielfalt, die in Wahrheit jedoch – ganz im Wortsinn – extrem eindimensional bleibt. Aus der Differenz zwischen eingebildeter, da simulierter Vielfalt und tatsächlicher stofflicher Monotonie entstehen ganz neue wahrnehmungspsychologische, neurologische, kulturwissen-

schaftliche und pädagogische Herausforderungen. Wer die stoffliche Realität der Welt vorwiegend durch den Bildschirm wahrnimmt, gerät zunehmend in eine Sphäre des »Als-ob« hinein – mit unabsehbaren Folgen für Wahrnehmungsfähigkeit, Bewusstsein und das Vermögen zur Orientierung in einer komplexen Umwelt.

11. Bei ansonsten identischen physikalischen Eigenschaften unterscheiden sich chirale Moleküle von ihrem Spiegelbild interessanterweise durch ihr Verhalten gegenüber dem Licht – sie drehen nämlich die Ebene von linear polarisiertem Licht in die jeweils entgegengesetzte Richtung (optische Aktivität). Eine Mischung der beiden Enatiomere im Verhältnis eins zu eins bewirkt, dass sich die beiden entgegengesetzt wirkenden optischen Aktivitäten gegenseitig aufheben.

12. Genau genommen, gibt es auch noch andere Arten von Fotosynthese, bei denen nicht Wasser, sondern z.b. Schwefelwasserstoff als Reaktionspartner auftritt. Dabei handelt es sich jedoch um Sonderformen der Fotosynthese z.b. bei bestimmten Bakterienarten und in eher abgelegenen Biotopen. Alle Landpflanzen und Algen verwenden Wasser und bilden Sauerstoff, sodass der hier beschriebene Prozess für den uns leicht zugänglichen Teil der Biosphäre die bei Weitem höchste Bedeutung aufweist.

13. Vgl. dazu: Fred Pearce, *Land Grabbing. Der globale Kampf um Grund und Boden.* München: Kunstmann 2012

14. In einer Pressemitteilung des Naturschutzbundes Deutschland (NABU) zum Internationalen Tag der biologischen Vielfalt am 22. Mai 2012 hieß es dazu: »Neben Wasser, Luft und Boden stellt die Artenvielfalt eine wichtige Ressource unserer Erde dar. Ihr Erhalt ist entscheidend für das Funktionieren von Ökosystemen, denn über die Nahrungskette sind die Lebewesen aufeinander angewiesen. Der Wert, den Ökosysteme für den Menschen haben, ist horrend und bleibt dennoch oft unbeachtet: Wälder breiten sich über fast ein Drittel der gesamten Landfläche der Erde aus und speichern mehr Kohlenstoff, als es derzeit in der Erdatmosphäre gibt. Bestäubende Insekten produzieren viele kommerziell bedeutende Früchte wie Mandeln, Melonen, Blaubeeren und Äpfel. Ihr global wirtschaftlicher Wert wird auf 217 Milliarden US-Dollar pro Jahr geschätzt. Zudem werden zehn der 25 weltweit erfolgreichsten Medikamente aus natürlichen Quellen und von wildlebenden Arten, also aus Pilzen, Bakterien, Pflanzen oder Tieren gewonnen. Viele von ihnen können nicht synthetisch hergestellt werden. Mit jeder Art, die ausstirbt, geht also möglicherweise die Arznei für eine Krankheit verloren.«

7 Auf dem Weg zu einem nachhaltigen Gebrauch der Stoffe

1. *Ford News*, Ausgabe März 1933

2. Die amerikanische Umweltwissenschaftlerin Merrill Jones hatte bereits 1991 in einer Arbeit die inhaltliche Fortentwicklung der Chemurgy-Ideen in den modernen Konzepten einer solaren Chemie hervorgehoben (Merrill Jones: *Chemurgy to Soft Chemistry: Prospects from a Historical Perspective for an Agrochemical Industry. A Special Report for the National Toxics Campaign.* Boston, Massachusetts, December 1991).

3. Wie Joachim Radkau in seinem Buch *Die Ära der Ökologie* (München: Beck 2011) herausgearbeitet hat, ist die in den 1970er-Jahren in Mitteleuropa entstandene Umweltbewegung keine singuläre Erscheinung. Sie griff vielmehr Strömungen und Ideen auf, die bereits Anfang des 19. Jahrhunderts in den USA entwickelt worden waren (und dort z. B. zur Einrichtung der ersten Nationalparks führte), aber auch umweltbezogene Ideen aus der Jugendbewegung im ersten Viertel des 20. Jahrhunderts (über den nachhaltigen Einfluss der anthroposophischen Materialästhetik der 1910er-Jahre auf die bauökologischen Initiativen der 1970er-Jahre wurde schon berichtet). Die Umweltbewegung ist offenkundig ein sich fortlaufend entwickelnder Prozess, der an vielfältige Traditionslinien immer neu anknüpft.

4. Eine andere berüchtigte Entsorgung gefährlicher Chemikalien »über das Produkt« betrifft die Toilettensteine, die zur vorgeblichen Geruchsverbesserung und Keimminderung in Urinale eingelegt werden (immerhin eine Produktgruppe mit einem Umsatz von etwa 100 Millionen Euro pro Jahr). Diese Steine enthalten neben anderen Chemikalien auch Paradichlorbenzol, ein lästiges Abfallprodukt der chemischen Industrie. Wenn man bedenkt, dass diese umwelt- und gesundheitsschädliche sowie stark wassergefährdende Chemikalie quasi bestimmungsgemäß ins Abwasser gelangt, kann man sich nur an den Kopf fassen. In Urinalen von Gaststätten sind solche Produkte immer noch zu finden. Wie man übrigens bei der schlimmen Penetranz dieses unangenehmen Chemikaliengeruchs von »Geruchsverbesserung« sprechen kann, bleibt das Geheimnis der Hersteller. Die nicht unübliche Anwendung von Paradichlorbenzol in der sogenannten »Sarghygiene« grenzt angesichts des penetranten Gestanks solcher Produkte schon an strafwürdige Pietätlosigkeit.

5. Eine sorgfältige Untersuchung der Holzschutzmittelproblematik auf weitgehend aktuellem Stand findet sich bei Daunderer: *Handbuch der Umweltgifte*, Ausgabe 6/2006.

6. Alle Begriffe dieser Art sind natürlich stets plakative Verkürzungen und damit sowohl missverständlich als auch missbrauchbar. Das gilt aber für die verwendeten Begrifflichkeiten einer »alternativen« Chemie ebenso wie für die von der konventionellen Industrie eingeführten Stichworte »Green Chemistry« oder »Nachhaltige Chemie«. Sie sind immer nur Mittel zum diskursiven Transport und erhalten stets nur einen Sinn im Kontext ausführlicherer Argumentationslinien, wie sie z.B. im vorliegenden Buch zur Diskussion gestellt werden.

7. Der Klarheit halber sollte aber erwähnt werden, dass etliche Allergiker auch mit reinen Naturprodukten Probleme haben können. Hier erweist sich die bei den Herstellern von solchen Produkten als Erstes eingeführte und heute weitverbreitete »Volldeklaration« aller Inhaltsstoffe als ein Segen: Sehr häufig findet sich im eigenen Sortiment – oder bei einem anderen Hersteller – dann nämlich ein Produkt, das den hier individuell belastenden Inhaltsstoff nicht enthält und daher auch für diesen speziellen Anwendungsfall geeignet ist und vertragen wird. Auch an diesem Beispiel zeigt sich: Echte, auf Transparenz angelegte Warenkunde ist ein wichtiges Element zum vorbeugenden Gesundheitsschutz. – Zum Thema »Allergievermeidung und Naturstoffe« hat die Europäische Kommission übrigens

ganz aktuell eine wissenschaftliche Untersuchung veröffentlicht. Unter dem Titel *Contact with nature can reduce the risk of allergies* wird hier deutlich, dass der Verlust an Biodiversität eine wesentliche Ursache für die Zunahme allergischer Erkrankungen ist. (European Commission DG ENV News Alert Issue 291, 6. July 2012). Es ist also nicht ein »Zuviel an Natur«, sondern im Gegenteil ein »Zuwenig an Natur« (und ein »Zuviel an synthetischer Chemie«), was uns zunehmend belastet.

8. Vgl. dazu: Ulrich Grober, *Die Entdeckung der Nachhaltigkeit*. München: Kunstmann 2010

9. Im Original-Bericht der Brundtland-Kommission mit dem Titel: *Our Common Future* heißt es wörtlich:»Sustainable development is the kind of development that meets the needs of the present without compromising the ability of future generations to meet their own needs.«

10. Paul T. Anastas and Tracy C. Williamson: *Green Chemistry: Designing Chemistry for the Environment* (ACS Symposium Series, Bd. 62). Washington 1996

11. Paul Anastas and John Warner: *Green Chemistry: Theory and Practice*. New York: Oxford University Press 1998, S. 30

12. Originaler Wortlaut:»Green chemistry, also known as sustainable chemistry, is the design of chemical products and processes that reduce or eliminate the use or generation of hazardous substances. Green chemistry applies across the life cycle of a chemical product, including its design, manufacture, and use« – Quelle: www.epa.gov/ greenchemistry, aufgerufen am 26. 6. 2012

13. Hermann Scheer hat in seinem wegweisenden Buch zur Energiefrage (*Solare Weltwirtschaft*. München: Kunstmann 1999) bereits ein ganzes Kapitel der Stoffproblematik gewidmet. Scheer hat sich dabei inhaltlich auf Vorarbeiten des Autors (Hermann Fischer: *Plädoyer für eine Sanfte Chemie*. Karlsruhe: C.F.Müller 1993) bezogen.

14. Hermann Scheer, *Solare Weltwirtschaft*, München 1999, S. 17)

15. Auch die Kernenergie muss man zu dieser Art von Energiequellen hinzurechnen. Ihr entscheidender Grundstoff (Uran) ist zwar nicht eigentlich ein »fossiler« Rohstoff, aber er teilt mit Erdöl, Erdgas und Kohle den hier relevanten Nachteil, nicht erneuerbar zu sein. Die anderen, nuklearspezifischen Probleme und Risiken kommen zu diesem Nachteil noch gravierend hinzu.

16. Zur Verdeutlichung des Unterschieds ein konkretes Beispiel anhand von Rapsöl in chemisch-technischem Einsatz: Rapsöl kann entweder als »nativer Grundstoff« unverändert eingesetzt werden, z.B. als Schmiermittel für Windkrafträder – oder es wird zunächst mit Methanol in einem chemischen Umwandlungsschritt zu Rapsölmethylester verarbeitet, der dann z. B. als nichtflüchtiges Lösemittel für Druckfarben genutzt werden kann. Die »native« Verwendung ist natürlich ökologisch am vorteilhaftesten (kein weiterer Energieaufwand, voller Erhalt der ursprünglichen Molekülstruktur, optimale Dezentralität); die »modifizierte« Verwendung eröffnet zusätzlich zu dem ohnehin extrem vielfältigen Spektrum an Pflanzenstoffen nochmals zahlreiche Variationen und die zielgerichtete Einstellung gewünschter chemisch-technischer Eigenschaften. Die von der Pflanze bereits fotosynthetisch vorgebildeten Molekülstrukturelemente sollten dabei so

weit wie möglich erhalten bleiben. Das ist im gewählten Beispiel gewährleistet: Durch den Veresterungsschritt wird das kettenförmige Kohlenstoffgerüst des Rapsöls nicht angetastet – die gute Abbaubarkeit des »nativen« Ursprungsprodukts bleibt voll erhalten.

17. Z.B. Reinhard Lieberei, Christoph Reisdorff (Hg), begründet von Wolfgang Franke, *Nutzpflanzenkunde. Nutzbare Gewächse der gemäßigten Breiten, Subtropen und Tropen*. Stuttgart, 7. Aufl. 2007

18. Als frühestes Werk dieser Art gilt das von Georg Niclaus Schurtz erstellte Kompendium *Neu-eingerichtete Material-Kammer: Das ist, Gründliche Beschreibung aller fürnehmsten Materialien und Specereyen, so wohl auch andrer guter und gemeiner Waaren, … Samt einer Erklärung: Der Chimischen, Medicinischen, Metallinischen … Charakteren*, erschienen 1672 in Nürnberg. Nach 1870 publizierte Warenkunden enthielten dann zunehmend auch die neuartigen Produkte der synthetischen Chemie, boten aber bis ins frühe 20. Jahrhundert immer noch viele Informationen über die weiterhin verwendeten Naturstoffe.

19. Originaltext auf der projekteigenen Website www.eu-pearls.eu

20. Eine sehr gute Übersicht über den gegenwärtigen Kenntnisstand mit zahlreichen Datenblättern, aber auch Links zu der inzwischen umfangreichen monografischen Pflanzenfarbenliteratur, zu Forschungseinrichtungen, Anbauern und Verarbeitern sowie Herstellern von Pflanzenfarbenprodukten finden sich auf der sehr interessanten und anregenden Homepage des privaten »Institut für Färbepflanzen«, das von der Agrarwissenschaftlerin Dr. Renate Kaiser-Alexnat in Michelstadt betrieben wird (http//dyeplants.de).

21. Wie der Name andeutet, wurde Cetylalkohol ursprünglich bei der Untersuchung von Walrat, der fett- und wachshaltigen Substanz in der Verdickung des vorderen Kopfteils von Walen (vor allem Pottwalen) entdeckt (Cetacea = Wal). Die Substitution von Cetylalkohol aus dieser – an sich ja biogenen – Quelle durch aus Erdöl künstlich gewonnenem Cetylalkohol lag also allein aus Gründen des Tierschutzes und der Erhaltung von Biodiversität nahe. Mit der dann weiterschreitenden Substituierung des erdölbasierten Produktes durch ein pflanzenstämmiges kehrt der Chemiegrundstoff Cetylakohol also wieder in den Bereich der biogenen Grundstoffe zurück.

22. Hermann Scheer: *Energieautonomie. Eine neue Politik für erneuerbare Energien*. München: Kunstmann 2005

8 Beispiele solarer Chemie, die Wege aufzeigen und Mut machen

1. Im Bereich der Holzschutzmittel sind beispielsweise viele Verbraucher durch Negativdeklarationen wie »lindanfrei« getäuscht und geschädigt worden, indem an die Stelle der herausgenommenen Biozide ebenso problematische oder gar gefährlichere Austauschstoffe wie synthetische Pyrethroide traten.

2. Ernst U. von Weizsäcker, Amory B. Lovins, L.H. Lovins, *Faktor Vier. Doppelter Wohlstand - halbierter Naturverbrauch. Bericht an den Club of Rome*. München 1995; aktualisiert in: Ernst U. von Weizsäcker, Karlson Hargroves, Michael Smith, *Faktor Fünf: Die Formel für nachhaltiges Wachstum. Der neue Bericht an den Club of Rome*. München 2010

3. Beispiele finden sich in den aktuellen Katalogen der führenden Naturtextilhändler. Ein Vergleich dieser Kataloge mit denen vor etwa 20 Jahren zeigt, welche Verbreiterung eines ursprünglich engen Nischenmarktes durch ein ansprechendes Design sowie verbraucherfreundliche, farbig bebilderte Produktinformationen möglich ist. Beispiele zur der technischen Färbung von Naturtextilien mit Pflanzenfarben finden sich in der im Frühsommer 2012 neu erschienenen Broschüre der Fachagentur Nachwachsende Rohstoffe (FNR) mit dem Titel *Tolle Ideen – Nachwachsende Rohstoffe auf dem Weg zum Markt*, Gülzow 2012. Ganz ähnliche Beobachtungen können gemacht werden, wenn man z.b. die Produktbroschüren der führenden Naturfarbenhersteller von vor 30 Jahren mit den aktuellen Drucksachen oder Webseiten vergleicht. Auch diese Branche – jedenfalls in Gestalt ihrer am Markt nachhaltig erfolgreichen Vertreter – haben ihr früheres »schafwollsockenes« Image lange hinter sich gelassen, ohne dass ihre Produkte an ökologischer Konsequenz eingebüßt hätten.

4. Mit der zunehmenden Verbreitung und Professionalisierung von Naturtextilien sind allerdings auch Fragen und Probleme verbunden, die in ähnlicher Form für viele Naturwaren gelten. Gerade bei Textilfasern ist der natürliche Ursprung kein hinreichendes Nachhaltigkeitskriterium, da solche Fasern auch unter hohem Pestizideinsatz und Wasserverbrauch entstehen können. Die Branche ist sich dieser Problematik des ökologischen Fußabdrucks bewusst und setzt daher z.b. auf Baumwolle aus zertifiziertem ökologischem Anbau und aus anderen nachhaltigkeitsorientierten Projekten.

5. Angaben auf www.prittworld.de, abgerufen am 6.8.2012. Die Fa. Henkel ist unter den großen Chemiefirmen wohl das Unternehmen mit der aktivsten und konkretesten Nachhaltigkeitsstrategie. Darauf weist nicht nur die Zusammensetzung des Pritt-Klebestifts hin. Auch das Gehäuse des Pritt-Kleberollers besteht zu fast 90 Prozent aus pflanzenbasiertem Kunststoff. Weiterhin unternimmt Henkel seit Längerem immer wieder Vorstöße für pflanzenbasierte Produkte im Wasch- und Reinigungsmittelbereich (Marke Terra). Die Werbe-Claims lesen sich dabei wie die Kernargumente der solaren Chemie: »Dass viele Produkte des Alltags auf Erdöl basieren, ist weitestgehend bekannt. Was jedoch kaum jemand weiß: Die meisten Wirkstoffe in Waschmitteln werden aus Erdöl gewonnen. Das muss aber nicht sein. Jetzt gibt es Terra auf Basis nachwachsender Rohstoffe anstelle von Erdöl.«

6. Die Bezeichnung solcher phytopharmakologischen Wirkstoffe als »Wunderwaffe gegen den Krebs« ist, wie bei allen angeblichen medikamentösen »Patentlösungen«, mit großer Vorsicht zu betrachten. Zwar gibt es bei vielen dieser Substanzen keine Zweifel an der Wirksamkeit, aber es ist (wie auch bei synthetischen Krebsmedikamenten) oft mit erheblichen Nebenwirkungen zu rechnen. Zudem würde eine unkontrollierte Gewinnung des Extraktes den Erhalt der Baumart gefährden. Auch in diesem Fall gilt der Grundsatz der Vielfalt: Nicht der *eine* besondere Pflanzenstoff bringt das Heil (und die Heilung), sondern ein kluger, auch auf Erfahrungswissen beruhender Einsatz verschiedener Substanzen, die sich gegenseitig ergänzen und im Idealfall in ihrer Wirkung wechselseitig fördern.

7. Informationsschrift *Nachwachsende Rohstoffe im Automobilbau*. Informationen der BMW Group. München, April 2005 S. 3 f.

8. Da sich die Konturen des Kontinents der Polymere aus nachwachsenden Rohstoffquellen erst allmählich herausbilden, sind auch die verwendeten Begriffe noch nicht ganz eindeutig. So werden gelegentlich auch solche makromolekularen Substanzen als »Biopolymere« bezeichnet, die zwar – (im Gegensatz zu den meisten konventionellen Kunststoffen) biologisch leichter abbaubar sind, aber trotzdem aus fossilen Quellen stammen. Das verbesserte Abbauverhalten mildert zwar einige der mit konventionellem »Plastik« verbundenen Umweltprobleme, aber ein großer Teil der Nachhaltigkeitsmängel (endliche Rohstoffperspektive, energie- und abfallreiche Synthese) bleiben bestehen. In unserer Darstellung ist deshalb natürlich nur von »echten« Biopolymeren die Rede – auch wenn durch die chemische Modifikation des solar entstandenen Grundstoffs in gewissem Umfang auch fossile Kohlenstoffanteile in das Produkt hineingelangen. Im Sinne einer »Übergangstechnologie« auf dem Wege zur allmählichen Ablösung der fossil basierten Chemie können (und müssen) solche Kompromisse auf Zeit akzeptiert werden.

9. Es spricht übrigens nichts dagegen, solche Polymere aus nachwachsenden Rohstoffen auch als »Plastik« oder »Plaste« zu bezeichnen. Der Begriff beschreibt schließlich nicht die Herkunft des Materials, sondern nur seine »plastischen« Eigenschaften, d.h. seine Verformbarkeit unter Druck und Wärme und damit die Voraussetzung, in geeigneten Herstellungsvorrichtungen (z.B. Spritzgussmaschinen) nahezu jede vorgegebene Form anzunehmen. Die biogenen Polymere »Bio-Plastik« zu nennen, ist jedoch missverständlich – die Vorsilbe »Bio« sollte eigentlich für diejenigen landwirtschaftlichen Produkte reserviert sein, die tatsächlich aus kontrolliert biologischer Landwirtschaft, mindestens nach den Regeln der EU-Bio-Verordnung, stammen. Das ist bei den derzeitigen »Bio«-Polymeren in aller Regel noch nicht der Fall, sollte aber bereits heute als mittelfristiges Ziel formuliert werden. In der Zwischenzeit könnten andere Begriffe benutzt werden, wie z.B. »Pflanzen-Plastik« oder »Solar-Polymer« (obwohl Letzteres auch wieder verwechselbar wäre mit den in Entwicklung befindlichen organischen Fotovoltaik-Elementen). Weil sich der Begriff »Biopolymer« in der wissenschaftlichen und technischen Praxis etabliert hat, wird er jedoch auch in dieser Darstellung gelegentlich verwendet.

10. In den Preis biogener Stoffe gehen immer auch die Kosten des Wiederanbaus ein. Dieser fällt bei Erdöl natürlich nicht an. Mehr Kostengerechtigkeit könnte deshalb erreicht werden, wenn grundsätzlich alle Erdölprodukte mit einer Art fiktiven »Vergütung an den Planeten Erde« belastet würden. Aus einem solchen Beitrag könnten dann auch Maßnahmen zur Milderung oder Beseitigung von Folgeschäden der Nutzung fossiler Rohstoffe finanziert werden.

11. Zur Unterscheidung der biogenen Polymere, die ohne weitere chemische Modifikation technisch eingesetzt werden, von den mit chemischen Methoden mehr oder weniger weit modifizierten Polymeren dieser Art wird in der Fachliteratur vorgeschlagen, die nicht modifizierten als »native Polymere« und die modifizierten als »biobasierte Polymere« zu bezeichnen. Die Grenzen bleiben allerdings

fließend, da auch die zur chemischen Modifikation eingesetzten Chemikalien selbst wieder rein biogenen Ursprungs sein können. Entscheidend für die Beurteilung der Nachhaltigkeitsqualität bleibt, dass die von der Pflanze durch Fotosynthese aufgebauten stofflichen Strukturen so weit wie möglich erhalten bleiben und dass der in den Polymeren enthaltene Kohlenstoff weit überwiegend aus biogenen Quellen stammt.

12. Original (engl.) auf http://en.european-bioplastics.org/bioplastics/ (abgerufen am 7.8.2012)

9 Chemie aus dem vollen Leben: die Zukunft der solaren Chemie

1. Manager Magazin, Online-Ausgabe vom 4. 1. 2011
2. Hier soll übrigens keineswegs ein Verzicht auf den »Luxus«-Teil unserer Stoffströme propagiert werden. Auch ein solcher Luxus – ein faszinierender Schmuckstein, ein edles Tuch, ein besonderer Duft, eine hautschmeichelnde Creme – kann durchaus zu den Grundbedürfnissen eines modernen Menschen gehören. Es sind ja keineswegs die kleinen Luxussehnsüchte unseres Alltags, durch welche die großen Stoffströme in Gang gesetzt werden!
3. Grundsätzlich wäre es natürlich möglich, diese enormen Energiemengen für eine »kohlendioxidbasierte Chemie« durch Sonnenenergie zu erzeugen, z.B. in Gestalt von Reaktoren, die im Brennpunkt von solaren Parabolspiegeln aufgestellt würden. Angesichts des hohen technischen Aufwands und der Tatsache, dass diese Art der Einspeisung von Reaktionsenergie dann auch wieder die bereits erwähnten energetischen Überschussprobleme verursachen würden, fragt man sich, warum man die Lösung des Problems – organische Substanz aus Kohlendioxid herzustellen – dann nicht gleich denjenigen »Fabriken« überlässt, die diesen Prozess seit Jahrmillionen in Form von Fotosynthese perfekt beherrschen: den Pflanzen und Algen nämlich.
4. Johann Wolfgang Goethe: *Faust. Der Tragödie Erster Teil.* In Fausts Studierzimmer
5. Nun wird man vielleicht einwenden, die moderne chemische Warenwelt sei doch gerade von bunter Vielfalt und Formenreichtum geprägt, sogar von immer perfekterer Nachahmung des Natürlichen. In Wahrheit ist diese nur nachgeahmte Vielfalt und Natürlichkeit eine Illusion, der wir nur deshalb so leicht verfallen, weil wir zu wenige Gelegenheiten haben, die echte Diversität natürlicher Materialien zu erleben. Wir lassen uns umso leichter täuschen, als die bloße ästhetische Simulation der natürlichen Vielfalt für uns bequemer konsumierbar geworden ist. In der Welt der Töne gibt es ein ähnliches Phänomen: Da wir seit Jahrzehnten vor allem in elektronischen Schaltkreisen erzeugte Klänge erleben und der Klang echter Musikinstrumente in modernen Keyboards immer täuschender nachgeahmt wird, verlieren wir allmählich auch das Wahrnehmungs- und Unterscheidungsvermögen für nichtsynthetische Klänge.
6. Dieser Ausweichstrategie versucht die europäische Chemikalienverordnung REACH seit 2007 zu begegnen, indem sie für bestimmte Anwendungsbereiche neu eingesetzte Stoffe einem Zulassungsverfahren unterwirft. Diese Restriktion greift aber nur gestaffelt nach Produktionsmengen. Zudem konnte die Chemie-

Fred Pearce

LAND GRABBING

Der globale Kampf um Grund und Boden

Land ist begehrt wie nie: Staaten wie China, multinationale Firmen und reiche Privatanleger investieren neuerdings massiv in
Grund und Boden.
Ob in Afrika, Asien oder Südamerika – Anbauflächen von der
Größe ganzer Provinzen wechseln den Besitzer. Doch wenn Agrar-
land zum Spekulationsobjekt wird und Hedgefonds über die
fruchtbarsten Anbaugebiete unseres Planeten bestimmen, sind
die Folgen für uns alle unabsehbar.

Aus dem Englischen von Gabriele Gockel und Barbara Steckhan
320 Seiten, geb., Euro
19,95, ISBN 978-3-
88897-783-1

KUNSTMANN
VERLAG ANTJE

© Verlag Antje Kunstmann GmbH, München 2012
Umschaggestaltung: Heidi Sorg & Christof Leistl, München
Typografie + Satz: Frese, München
Druck und Bindung: CPI – Clausen und Bosse, Leck
ISBN 978-3-88897-784-8
1 2 3 4 5 • 15 14 13 12

industrie quasi vorbeugend viele Chemikalien für erst künftig denkbare Anwendungen registrieren. REACH hat damit vielen von der Großindustrie eingesetzten Chemikalien einen Vorteil verschafft, weil die aufwendigen und teuren Registrierungsprozeduren von kleineren Herstellern kaum zu bewältigen sind. Bei den Bioziden hat dieser Mechanismus z. B. faktisch zu einer Monokultur einiger weniger zugelassener Chemikalien geführt.